高等学校创新实践系列教材

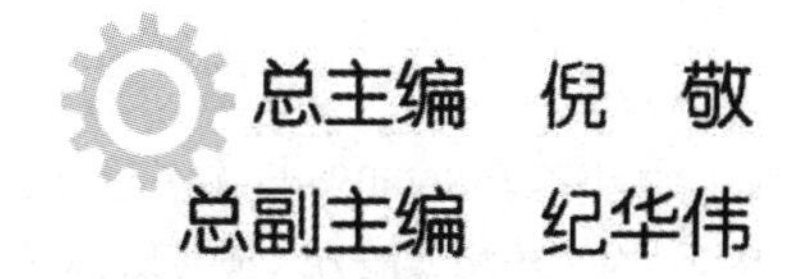

总主编　倪　敬
总副主编　纪华伟

三维建模创新实践

刘海强　吕　明　绍惠锋　纪华伟　主编

西安电子科技大学出版社

内 容 简 介

本书基于 SolidWorks 软件进行智能装备产品的三维建模，以机器人为模型主线进行创新实践，以提高学生的三维构型能力。全书共 13 章，主要内容包括：导论、基础特征建模、扫描特征建模、辅助特征建模、机器人关键零件规则建模、机器人轴端零件参数化建模、面向放样的曲面建模、面向工程图的特征建模、机器人 RV 减速器的装配建模、协作机器人的装配建模、工业机器人的装配建模、CSWA 考试简介及样题分析、运动仿真和 Composer 基础等。

本书可作为高校学生学习三维建模的教材，也可供初、中级智能制造工程方向的设计人员学习参考。

图书在版编目(CIP)数据

三维建模创新实践 / 刘海强等主编. --西安：西安电子科技大学出版社，2024.1
ISBN 978 - 7 - 5606 - 7094 - 2

Ⅰ.①三…　Ⅱ.①刘…　Ⅲ.①机械设计—计算机辅助设计—应用软件　Ⅳ.①TH122

中国国家版本馆 CIP 数据核字(2023)第 237583 号

策　　划　陈　婷
责任编辑　宁晓蓉
出版发行　西安电子科技大学出版社（西安市太白南路 2 号）
电　　话　(029)88202421　88201467　邮　　编　710071
网　　址　www.xduph.com　　电子邮箱　xdupfxb001@163.com
经　　销　新华书店
印刷单位　陕西天意印务有限责任公司
版　　次　2024 年 1 月第 1 版　2024 年 1 月第 1 次印刷
开　　本　787 毫米×1092 毫米　1/16　印张　12
字　　数　281 千字
定　　价　30.00 元
ISBN 978 – 7 – 5606 –7094 – 2 / TH
XDUP 7396001-1

前　言

“三维建模创新实践”是一门以进行三维建模造型实践为主的课程，课程中学生们需要掌握实体建模、曲面建模、装配体建模等各种基本任务，在具体造型过程中熟悉各种建模技术、方法和技巧。本书以创建机械零件为基础，讲述与机械零件设计密切相关的建模实例，详细介绍了应用三维建模技术建立机械零件模型的各种操作方法。

在建模方法的学习过程中，通过草图构建、特征模型构建以及后续模型装配的学习，在实践操作中帮助学生建立理性思考问题、精益求精对待问题的态度，以工匠精神练习每一个建模及装配技巧。在后续分组构建机器人模型大作业的实践过程中，培养学生勇于探索、实事求是、团结合作的精神。希望通过这门课程的学习，学生能够熟练掌握计算机辅助造型设计的方法，提高分析问题、解决问题的能力，更好地适应未来科学技术发展的要求。

探索以学生建模能力培养为目标、面向创新实践的案例教学模式是高校教育的整体发展趋势，其教学内容和模式更有利于培养学生的各种能力。本书采用先简述三维特征建模各个基本知识点，然后用“专项练习”进行实践的教学模式，更加符合应用类软件的学习规律，而且易于巩固相关知识和技巧。

本书的特点如下：

(1) 循序渐进、深入浅出。基本概念与使用技巧一应俱全，适合初级、中级读者了解、掌握从基础特征、辅助特征到规则建模、参数化建模，再到曲面建模、装配建模等三维建模的各种命令和技巧。

(2) 兼有能力测试与等级认证。编者定期组织三维建模能力评估测试，通过的学生可以获取相关能力等级认证证书。

(3) 精选实践专项练习并进行分析。根据教学进度和教学要求精选与机械零件设计和三维建模相关的实践专项练习，分析实践中可能出现的问题，在练习中强化理解并加以拓展。同时通过实践专项练习，使学生掌握学习、研究的方法，培养其独立自主学习的能力，并对学生进行正向引导。

(4) 实践内容不定时更新，读者可以根据所学软件和自身程度选择相应的实践案例。

本书密切结合机器人工程实际编写创新实践专项练习，具有很强的操作性和实用性。通过大概 16 次的课程学习，可使学生较熟练地掌握计算机辅助造型设计能力。书中对 CSWA 认证考试相关内容进行了介绍，能够充分激发学生的建模兴趣，提高机械工程产品三维构形的综合实力。本书提供实践素材供读者选用，可登录出版社网站进行下载。

由于编写时间仓促和自身能力有限，书中难免有疏漏和不足之处，恳请广大读者多提宝贵意见。

编　者

2023 年 6 月

目 录

第1章 导 论

1.1 三维建模技术概述

三维建模技术是指利用计算机系统描述物体空间形状的技术，它被广泛应用于工业产品设计、影视与互动娱乐、建筑环境模拟、科学仿真等诸多领域。随着科学技术的发展，几乎任何一个行业都会涉及三维建模技术，如新款汽车、大飞机、机器人制造以及影视剧中构建虚拟角色等。只要有三维图形的相关应用，就会用到三维建模技术。由三维建模技术生成的三维模型用于不同领域时有着不同的要求，根据不同的模型数据要求，我们需要选择不同的三维建模方法来创建模型。

通常来说，三维模型目前分为两大类。第一类为科学仿真模型，这类模型主要用于工业生产、科学仿真计算等领域，所以必须要求其尺寸、形体与现实中物体的尺寸、形体完全一致，也就是完全精确。以智能制造工程产品为例，如今很多产品的生产流程都实现了“无纸化”，这就需要机械工程师在产品设计阶段构建出能够直接输入生产线进行实际生成的精确模型数据。第二类为可视化模型，这类模型需要在人类的视觉感知层面上达到真实可信的程度，并不要求在科学上达到严格精确。比如在影视与互动娱乐业中接触到的模型数据，一般来说只要达到视觉精确就可以了。

本书所讨论的三维模型以科学仿真模型为主，主要阐述应用于智能制造工程行业的三维建模技术。

1.2 三维建模方法与思路

三维建模在机械、电子、航空航天、汽车、船舶、建筑、水利等行业具有极高的使用率，已经成为行业不可或缺的工具。能够进行三维建模的软件很多，在机械设计方面常用的有 SolidWorks、UG、Pro/E(Creo)、CATIA、Inventor 等。三维建模的方法种类比较多，比较常见的有多边形建模(Polygon 建模)、曲面建模(NURBS 建模)、细分表面建模、变形球建模等。不同的建模方法对应不同的应用领域，如果模型要用于无纸化生产或科学仿真，通常应该选择可参数化的曲面建模，这种方式基于数学方程式构建模型，能够保证模型具有足够的精确度。SolidWorks 可以进行参数化曲面建模，如图 1-1 所示。

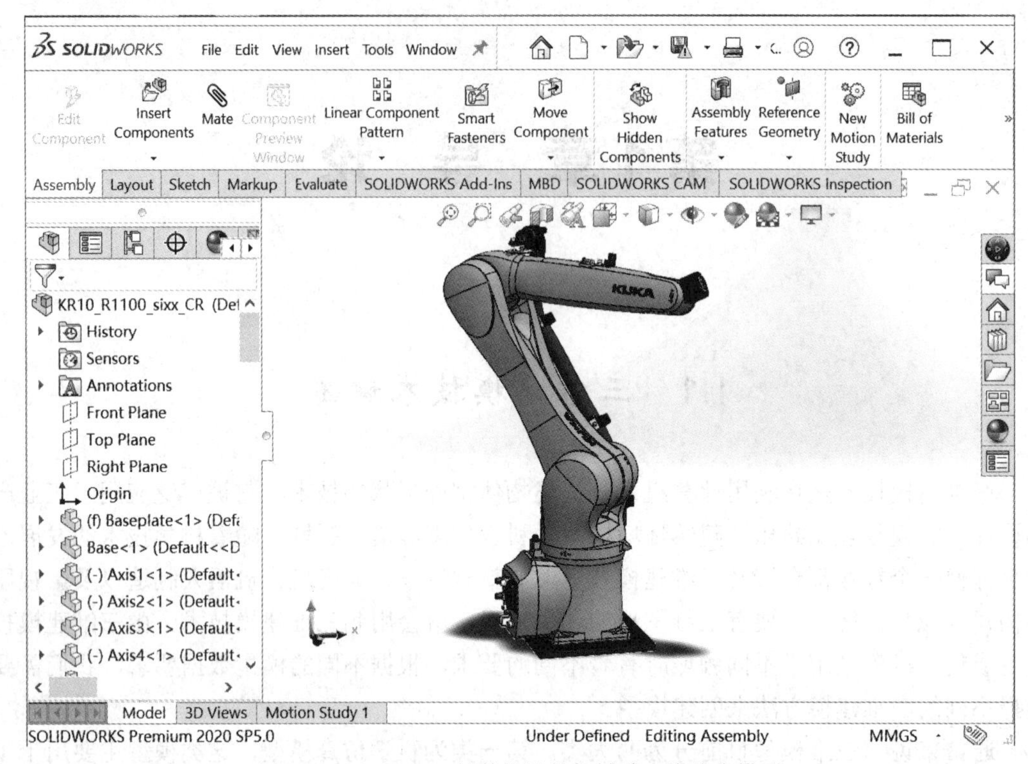

图 1-1　SolidWorks 软件设计的机械臂三维仿真模型

假如构建的模型用于影视与互动娱乐、可视化演示等领域，那么通常会选用多边形建模、细分表面建模或变形球建模等方法，这些建模方法的自由度大、效率高，并且其布线结构适合变形动画的要求，如图 1-2 所示。

图 1-2　3Dmax 软件构建的游戏中的三维可视化模型

很多有一定基础的三维建模人员能够把模型做出来，却不能高质量、高效率地完成。本书以分析任务案例为基础，总结、提炼三维建模的思路，分析三维建模的常用方法，而非灌输式地宣讲；教授如何高效建模，而不仅仅是完成任务。三维建模方法的思路如图 1-3 所示。

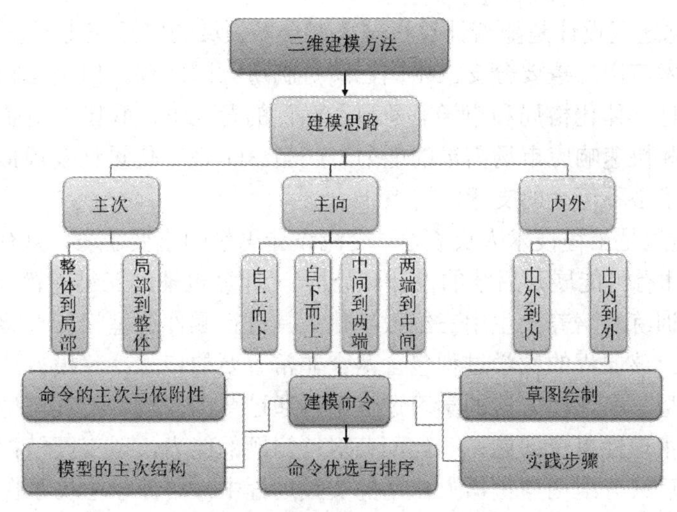

图1-3 三维建模方法的思路

1.3 课程介绍

“计算机辅助三维建模”是一门以进行三维建模造型实践为主的课程，课程学习过程中需要掌握实体建模、曲面建模、装配体建模等各种基本建模方法，在具体造型过程中不断熟悉各种建模技术、方法和技巧。

本课程的具体目标是：了解三维建模的应用范围和目前的发展状况；掌握基础零件、较复杂零件、装配体的三维数字化造型方法，基本掌握三维数字化造型的思路和特点；具备几何构形设计的基本能力，能够用三维数字化模型描述工程问题、表达设计意图。

模型主要分零件模型和装配体模型，涉及三个难度层次，从基础模型、中阶模型再到高阶模型。

零件模型主要是指组成典型机构或机器的基础模型，可以用来创建滚动轴承组合、离合器、齿轮油泵等各种机械部件。以齿轮油泵为例，齿轮油泵共有15个零件模型，在三维建模能力考核中各零件所占分值为：泵体25分，泵盖20分，主传动轴10分，大齿轮10分，副传动轴10分，小齿轮10分，其他零件一共15分。装配体模型是在零件模型的基础上装配而形成的机构或机器。

自由造型建模包含零件建模和装配体建模，主要是指零件或装配建模过程中保证基础尺寸约束的同时，可以允许一定的造型尺寸自由。能完成自由造型(机械臂、机器人、飞机等)建模者得80分。较高水平的自由造型建模也包括基础模型、中阶模型、高阶模型三个层次，更需要体现学生的3D高级自由造型设计能力。这类自由造型给出了涉及装配关系的具体接口参数，必须依照具体接口参数设计，其他参数尺寸由学生依照自己的任务目标自由设定。要求能够完成装配体的零件造型设计，如果最后能按指定位置生成装配爆炸图、动画模拟或效果渲染，可以加20分。

1.3.1 学习目标

数字化时代，3D数字化造型技术已迅速全面地取代传统的二维设计，成为产品设计的核心。3D 数字化造型设计是随着计算机技术在众多领域的广泛应用而发展起来的新技术，是计算机科学技术应用的重要分支。中国已跻身制造大国之列，但是与制造强国还有相当大的差距。在全球一体化格局和市场竞争日益激烈的背景下，我国制造企业迫切需要提升新产品开发能力和快速响应市场需求的能力，产品 3D 数字化设计及虚拟仿真技术为这些能力的提升提供了必不可少的支撑。

3D 数字化造型是工程技术人员表达、交流设计思想的重要手段，只有精确地建立了产品的三维模型，才有可能展开后续的设计和分析。“计算机辅助三维建模”课程的主要任务是通过建模实践训练，培养学生用三维数字化工具进行零件造型设计、装配设计的计算机辅助设计的能力。该课程的教学过程包含两个非常重要的步骤：建模方法的学习及后续分组构建机器人模型。在建模方法的学习过程中，通过草图构建、特征模型构建以及后续模型装配，培养学生理性思考问题、一丝不苟对待问题的能力，以工匠精神练习每一个建模及装配技巧。在后续分组构建机器人模型的实践过程中，培养学生勇于探索、实事求是、团结合作的精神。通过这门课程的学习，使学生具有更加开阔的视野，提高学生分析问题、解决问题的能力，以适应未来科学技术发展的要求。

本课程的主要课程目标如图 1-4 所示，通过 16 次课程学习，使学生能够较熟练地掌握计算机辅助造型设计能力。学习过程主要分四大步，前三步为重中之重，需要用 12 周(3 个月)完成，后 4 周为提高阶段。

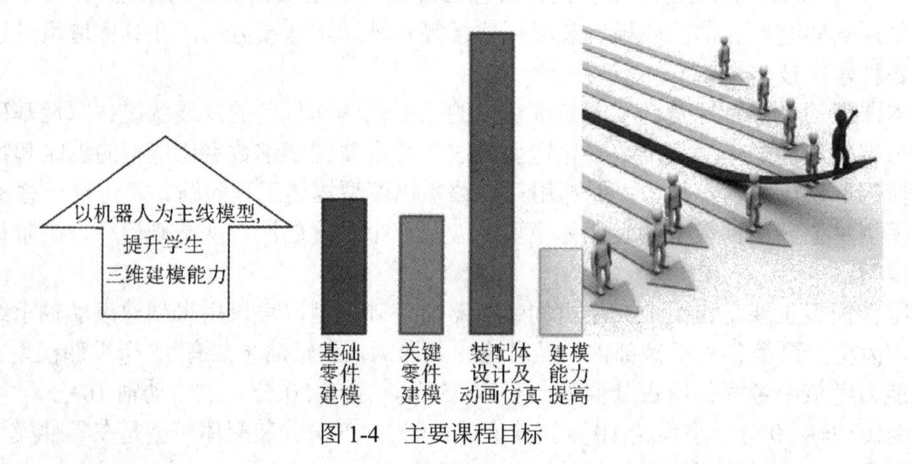

图 1-4 主要课程目标

具体学习目标如下。

目标 1：了解计算机辅助 3D 造型设计的应用范围和目前的发展状况，通过对我国古代、近现代工程图纸建模历史的介绍，提升同学们的文化自信、理论自信。

目标 2：掌握基础零件、较复杂零件、装配体的三维数字化造型设计方法，基本掌握三维数字化造型的思路和方法。整个学习过程以马克思唯物辩证法的根本方法来分析问题，不断增强辩证思维能力，增强驾驭复杂局面、处理复杂问题的本领，解决复杂零件建模及装配问题。

目标 3：具备几何构形设计的基本能力，能够用三维数字化模型描述工程问题、表达设计意图。从实践中来，到实践中去，用自己所学的知识描述工程实际问题，尽量让自己学有所用，所学能用。

目标 4：理解现代三维建模技术，将自己的理想和职业规划与未来国家的需要结合起来，培育家国情怀；积极交流沟通，对问题进行精准陈述，清晰表达研究或设计的具体思想、思路、方案、所采取的措施和取得的效果等，培养大国工匠精神。

1.3.2 学习模式及考核标准

通过课堂讲授和建模实践专项练习，培养学生勇于探索、求实创新的精神，同时也培养学生重视工程设计的严谨性的科学素养。组建团队完成机器人的建模与装配并集体展示，以此培养学生的团队协作精神。

通过课堂讲授，使学生了解三维数字化造型的基本思路和特点，了解机械零件三维建模与装配的一般步骤和方法；通过课外建模作业练习，进一步熟练、巩固三维建模的方法与流程；通过作品展示、建模技巧讨论与交流进一步强化三维造型能力；最后通过上机考查，使学生具有机械零件三维造型的基本能力。

通过建模实践专项练习，锻炼学生几何构形设计的基本能力；通过综合案例建模训练，进一步熟练、巩固三维造型能力；最后通过上机考查，使学生形成用三维数字化模型描述工程问题、表达设计思想的能力。整体课程学习流程与考核标准如图1-5所示。

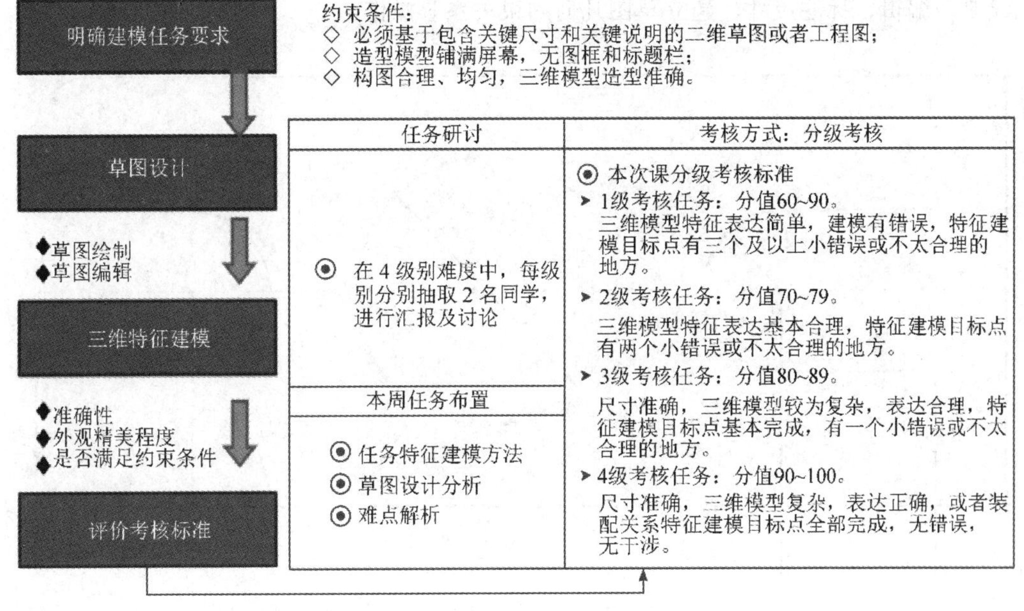

图1-5 课程学习流程与考核标准

1.4 草图建模初探

1.4.1 草图绘制

高效率、高质量的草图绘制是成功创建三维特征的基础。特征是在基本轮廓线的基础上生成的，而轮廓线需要用草图命令来进行绘制，因此掌握草图设计是学习三维建模技术的基础和前提。

草图绘制之前，必须先指定绘图基准面。指定绘图基准面通常有如下三种方式：

(1) 指定默认基准面作为草图绘制平面；

(2) 指定已有模型上的任一平面作为草图绘制平面；

(3) 创建一个新的基准面。

创建基准面的常用方法主要有偏移平面、夹角平面、垂直于平面、垂直于曲线、三点定面和相切面等。

1.4.2 草图编辑

常用的草图编辑命令有圆角、倒角、等距、移动、旋转、缩放、裁剪、延伸和分割合并等，通过这些命令来绘制草图并进行编辑修改。

1.4.3 课堂练习

图 1-6 是某底板草图轮廓，底板厚度为 10 mm。从新建底板的草图开始，逐步实现草图绘制与编辑、标注尺寸、建立草图几何约束关系等操作。

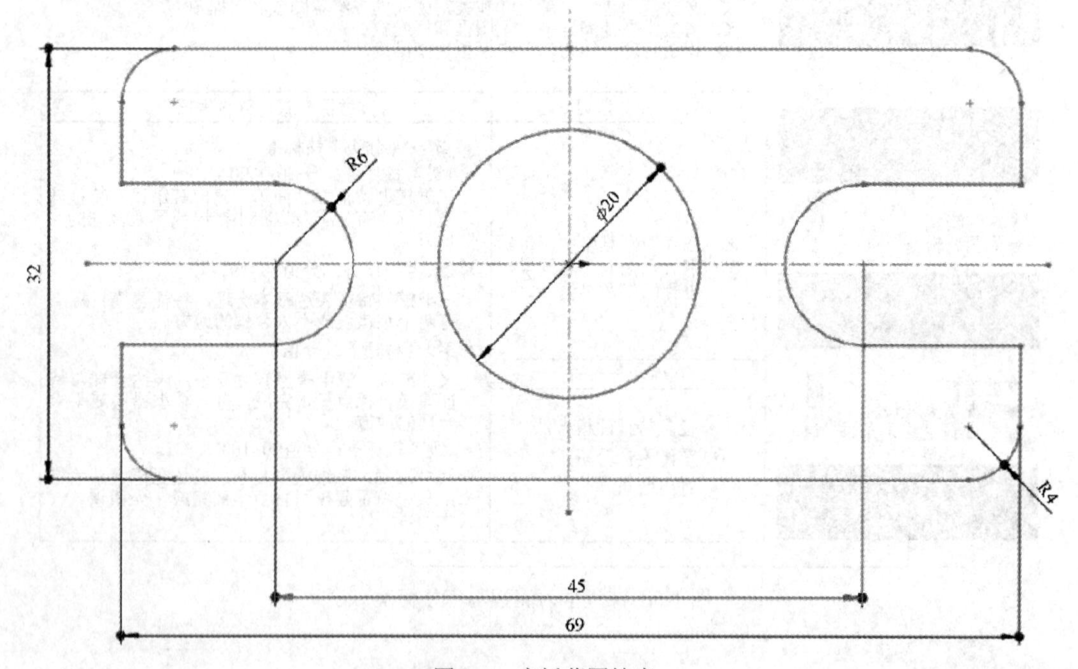

图 1-6 底板草图轮廓

首先绘制草图。启动 Solidworks 软件，单击快捷工具栏中的“新建”按钮，系统弹出“新建 SOLIDWORDS 文件”对话框，选择“零件”，再单击“确定”按钮，进入零件的工作界面。

单击“草图”工具栏中的“草图绘制”按钮，弹出如图 1-7 所示的“编辑草图”属性面板，在绘图区选择“上视基准面”，要求在上视基准面上绘制草图。

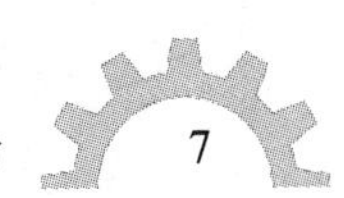

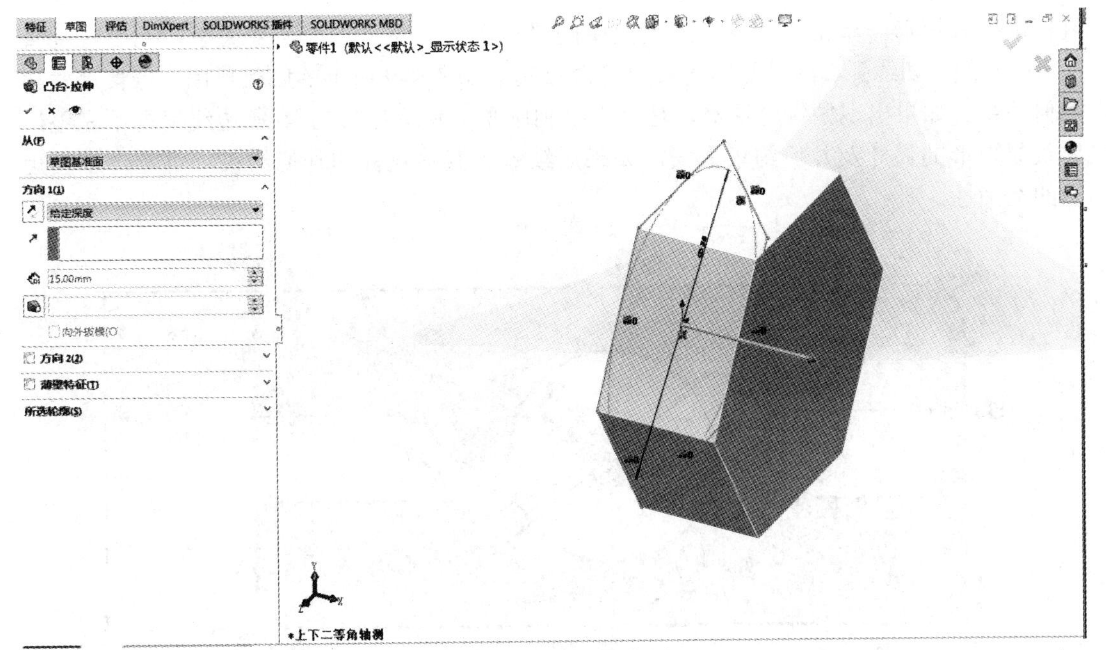

图 1-7　编辑中的草图

1.4.4　专项练习——绘制底板草图

底板模型结构比较简单，是对称零件，如图 1-8 左边视图所示。从新建底板的草图开始，逐步熟悉草图绘制工具。操作过程中注意鼠标指针的变化和属性管理器的指示，同时也可尝试用不同的绘图工具来完成草图的绘制。

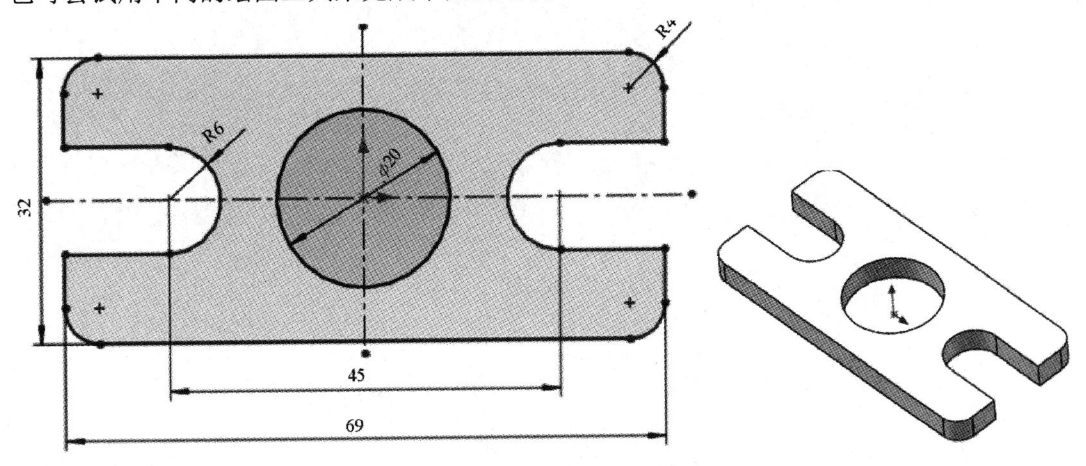

图 1-8　底板草图尺寸及效果图

单击快捷工具栏中的“新建”按钮，系统弹出“新建 SOLIDWORKS 文件”对话框，选择“零件”，再单击“确定”，进入零件设计界面。

单击“草图”工具栏中的“草图绘制”按钮，在绘图区选择“上视基准面”，表示在上视基准面上绘制草图。

单击“草图”工具栏中的“中心矩形”，将鼠标指针移到草图坐标原点，单击并移动鼠标以生成矩形，单击“草图”工具栏中的“智能尺寸”可修改尺寸大小；利用绘制直线、中心线、切线弧、圆以及圆角裁剪等命令完成如图 1-9 所示的底板草图，包含尺寸和几何关系。如果出现警告对话框，是因为绘制圆角会使原矩形的 4 条边线变得不完整，导致原矩形的尺寸及几何约束丢失，如果后续添加其他尺寸和几何约束，可能会影响矩形的准确性。

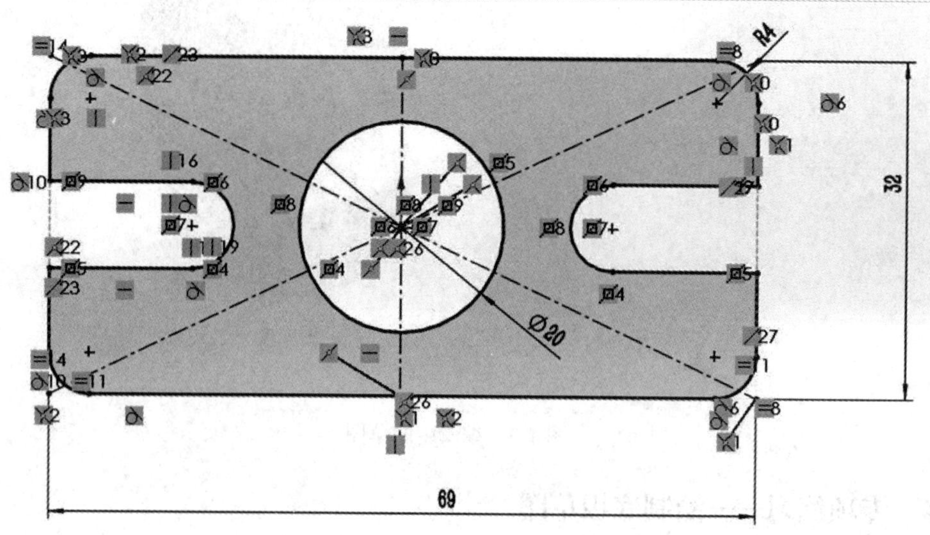

图 1-9　包含几何关系的底板草图

第 2 章　基础特征建模

三维实体造型的实质是在二维草图的基础上构建三维几何实体，完成该任务的命令即为三维实体命令。基础特征造型是三维实体最基本的绘制方式，可以构成三维实体的基本造型。基础特征是创建零件造型的基础，相当于二维草图中的基本图元。

本章重点内容包括拉伸特征、拉伸切除特征、旋转特征和旋转切除特征等基础特征，本章知识要点与学习方法如图 2-1 所示。基础特征可以体现最基本的三维几何特征建模，用于构建基本空间实体。基础特征建模要求首先草绘出特征的一个或多个截面，然后根据某种形式生成基础特征。

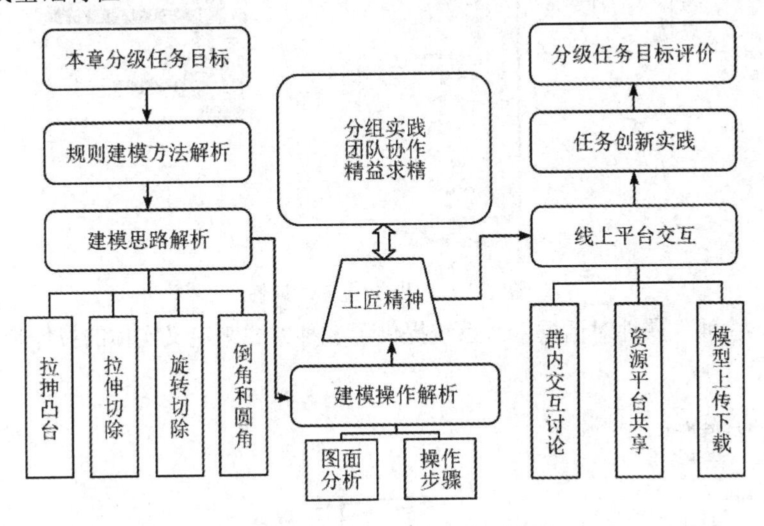

图 2-1　本章知识要点与学习方法

2.1　实体拉伸特征

拉伸特征是将一个用草图描述的截面，沿指定的方向(一般情况下是沿垂直于截面方向)延伸一段距离后所形成的特征。拉伸特征是最基本和常用的特征创建方法，具有相同截面、有一定长度的实体，如长方体、圆柱体等都可以由拉伸特征来形成。创建拉伸实体特征的命令包括“拉伸凸台/基体”和“拉伸切除”。

2.1.1 拉伸凸台/基体

拉伸切除和拉伸凸台相似，同样可以一侧或两侧拉伸，也可以生成拔模斜度、薄壁等结构。

拉伸凸台/基体的操作方法：

选择下拉菜单中的“插入”→“凸台/基体”→“拉伸”命令，或者在“特征”工具栏中单击“拉伸凸台/基体”按钮。执行拉伸凸台/基体命令后，可以打开属性对话框，选择一个基本平面，绘制草图，退出草图后会弹出如图 2-2 所示的“凸台-拉伸”属性对话框。

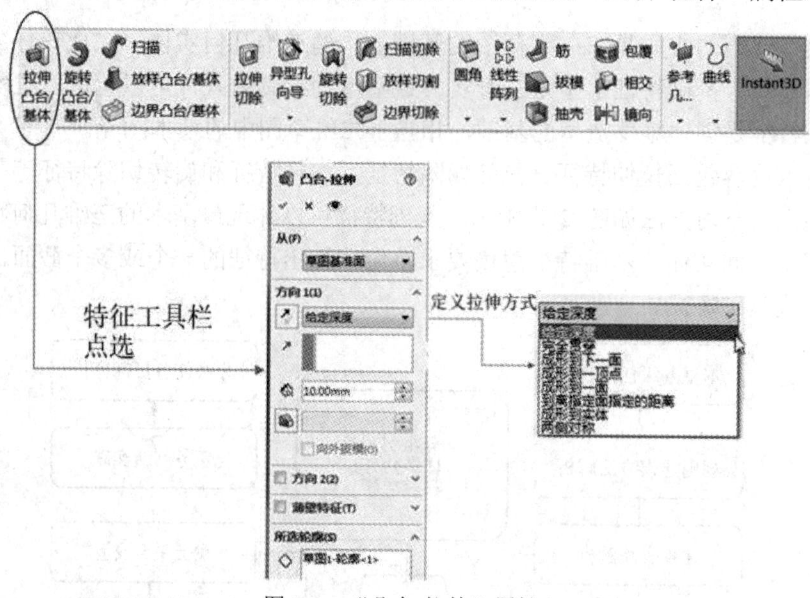

图 2-2 “凸台-拉伸”属性

在“凸台-拉伸”属性对话框中，系统提供了多种方式来定义实体的拉伸长度，如图 2-3 所示。

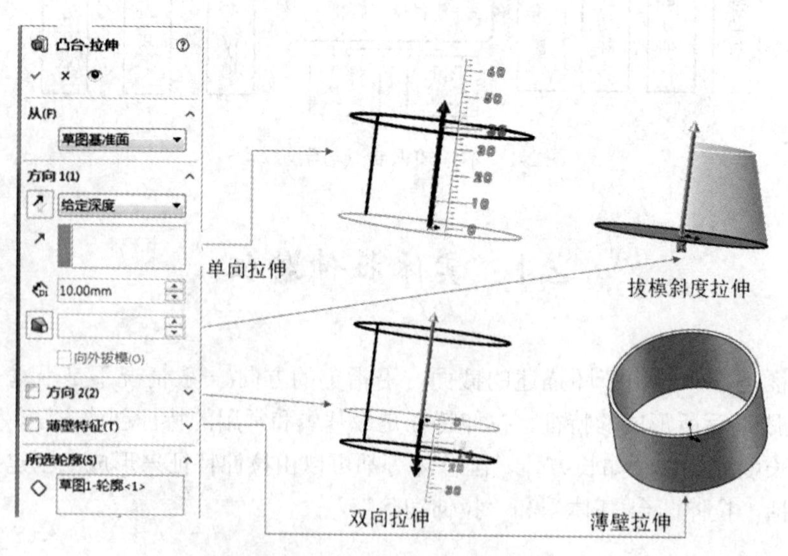

图 2-3 四种给定深度拉伸方式

1. 给定深度

单向拉伸：在“凸台-拉伸”属性对话框中，在方向 1 组中选择“给定深度”的拉伸方式，然后输入拉伸距离，也可以拖动鼠标指定距离，则可创建单向拉伸，这是最为常用的拉伸方式。

双向拉伸：在“凸台-拉伸”属性对话框中，选择“方向 2”复选框并指定距离，可以进行双向拉伸。

拔模拉伸：在“凸台-拉伸”属性对话框中，单击“拔模”按钮，可以在拉伸的同时给出一定的拔模斜度。

薄壁拉伸：在“凸台-拉伸”属性对话框中，选择“薄壁特征”复选框，输入厚度值，可以在拉伸时生成薄壁实体。

2. 完全贯穿

拉伸特征沿拉伸方向穿越已有的所有特征。图 2-4 所示是完全贯穿的拉伸特征。

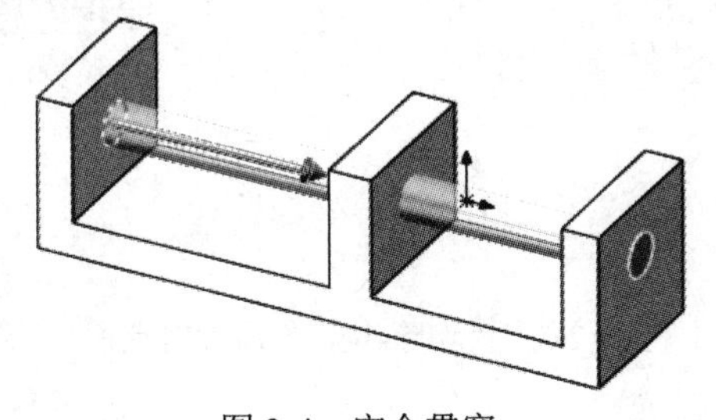

图 2-4　完全贯穿

3. 成形到下一面

拉伸特征沿拉伸方向延伸至下一表面，与“成形到一面”的区别是不用选择面。

4. 成形到一顶点

拉伸特征延伸至一个顶点位置。

5. 成形到一面

拉伸特征沿拉伸方向延伸至指定的零件表面或一个基准面。

6. 到离指定面指定的距离

拉伸特征延伸至距一个指定平面一定距离的位置，指定距离以指定平面为基准。

7. 成形到实体

该方式和成形到一面类似，区别是选择的目标对象为实体而不是面。

8. 两侧对称

拉伸特征以草绘平面为中心向两侧对称拉伸，拉伸长度两侧均分，输入的深度是拉伸的总深度。

2.1.2　拉伸切除

单击“特征”工具栏上的“切除拉伸”按钮，或选择“插入”→“切除”→“拉伸”命令，即可执行拉伸切除操作。属性对话框如图 2-5 所示，该对话框中的选项和拉伸凸台/

基体类似，同样可以两侧对称、成形到一面、到离指定面指定的距离、完全贯穿等不同方式生成拉伸切除特征，如图 2-6 所示。

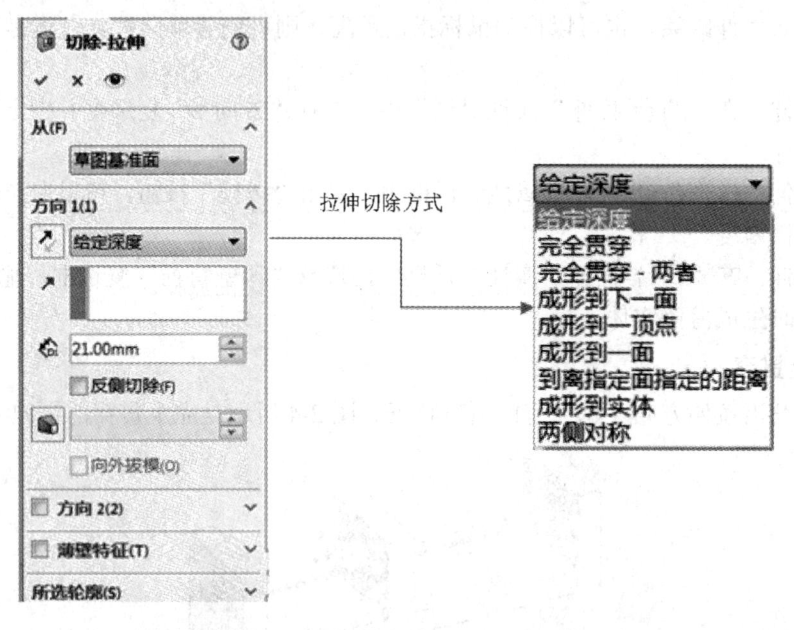

图 2-5 “切除-拉伸”属性对话框

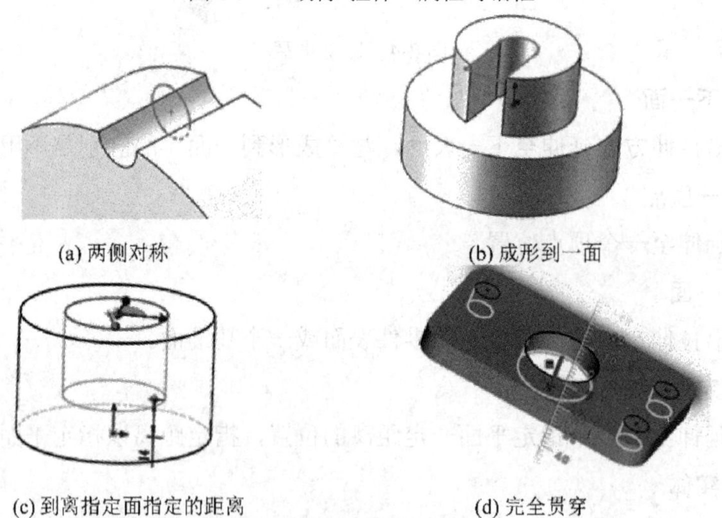

图 2-6 拉伸切除的多种方式

2.2 实体旋转特征

实体旋转特征主要用来创建具有回转性质的特征。旋转特征的草图中包含一条构造线，草图轮廓以该构造线为轴旋转，即可建立旋转特征。另外，也可以选择草图中草图直线作为旋转轴建立旋转特征。轮廓不能与中心线交叉。如果草图包含一条以上的中心线，应选择想要用作旋转轴的中心线。创建实体旋转特征的命令包括旋转凸台/基体和旋转切除。

2.2.1　旋转凸台/基体

旋转凸台/基体特征是指将草绘截面绕指定的旋转中心线转一定的角度后所创建的实体特征。

首先绘制一个草图，包含一个或多个轮廓和一条中心线、直线，或边线以作为特征旋转所绕的轴。实体旋转特征的草图中要有中心线才可以自动完成旋转，否则需要手动指定旋转轴。

下面以绘制一个回转手柄为例来说明旋转凸台/基体特征操作。

(1) 单击“新建”按钮，选择“零件”模块，选择前视图基准面作为绘图平面，使用直线、圆、三点圆弧、切线弧、修剪等命令绘制如图 2-7 所示的草图。

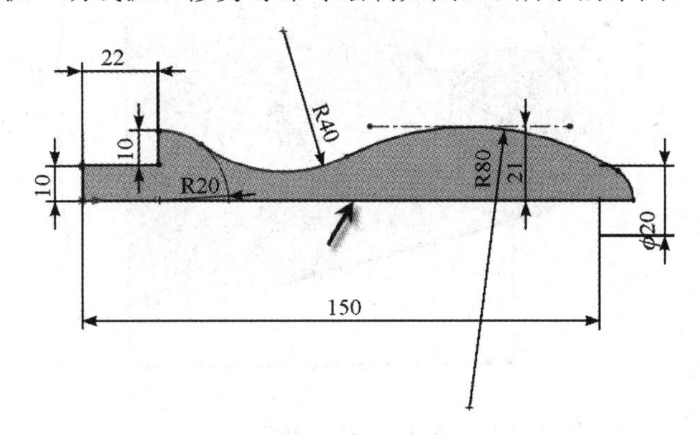

图 2-7　手柄草图

(2) 单击“旋转凸台/基体”按钮，弹出旋转属性对话框，选择图 2-7 中箭头所指直线作为旋转轴，单击确定按✓，即可生成回转手柄，如图 2-8 所示。

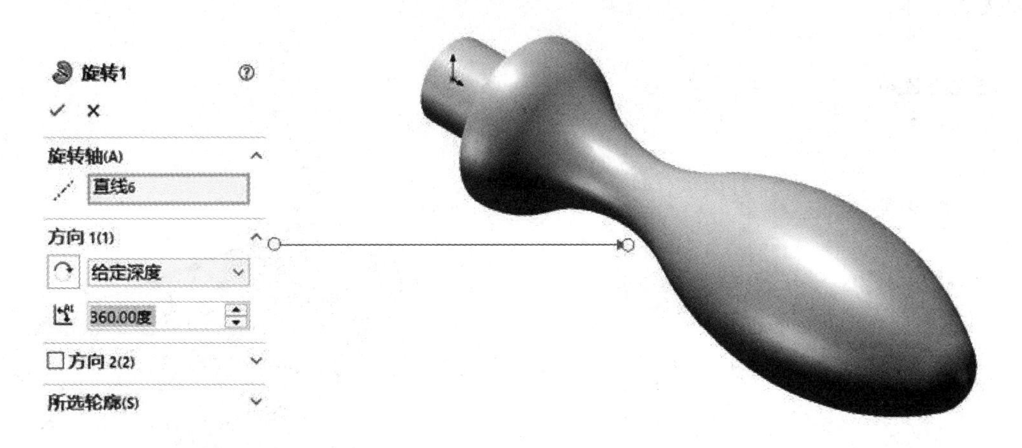

图 2-8　旋转凸台回转手柄

2.2.2　旋转切除

旋转切除特征是指将草绘截面绕指定的旋转中心线旋转一定的角度来去除材料的实体

特征。在已有实体特征的基础上，绘制一个草图，包含一个或多个轮廓和一条中心线、直线，或边线以作为特征旋转所绕的轴。

单击“特征”面板中的“旋转切除”按钮，或选择“插入”→“切除”→“旋转”，出现切除旋转属性对话框，该对话框类似前面的旋转凸台/基体属性对话框，设定好相关选项，然后单击确定按钮 ✓ ，即可完成命令。

下面以绘制一个拨叉为例来说明旋转切除特征操作。

(1) 单击“新建”按钮，选择“零件”模块，选择上视图基准面作为绘图平面，使用直线、圆、修剪等命令，结合尺寸约束及几何约束，绘制如图 2-9 所示的草图。

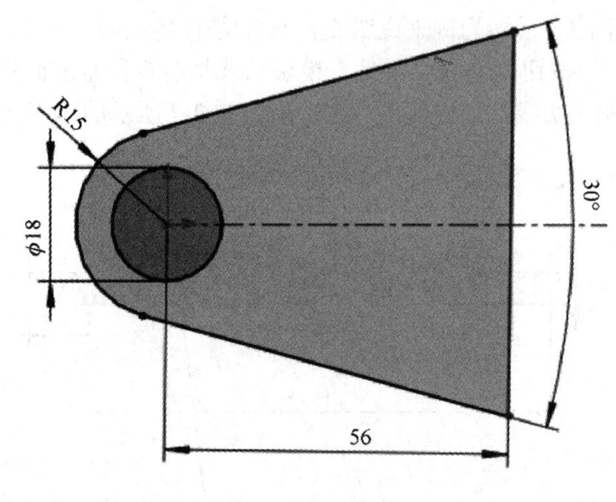

图 2-9 拨叉草图

(2) 单击“特征”面板中的“拉伸凸台/基体”按钮，在“凸台-拉伸”属性对话框中的“方向 1”下拉列表中选择给定深度选项，输入 20，单击 ✓ ，生成如图 2-10 所示的凸台拉伸拨叉主体。

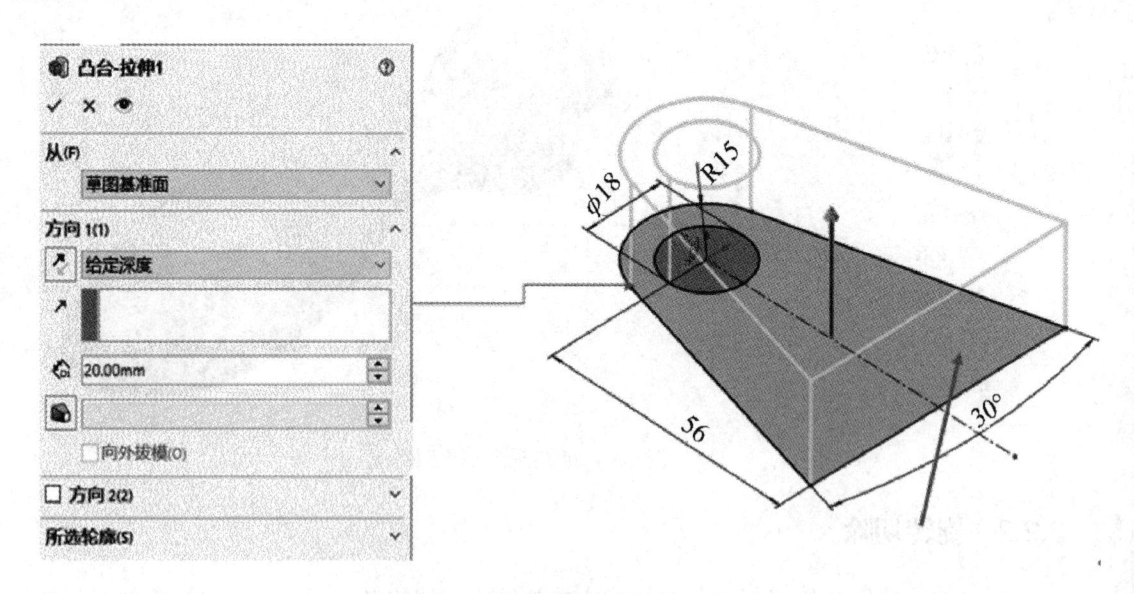

图 2-10 凸台拉伸拨叉主体

(3) 选择图 2-10 中箭头所指平面作为绘图平面，绘制草图，如图 2-11 左图所示，单击绘图区域右上角的“退出草图”按钮，退出草图。然后，选择“特征”面板中的“旋转切除”按钮，系统弹出属性对话框，选择图 2-11 中箭头所指的线作为旋转轴，单击 ✓ 按钮，即可生成旋转切除的拨叉实体特征。

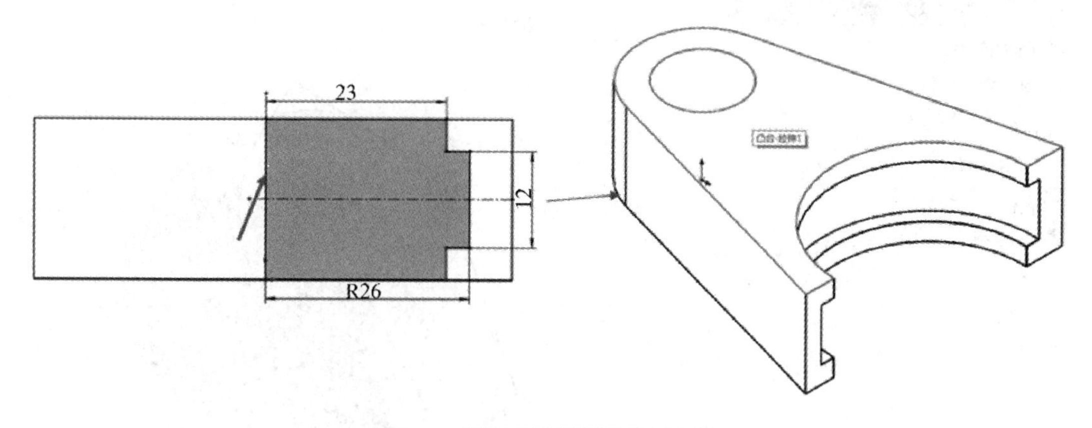

图 2-11　绘制凹槽草图并旋转切除

2.3　专项练习——普通螺栓建模

要求绘制六角头螺栓 M24，查阅国标 GB/T 5782—2016，参考科学出版社 2016 年《机械工程图学》第四版中的附表 11：六角头螺栓。

根据六角头螺栓 M24 表格中的 s 公称 max = 36，单击“拉伸凸台/基体”按钮，以右视基准面绘制内切六边形草图，选择内切的方式，标注内切圆的直径为 36，如图 2-12 所示。

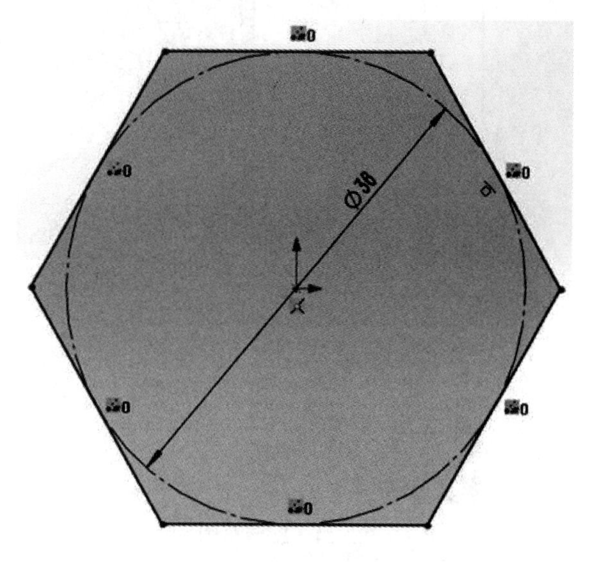

图 2-12　六角头螺栓的草图绘制

单击绘图区域右上角的“退出草图”按钮，退出草图，在“凸台-拉伸”属性对话框中，将给定深度设定为15，参考《机械工程图学》附表11中的K值公称为15，单击 ✓，生成如图2-13所示的实体。

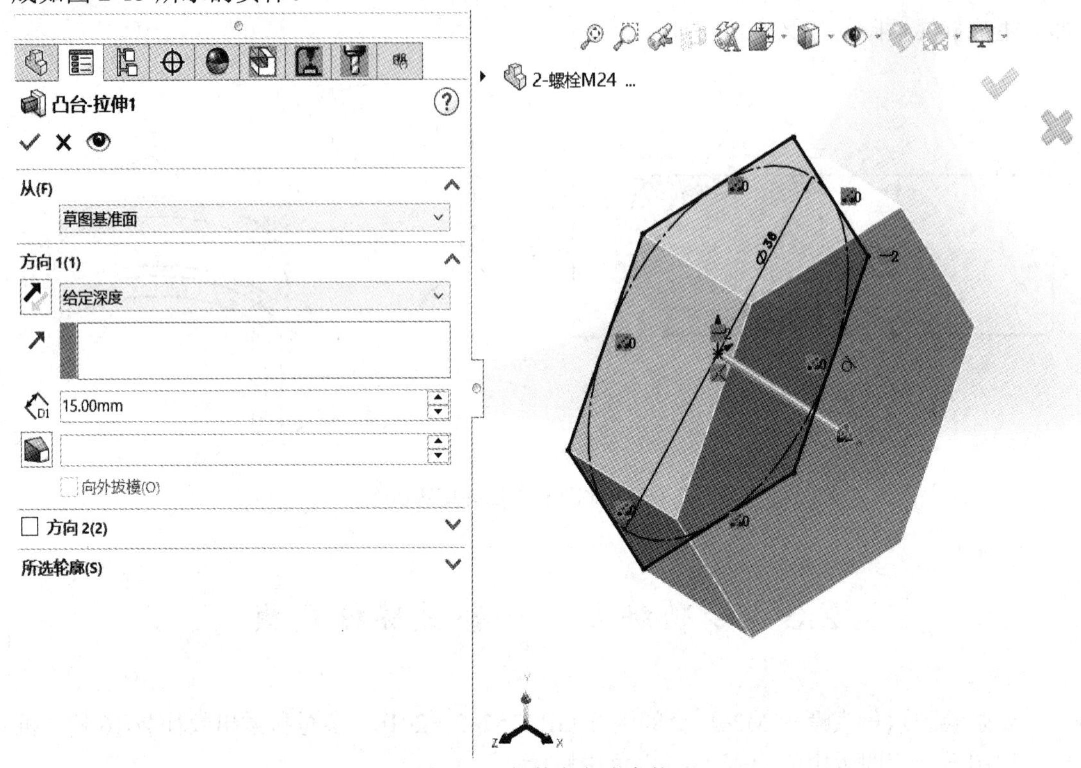

图2-13 拉伸六角头实体

单击“旋转凸台/基体”按钮，选择前视基准面，绘制图2-14所示的旋转草图。

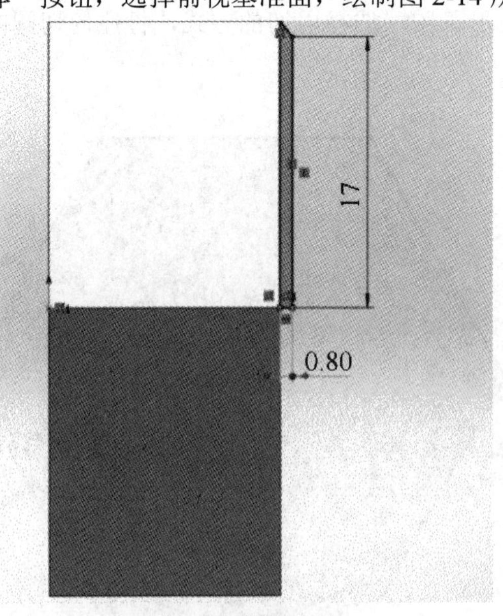

图2-14 旋转草图

退出草图，以0.8的边线为旋转轴旋转凸台，如图2-15所示。

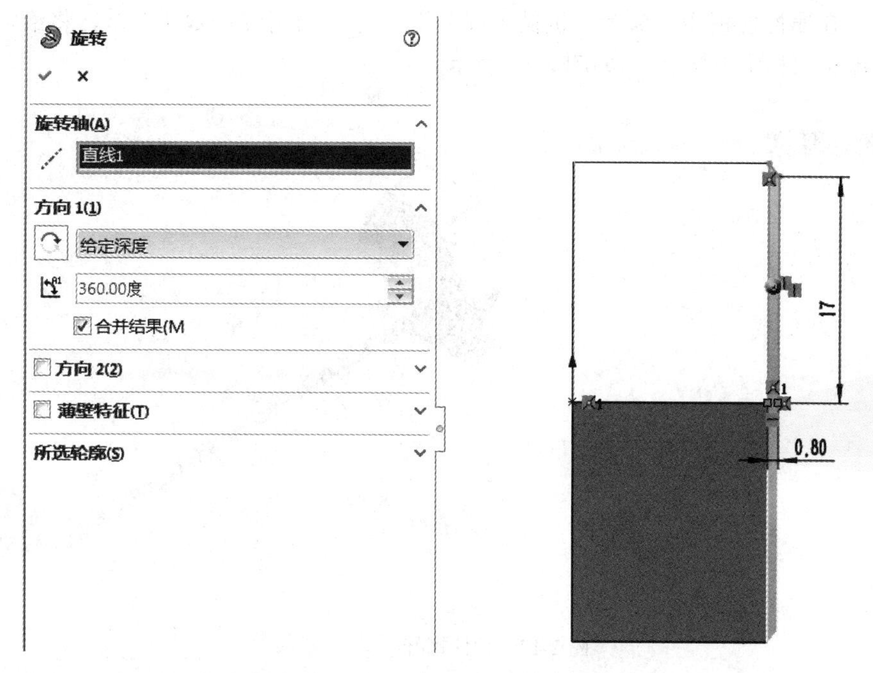

图 2-15　旋转凸台

2.3.1　创建螺栓螺杆

点击“拉伸凸台/基体”按钮，选择上一步旋转后的凸台上表面作为基准面绘制直径 24 的圆，如图 2-16 所示。

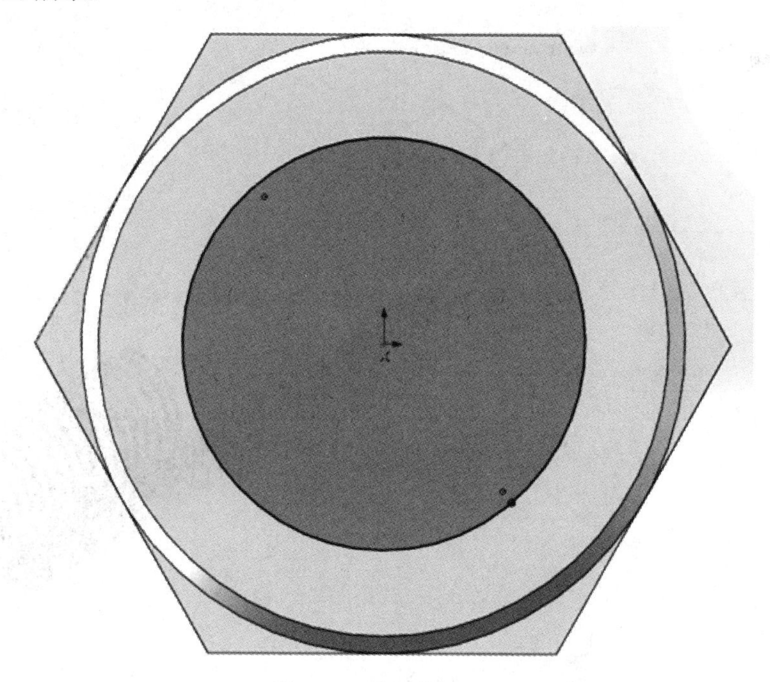

图 2-16　绘制草图

退出草图，在属性面板中，参考《机械工程图学》附表 11 中 l 的数值范围，将给定深度设定为 150 mm，然后单击 ✓，如图 2-17 所示。

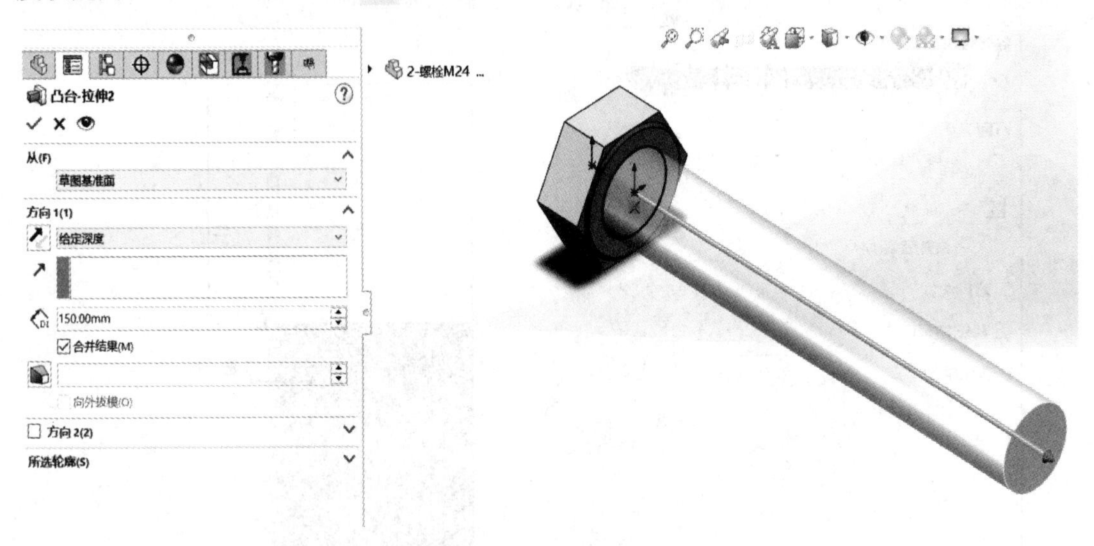

图 2-17　拉伸螺杆

点击菜单“插入”→“注释”→“装饰螺纹线”，选中最右端的边线 1，类型选择机械螺纹，大小为 M24，给定深度为 60，如图 2-18 所示。参考 GB/T 5782—2016 中的 b 值，螺纹规格 d = M12，公称长度 l = 150 mm，标准件六角头螺栓(A 级)，即螺栓 GB/T 5782—2016 M24 × 150，如表 2-1 所示。

点击“旋转切除”按钮，选择前视基准面，绘制切除草图，如图 2-19 所示，注意要有中心线。

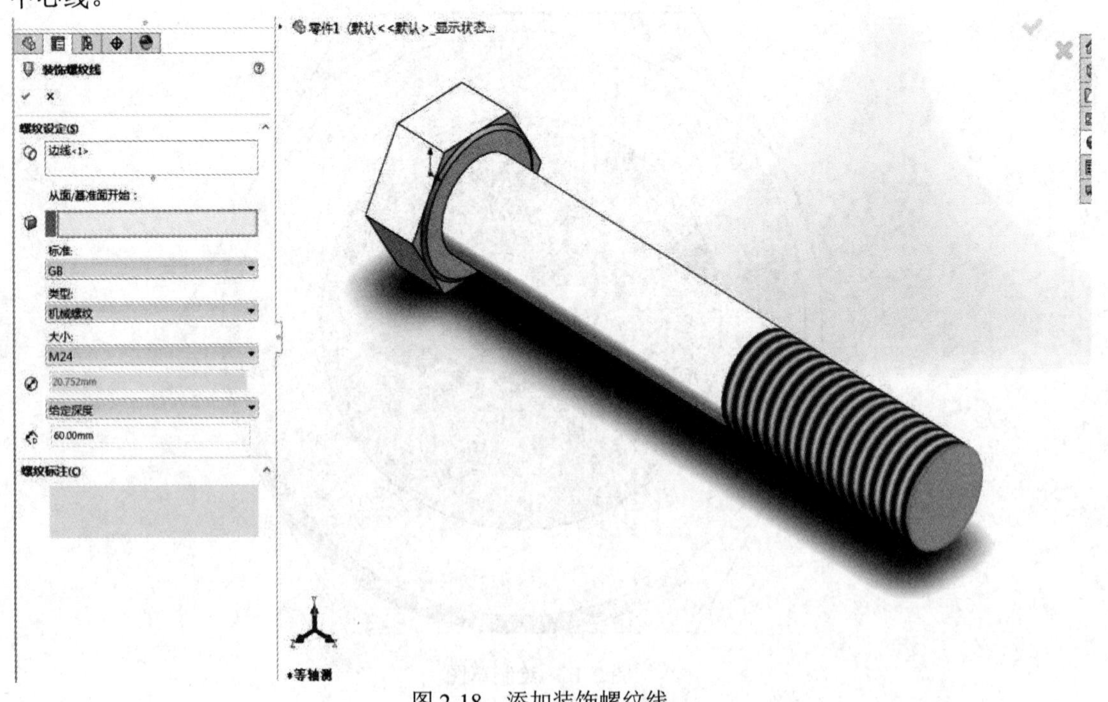

图 2-18　添加装饰螺纹线

表 2-1　螺 纹 规 格

螺纹规格 d		M10	M12	M16	M20	M24	M30
公称 = max		16	18	24	30	36	46
螺纹深度 b	$l \leqslant 125$	26	30	38	46	54	66
	$125 < l \leqslant 200$	32	36	44	52	60	72
	$l > 200$	45	49	57	65	73	85
公称长度 l 系列		100, 110, 120, 130, 140, 150, 160, 180, 200, 220, 240, 260, 280, 300, 320, 340, 360, 380, 400					

注：本表节选自 GB/T 5782—2016，单位为 mm。

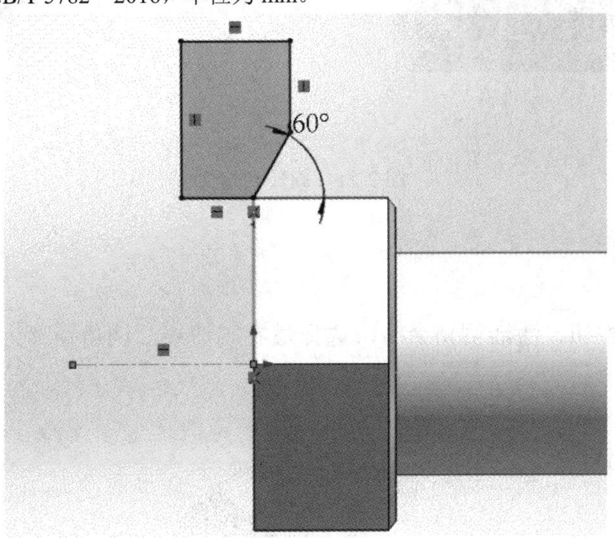

图 2-19　切除草图

2.3.2　旋转切除

退出草图，点击“旋转切除”，选择中心线作为旋转轴，旋转 360°，点击 ✓，旋转切除后效果如图 2-20 所示。

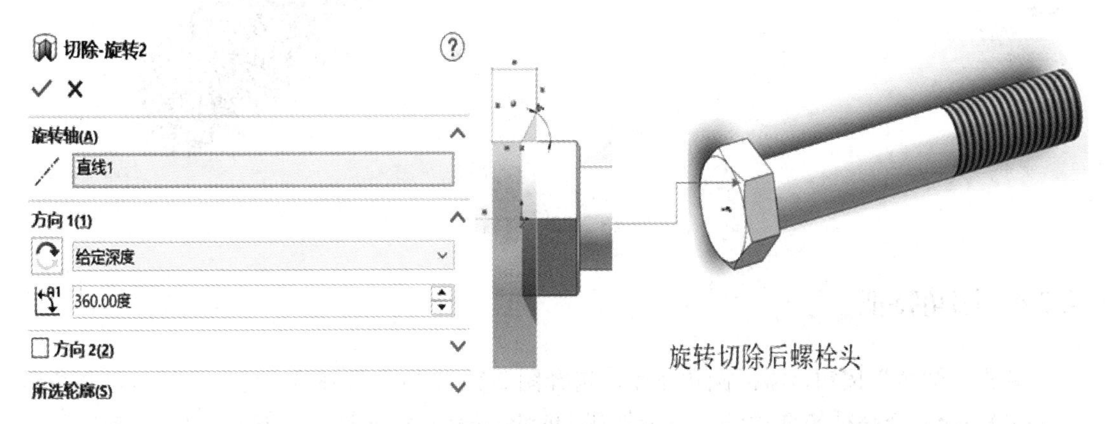

图 2-20　旋转切除 1

再次点击“旋转切除”，选择前视基准面，绘制图 2-21 所示草图，同样需要画出中心线，注意 60° 直线的起点位置。然后退出草图，选择中心线作为旋转轴进行切除。

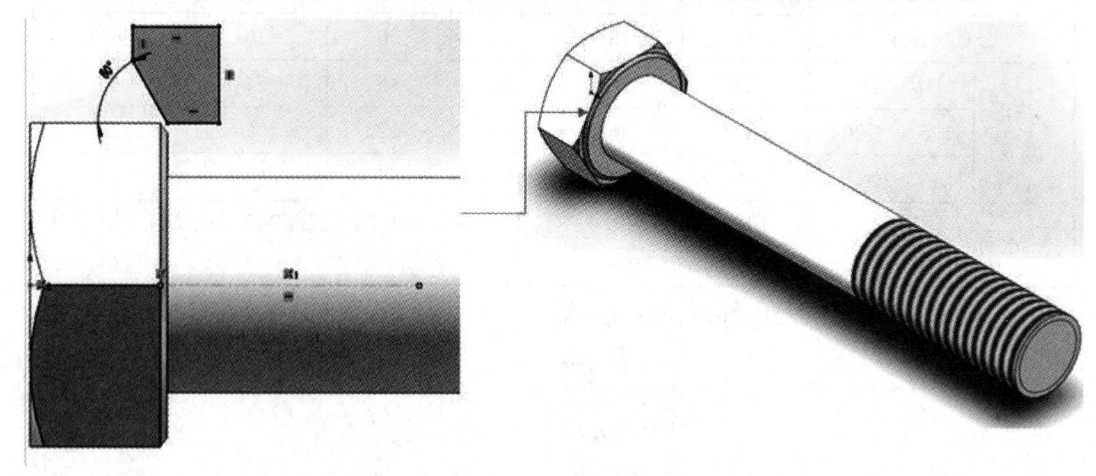

图 2-21 旋转切除 2

2.3.3 倒角特征

点击“倒角”按钮，激活倒角命令，选择最右端边线，倒角距离为 2.4 mm，如图 2-22 所示。

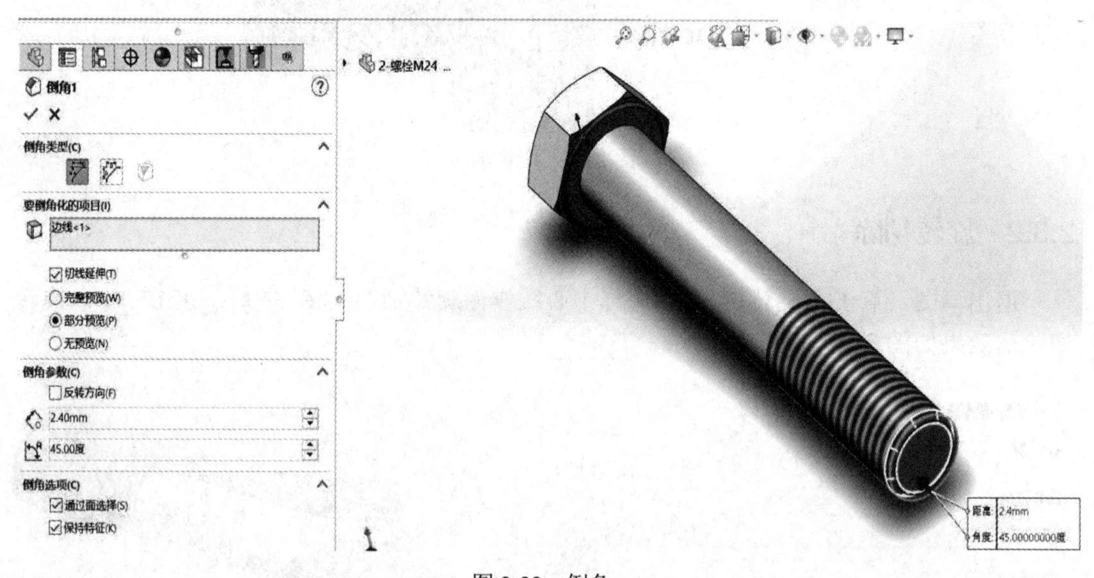

图 2-22 倒角

2.3.4 圆角特征

单击“圆角”按钮，激活圆角命令，选择图 2-23 中右上方螺栓中的高度边线，圆角半径为 0.8 mm。在特征树面板旁，点击外观 Displaymanager 属性面板图标，选择定制颜

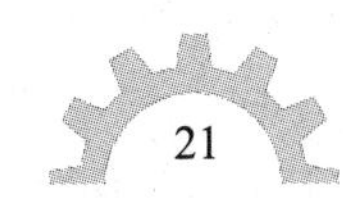

色，即可完成图 2-23 所示的六角头螺栓 M24 实体造型。

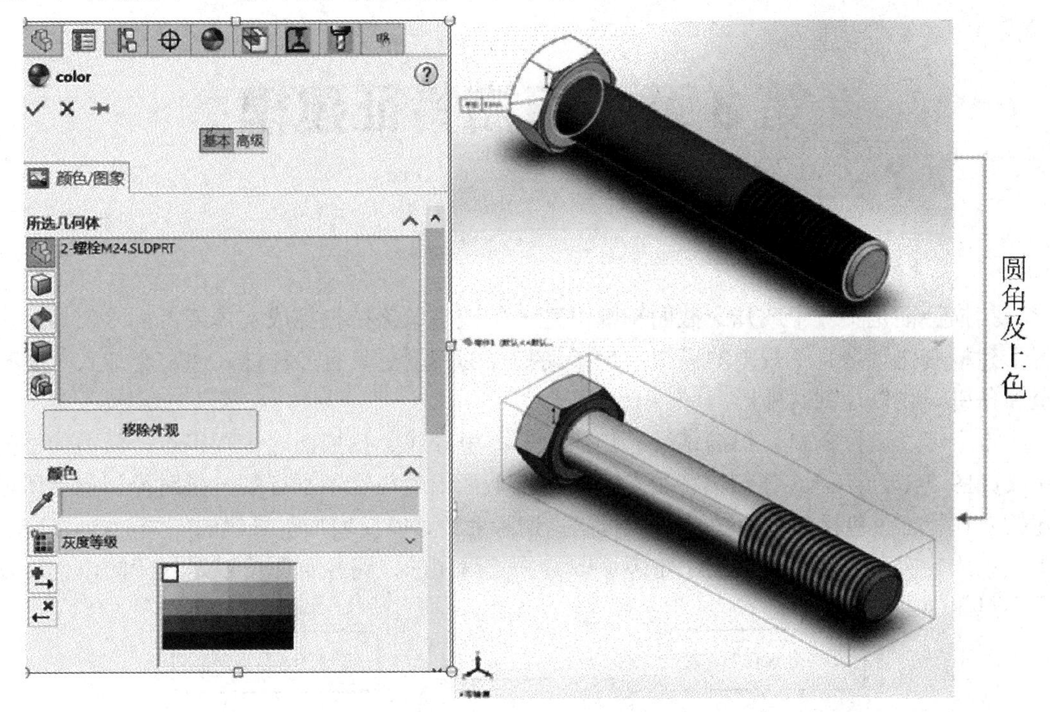

图 2-23　上色后的 M24 螺栓

第 3 章　扫描特征建模

扫描特征是指一个或几个截面轮廓沿着一条或多条路径扫掠成实体或者切除实体，常用于建构变化较多且不规则的模型。为了使扫描的模型更具有多样性，通常会加入一条甚至多条引导线以控制其外形。

本章涉及属性编辑、扫描路径、扫描轮廓、引导线、扫描切除等知识点，学习的框架路线如图 3-1 所示。实体扫描特征是指将草绘截面沿着与它不平行的一条路径扫掠后所创建的实体特征，包括简单的扫描命令和扫描切除命令，以及增加引导线的扫描命令。注意，首先生成轮廓草图和路径草图，轮廓草图必须是封闭的，路径草图可以是封闭的，也可以是不封闭的。

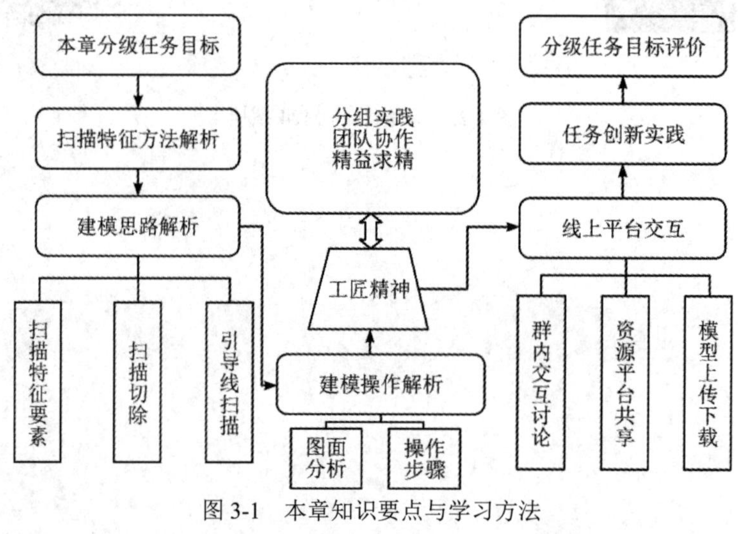

图 3-1　本章知识要点与学习方法

3.1　属 性 编 辑

属性编辑不仅包括整个模型的属性编辑，还包括对模型中的实体和组成实体的特征进行编辑。属性编辑主要包括材质属性、外观属性、特征参数修改等。

3.1.1　材质属性

在默认情况下，系统并没有为模型指定材质，可以根据加工实际零件所使用的材料，为模型指定材质，操作步骤如下：

打开任意一个零件，在零件设计树中选择“材质”选项，如图 3-2 中箭头所示。

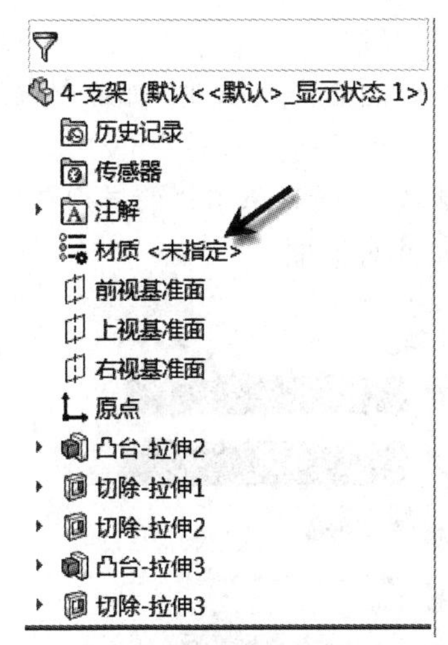

图 3-2 零件设计树

单击鼠标右键，弹出材质快捷菜单，选择铝合金 6061，查看赋予材质后的模型。

如果需要编辑修改材料，选择设计树中的“6061 合金”选项，弹出如图 3-3 所示的“材料”对话框，在左边的材料树中选择新的材料，单击“应用”和“关闭”按钮可以查看赋予新材质后的模型属性。

材料

5052-H36
5052-H38
5052-H38，棒材(SS)
5052-O
5052-O，棒材(SS)
5086-H32，棒材(SS)
5154-O，棒材(SS)
5454-H111
5454-H112
5454-H32
5454-H34
5454-O
6061 合金
6061-O (SS)
6061-T4 (SS)
6061-T6 (SS)
6063-O
6063-O，挤压棒材(SS)
6063-T1
6063-T4
6063-T5
6063-T6
6063-T6，棒材(SS)
6063-T83
7050-T73510
7050-T7451
7050-T7651
7075-O (SS)
7075-T6 (SN)
7075-T6，板材(SS)

属性　外观　剖面线　自定义　应用程序数据　收藏　钣金

材料属性
默认库中的材料无法编辑。您必须首先将材料复制到自定义库以进行编辑。

模型类型(M)：线性弹性各向同性　在库中保存模型(L)
单位(U)：SI - N/m^2 (Pa)
类别(T)：铝合金
名称(M)：6061 合金
说明(D)：
来源(O)：
持续性：已定义

属性	数值	单位
弹性模量	6.9e+10	牛顿/m^2
中泊松比	0.33	不适用
中抗剪模量	2.6e+10	牛顿/m^2
质量密度	2700	kg/m^3
张力强度	124084000	牛顿/m^2
压缩强度		牛顿/m^2
屈服强度	55148500	牛顿/m^2
热膨胀系数	2.4e-05	/K
热导率	170	W/(m·K)

应用(A)　关闭(C)　保存(S)　配置(N)...　帮助(H)

图 3-3　“材料”对话框

3.1.2 外观属性

无论是模型，还是实体或单个特征，都可以修改其表面的外观属性。如需要修改颜色，操作步骤如下：

单击设计树中的“显示管理”按钮，然后双击材料处，或者单击“前导视图”工具栏中的“外观”按钮，系统会弹出如图 3-4 所示的外观属性对话框。

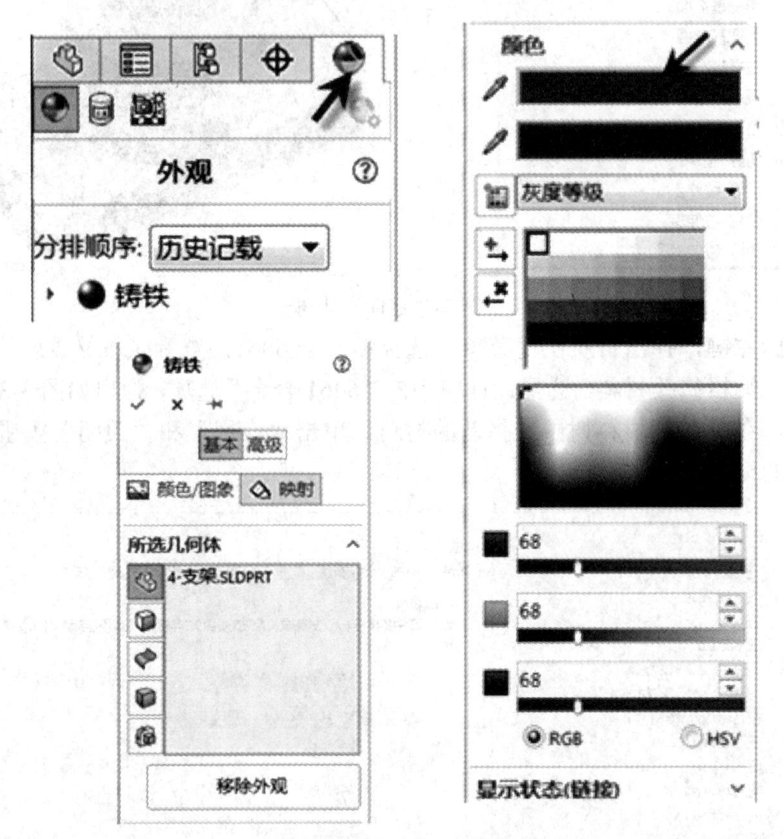

图 3-4　外观属性对话框

在外观属性对话框中的“所选几何体”选项卡中，可以分别选择不同的零件、面、实体或特征来修改不同的颜色。

单击“颜色”选项卡中的主要颜色框，选择色块，单击“确定”按钮，即可修改实体的颜色。

如需对模型外观进行高级设置，可以在界面右侧的“外观、布景和贴图”任务窗格中进行设置，如图 3-5 所示。

3.1.3 特征属性

对于已经建立的特征，可以修改特征的名称、说明和压缩等属性。在设计树中的特征上单击鼠标右键，弹出快捷菜单，选择“特征属性”命令，弹出如图 3-6 所示的“特征属性”对话框，在其中可以修改名称、说明等内容。

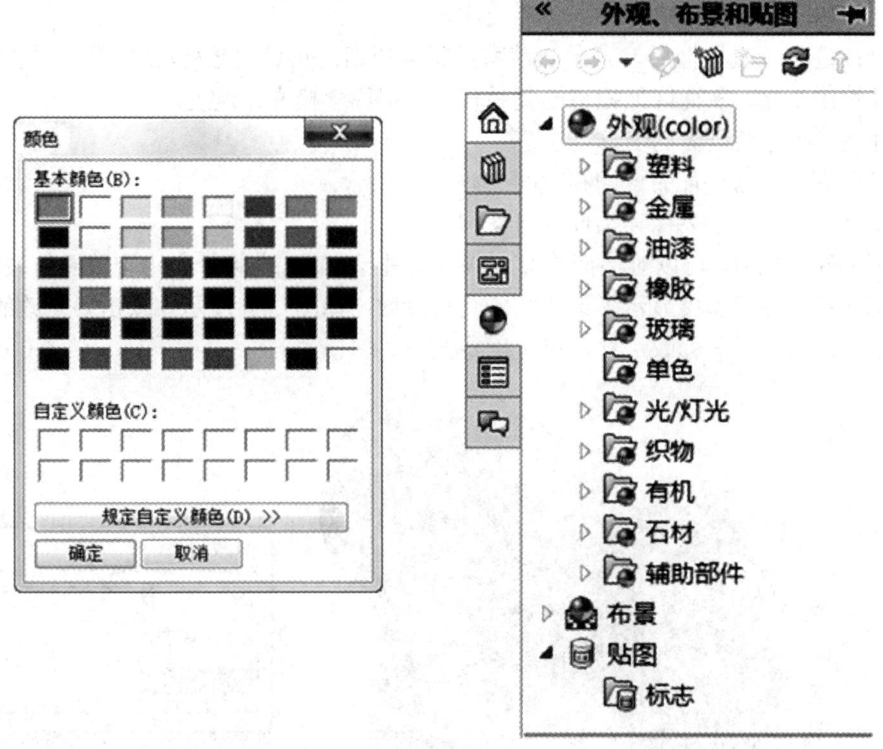

图 3-5　颜色和外观窗格

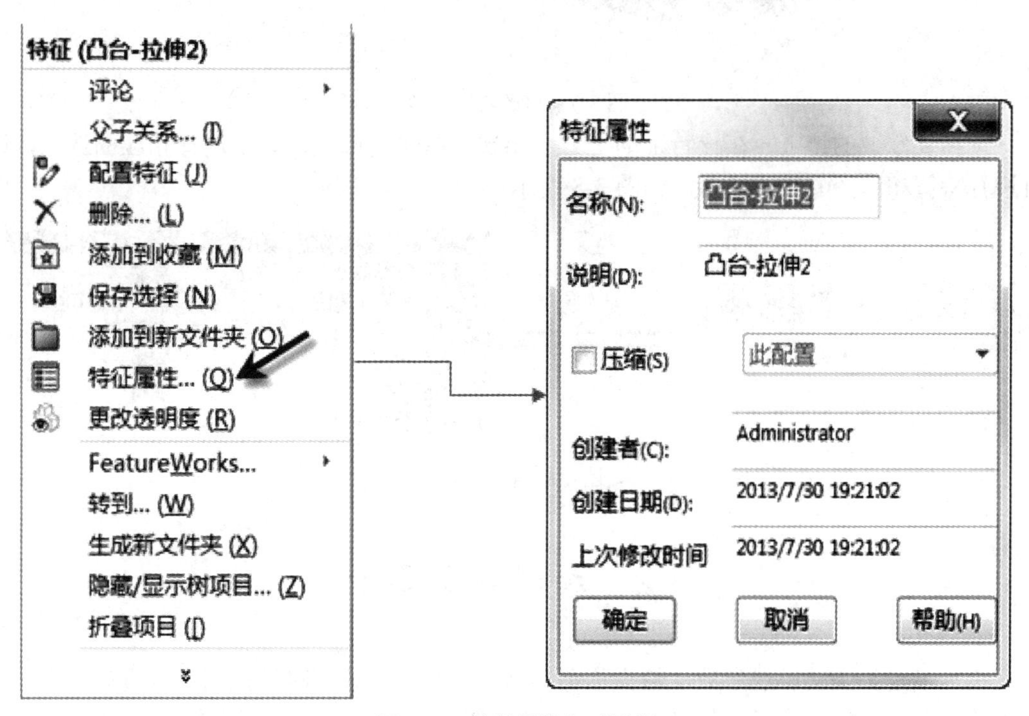

图 3-6 “特征属性”对话框

“特征属性”对话框中各选项的含义如下：

名称：列出所选特征的名称。

说明：用于对特征作进一步的解释或注释。

压缩：选中该复选框后，表示当前特征将被压缩。可将对象(包括特征和零件等)暂时从当前环境中消除，从而降低模型的复杂程度，提高建模操作速度。

创建者：创建特征者的名称。

创建日期：创建特征的日期和时间。

上次修改时间：最后保存零件的日期和时间。

特征创建完成后，可以对特征的参数或草图进行修改。在设计树中选择要修改的特征，则在绘图区的实体模型中显示了该特征的几何参数，如图 3-7 所示。双击要修改的尺寸参数，激活修改对话框，修改尺寸，单击确定按钮 ✓。

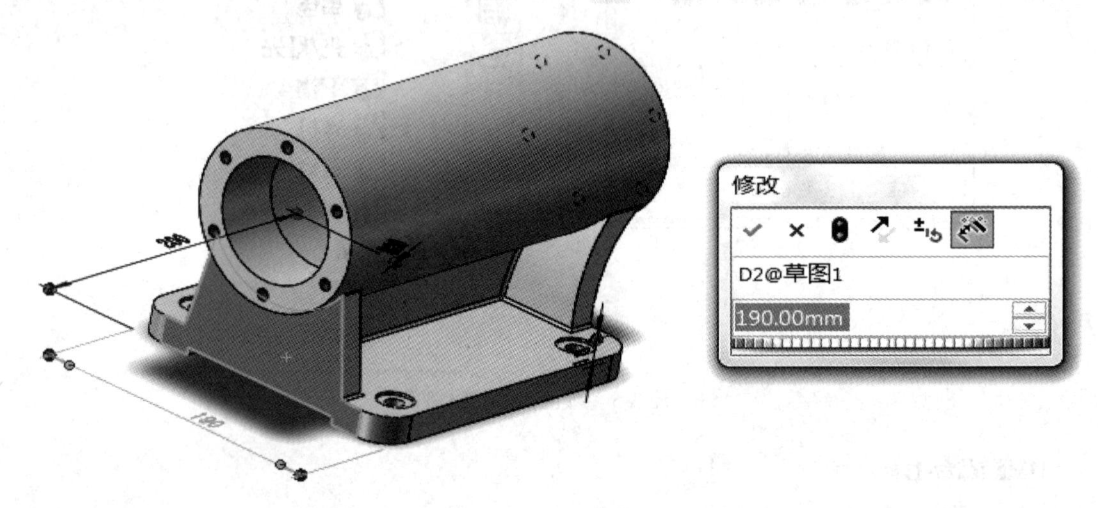

图 3-7 修改特征参数

选择要修改的特征，在该特征的上方会出现一些快捷选项，分别选择相应的选项，即可进行特征和草图的修改编辑，如图 3-8 所示。

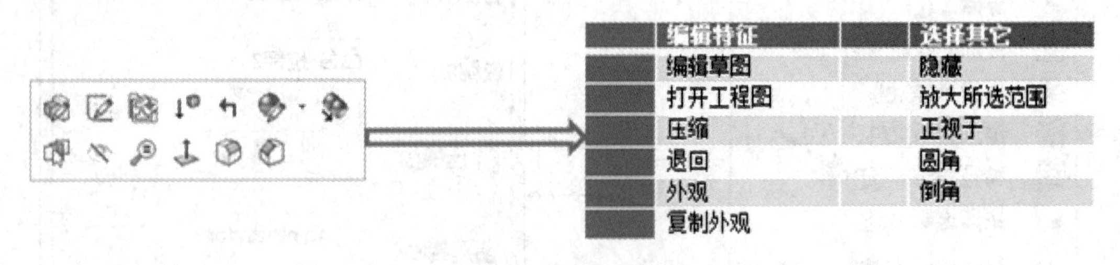

图 3-8 特征编辑

3.2 扫描特征要素

引导线是扫描的可选参数，轮廓草图和路径是必选参数。路径控制扫描方向，引导线可以建立变截面扫描特征。引导线必须和轮廓草图相交于一点(引导线和轮廓需要穿透相交，且完全定义)，引导线越少越好，最好使用 1 条。扫描特征将使用引导线和路径线中最短的那条作为控制线，这样便于控制截面；轮廓、路径和引导线应该分别绘制轮廓草图、路径草图和引导线草图。扫描路径切线变化太快的话，可以把轮廓草图改小点。注意扫描特征是从轮廓草图起始点向一侧生成的，不能两侧生成。

创建扫描特征时，必须同时具备扫描路径和扫描截面轮廓，当扫描特征的中间截面要求变化时，应定义扫描特征的引导线。

1. 扫描路径

扫描路径描述了轮廓运动的轨迹，有下面几个特点：

(1) 扫描特征只能有一条扫描路径；

(2) 可以使用已有模型的边线或曲线，可以是草图中包含的一组草图曲线，也可以是曲线特征；

(3) 可以是开环的或闭环的；

(4) 扫描路径的起点必须位于轮廓的基准面上；

(5) 扫描路径不能有自相交叉的情况。

2. 扫描轮廓

使用草图定义扫描特征的截面，对草图有下面几点要求：

(1) 基体或凸台扫描特征的轮廓应为闭环；

(2) 曲面扫描特征的轮廓可为开环或闭环；

(3) 轮廓中都不能有自相交叉的情况；

(4) 草图可以是嵌套或分离的，但不能违背零件和特征的定义；

(5) 扫描截面的轮廓尺寸不能过大，否则可能导致扫描特征的交叉情况。

3. 引导线

引导线是扫描的可选参数，利用引导线可以建立变截面的扫描特征，使用引导线扫描时中间轮廓由引导线确定。在使用引导线时需要注意以下几点：

(1) 引导线可以是草图曲线、模型边线或曲线；

(2) 引导线必须和截面草图相交于一点；

(3) 使用引导线的扫描以最短的引导线或扫描路径为基准，因此引导线应该比扫描路径短，这样便于对截面的控制。

3.3 实体放样

实体放样命令是通过拟合多个截面轮廓来构造放样拉伸实体的。可以定义多个截面，截面必须是封闭的平面轮廓线。如果定义了引导线，所有截面必须与引导线相交。该类命令一般常用在不需要指定路径的场合。

单击标准工具栏上的“新建”，生成一个新零件，用右键单击特征管理器设计树中的“前视基准面”，然后选择“显示”，使得前视基准面出现在图形区域中。

在仍然选定前视基准面的情况下，单击“参考几何体”中的“基准面”，基准面属性对话框随即出现，在“第一参考”选项中选择“前视基准面”，偏移距离设定为 80 mm，勾选“反转等距”，然后单击确定按钮 ✓，如图 3-9 所示。

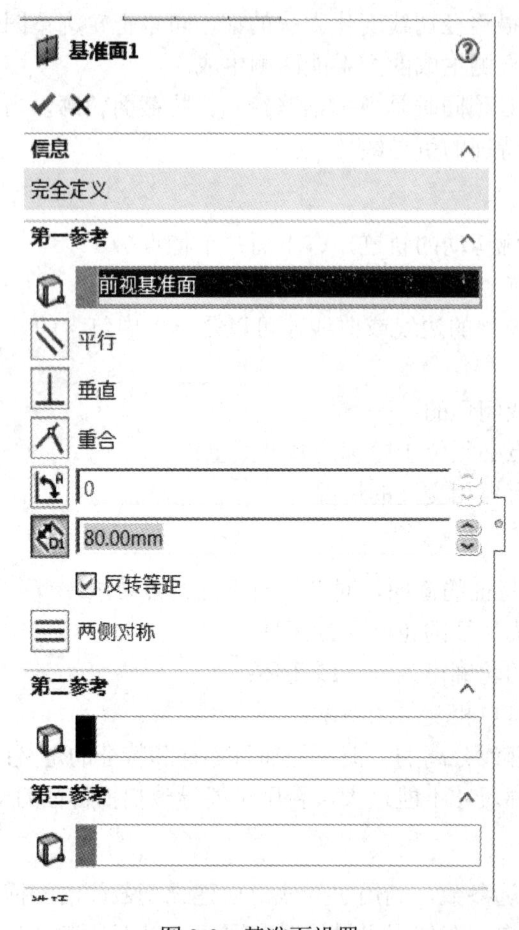

图 3-9 基准面设置

重复上面的操作，可以生成多个基准面，如图 3-10 所示，各个基准面的等距距离都是 80 mm。

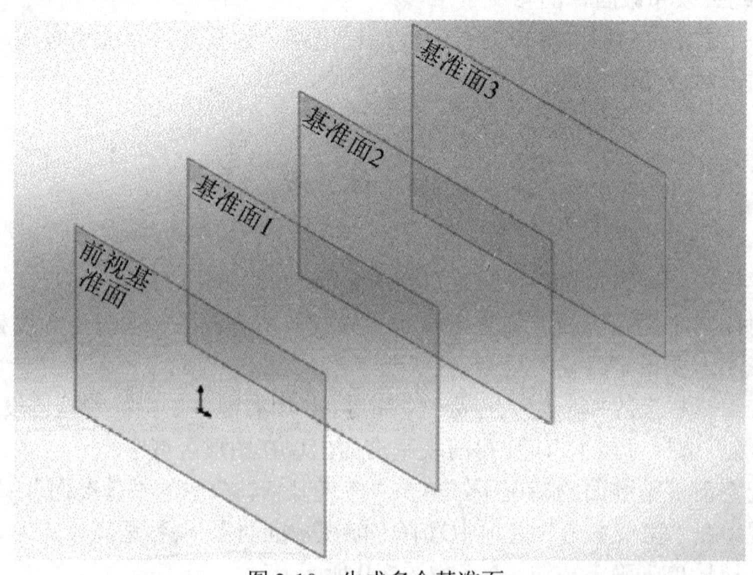

图 3-10 生成多个基准面

选择前视基准面，然后单击“草图”工具栏中的“草图”，绘制如图 3-11 所示的边长为 60 mm 的正方形并标注尺寸以使之沿原点置中，退出草图。

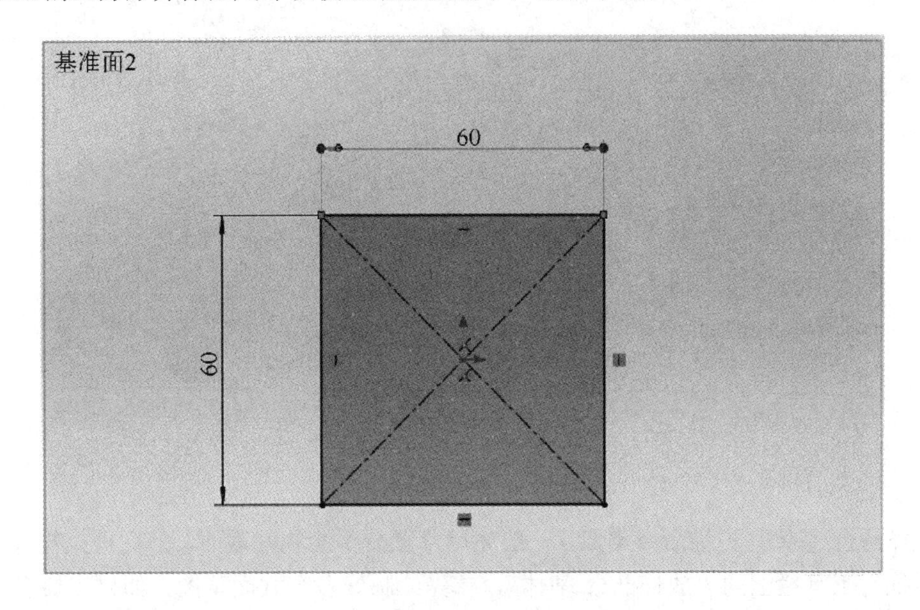

图 3-11　放样草图 1

选择基准面 1，然后单击“草图”工具栏的“草图”，绘制如图 3-12 所示的直径为 50 mm 的圆并标注尺寸以使之沿原点置中，退出草图；同理选择基准面 2，然后单击“草图”工具栏的“草图”，绘制图 3-12 所示的直径为 90 mm 的圆并标注尺寸以使之沿原点置中，退出草图。

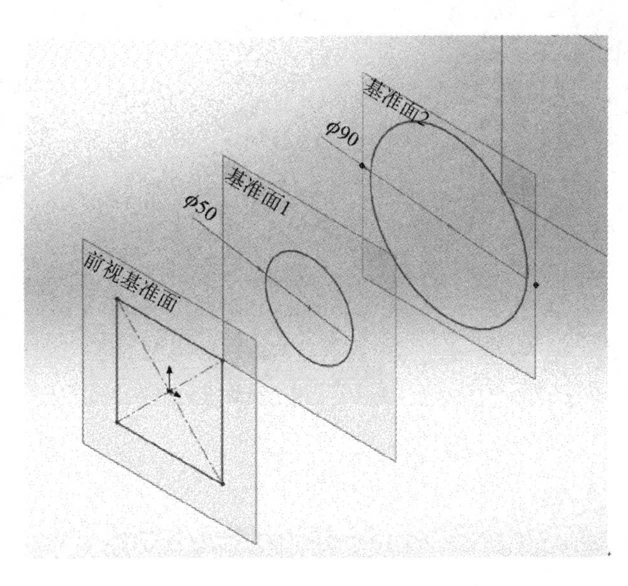

图 3-12　放样草图 2 和 3

单击在基准面 1 绘制的草图，单击标准工具栏上的“复制”，选择基准面 3，单击标准工具栏上的“粘贴”，完成草图复制，如图 3-13 所示。

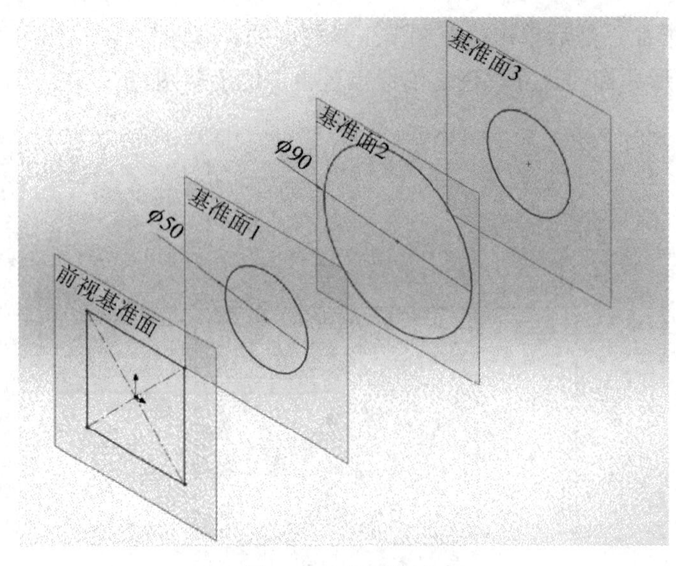

图 3-13　草图复制

放样凸台/基体与扫描命令类似，一般先用草图命令绘制好截面，然后再执行放样。单击“特征”工具栏上的“放样凸台/基体”，首先绘制好多个截面草图，如果需要引导线，也要绘制好引导线草图，然后，在图形区域中应该选择每一个草图的同侧位置，这样放样路径以直线行驶而不会出现弯曲扭转，如图 3-14 所示。

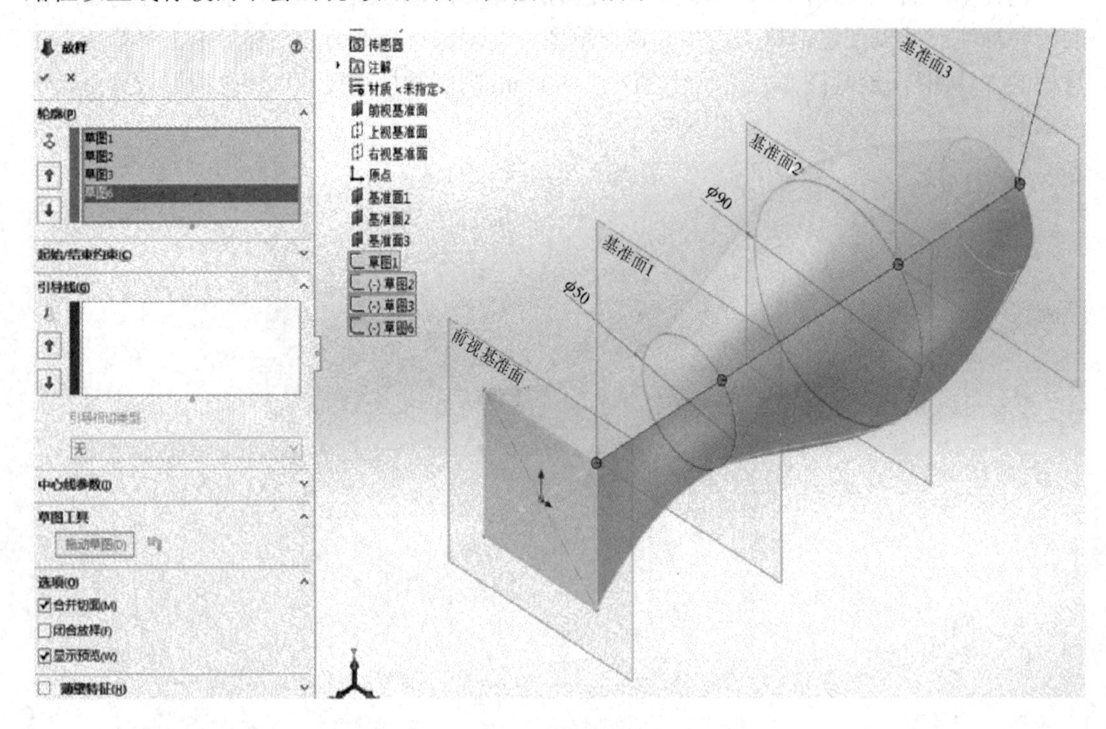

图 3-14　放样实例

单击“特征”工具栏上的“抽壳”特征，在图形区域中应该选择基准面 3 中端面作为抽壳移除面，抽壳厚度设定为 4，并生成如图 3-15 所示的抽壳特征。

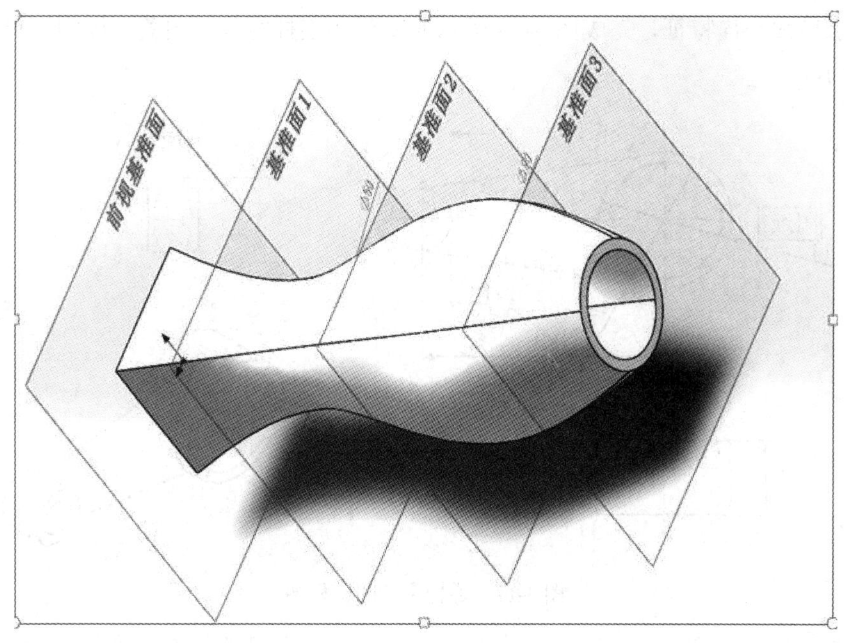

图 3-15　抽壳

3.4　专项练习——连杆建模

用扫描特征绘制如图 3-16 所示的连杆，连杆之间的过渡筋板轮廓截面是变化的，通过特征扫描来实现。在扫描特征中，轮廓草图沿着路径扫描，通过使用引导线来控制中间的轮廓变化。

图 3-16　连杆

运用引导线扫描特征，完成图 3-16 所示的变截面连杆零件，相关工程图样尺寸参数如图 3-17 所示。

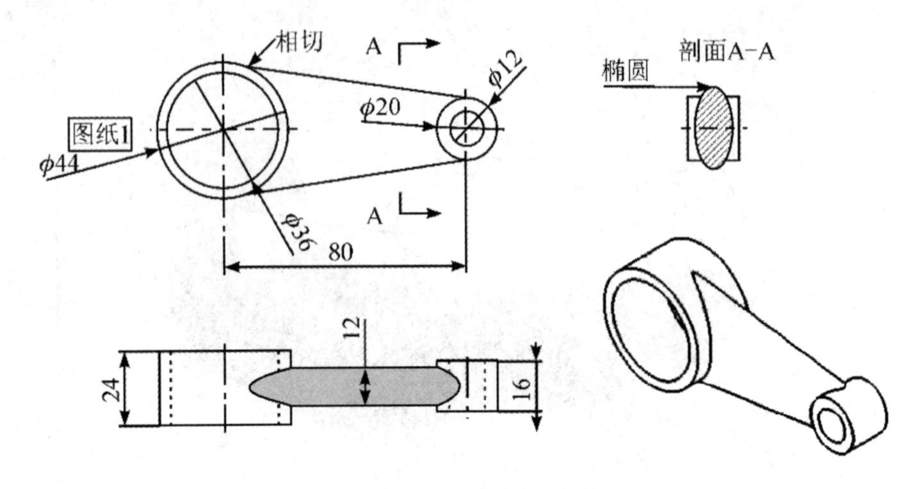

图 3-17　连杆零件的工程图

3.4.1　创建凸台拉伸

单击“新建”按钮，选择“零件”模块。再单击“拉伸凸台/基体”按钮，以前视基准面作为草图平面，绘制草图 1，如图 3-18 所示。

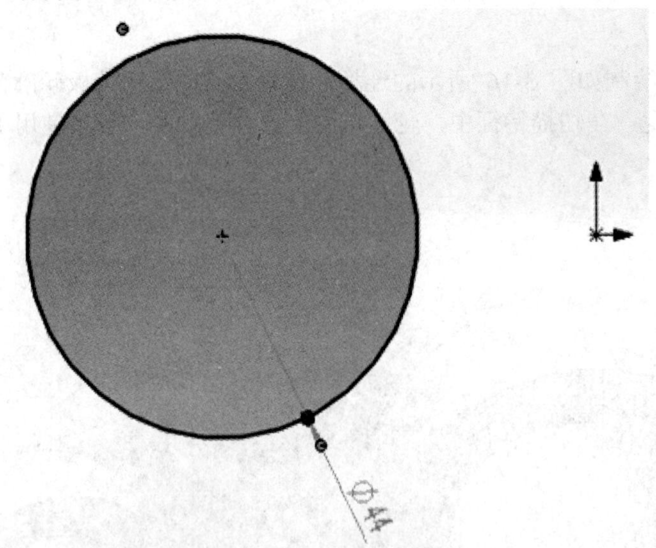

图 3-18　凸台拉伸草图 1

单击绘图区域右上角的“退出草图” 按钮，退出草图，在“凸台-拉伸”属性对话框中，“方向”选择“两侧对称”，距离设定为 24，这样以草图 1 为基准两侧对称拉伸凸台，单击确定按钮，生成如图 3-19 所示的实体。

再单击“拉伸凸台/基体”按钮，以前视基准面作为草图平面，绘制草图 2，点击“智能尺寸”，控制ϕ40 和ϕ20 中心距离为 80，如图 3-20 所示。

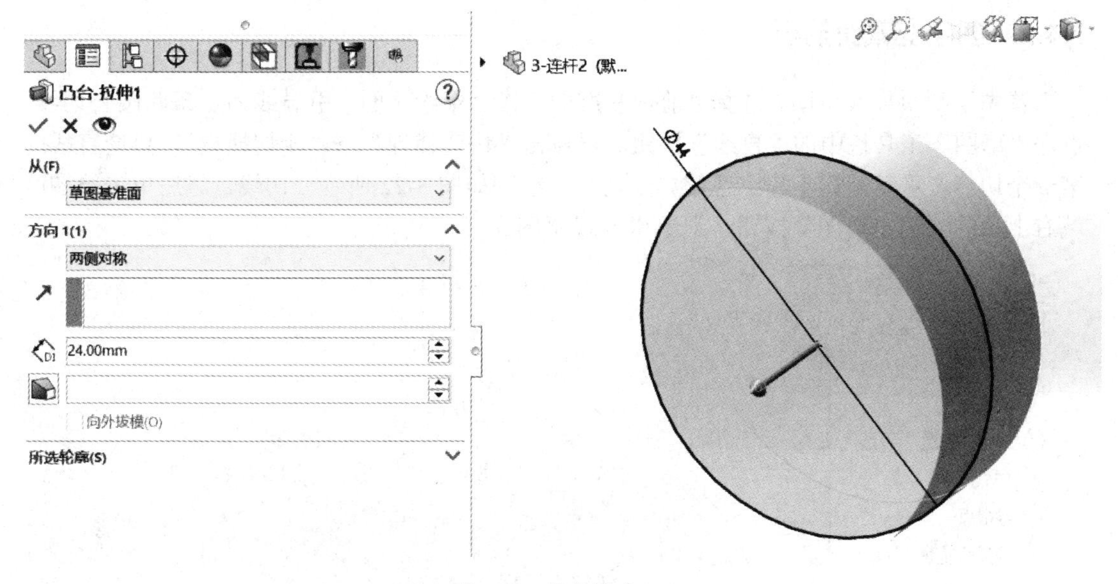

图 3-19　拉伸凸台 1

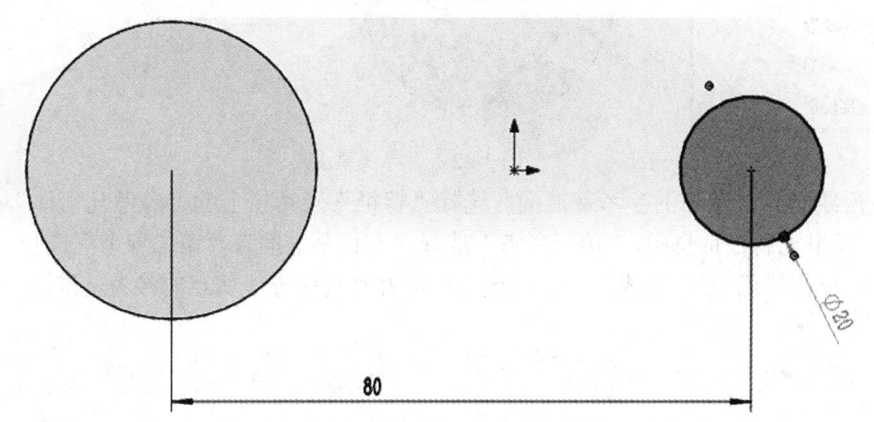

图 3-20　凸台拉伸草图 2

退出草图，以草图 2 为基准拉伸两侧凸台，拉伸距离为 16，如图 3-21 所示。

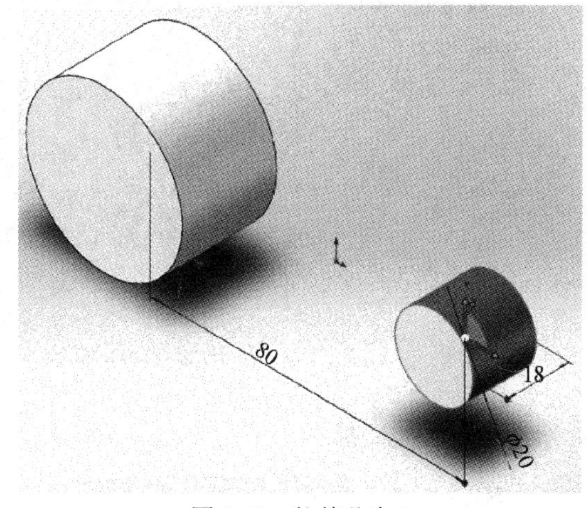

图 3-21　拉伸凸台 2

3.4.2 创建变截面筋板

首先绘制引导线草图。选择“前视基准面”作为草绘平面，引导线为 1 条两圆公切线，点击“草图”工具栏中的“直线”按钮，再点击“快速捕捉”→“相切捕捉”，点选直线的第一个切点，重复同样步骤点选第二个切点，绘制如图 3-22 所示公切线，然后单击绘图区域右上角的“退出草图”按钮，退出引导线草图。

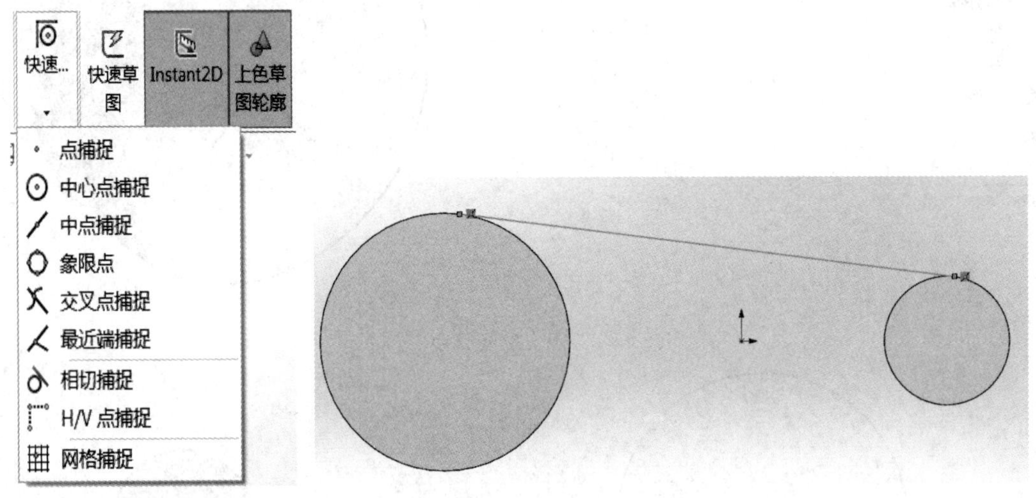

图 3-22 引导线草图

然后绘制轮廓草图的参考基准面。选择“特征”工具栏上的“参考几何体”，选择“基准面”，基准面特性信息中，“第一参考”选择“右视基准面”，“第二参考”选择引导线第一个切点，单击“确定”，生成平行于右视基准面并且过引导线切点的参考基准面，如图 3-23 所示。

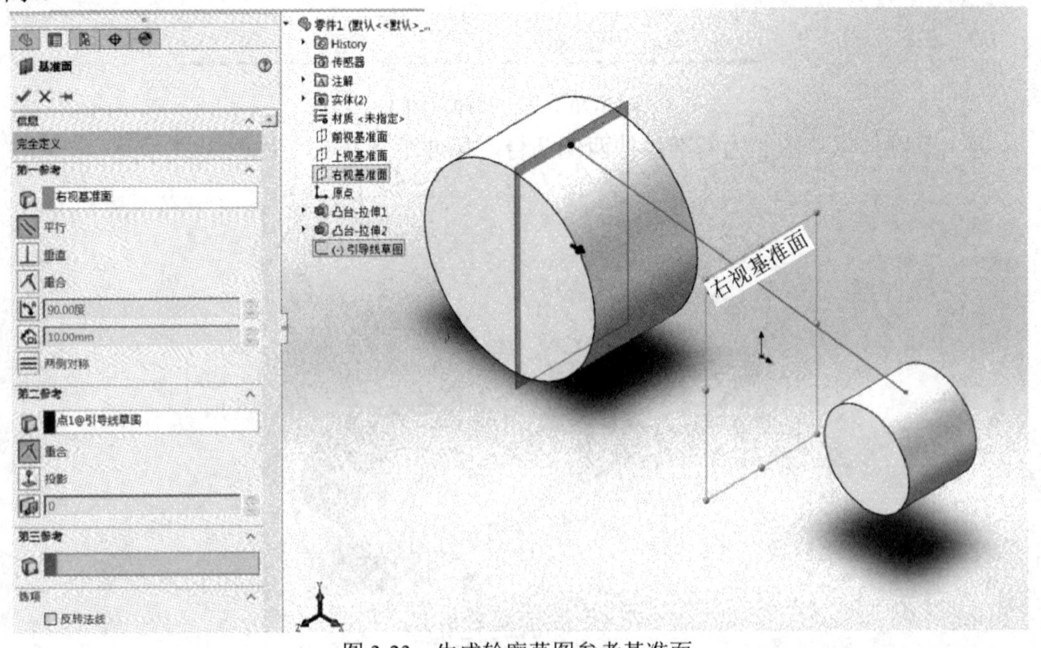

图 3-23 生成轮廓草图参考基准面

接下来选择参考基准面作为草绘平面，绘制轮廓草图。点击“草图”工具栏中的“椭圆”，绘制图 3-24 所示的椭圆，注意绘制完椭圆曲线以后，同时选择椭圆长轴点和引导线，添加几何约束关系，在弹出的属性对话框中选择“穿透”选项，如图 3-25 所示，使得引导线和轮廓线穿透相交，完成如图 3-24 所示的轮廓草图绘制。最后单击绘图区域右上角的退出草图按钮，退出轮廓草图。

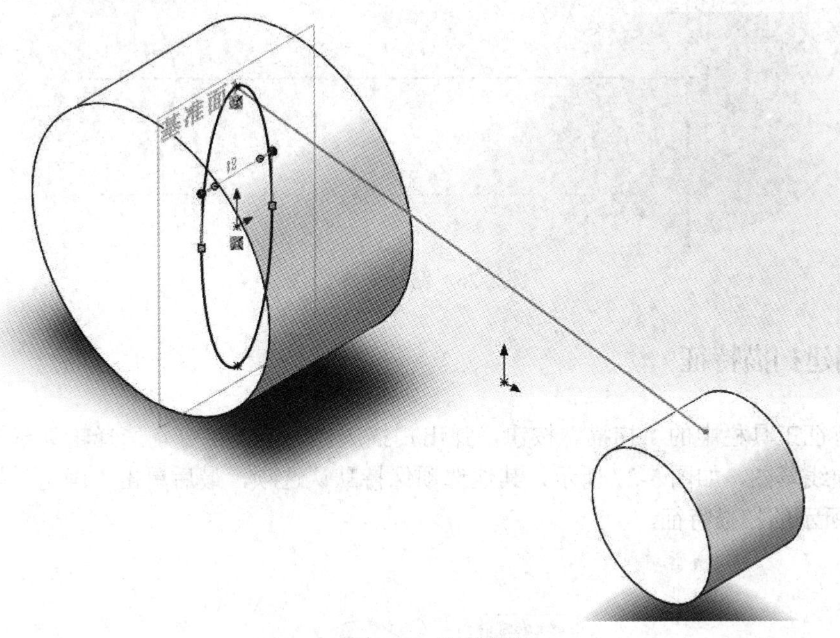

图 3-24　轮廓草图

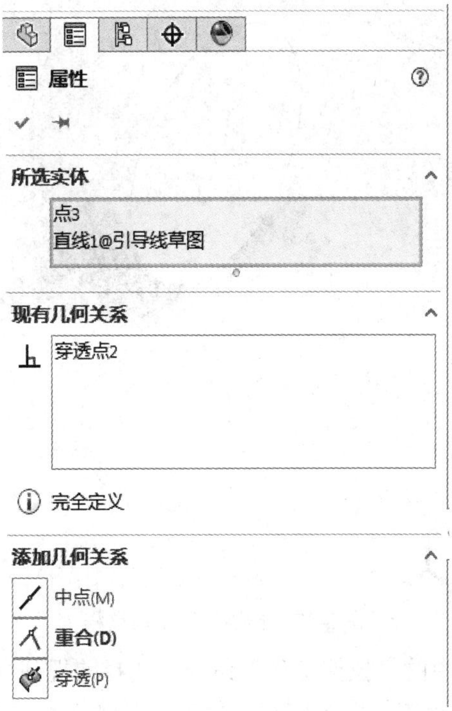

属性

所选实体

点3
直线1@引导线草图

现有几何关系

穿透点2

完全定义

添加几何关系

中点(M)
重合(D)
穿透(P)

图 3-25　属性对话框

最后选择前视基准面作为草绘平面，绘制如图 3-26 所示的路径草图，然后单击绘图区域右上角的“退出草图”按钮，退出路径草图。

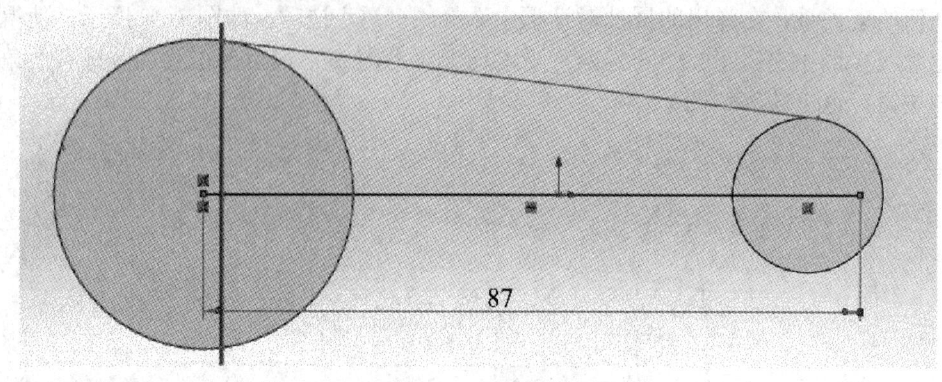

图 3-26　路径草图

3.4.3　创建扫描特征

单击特征工具栏中的“扫描”按钮，弹出扫描属性对话框，分别选择轮廓草图、路径草图和引导线草图，如图 3-27 所示，其他选项保持默认选项，最后单击“确定”按钮，生成图 3-27 所示的扫描特征。

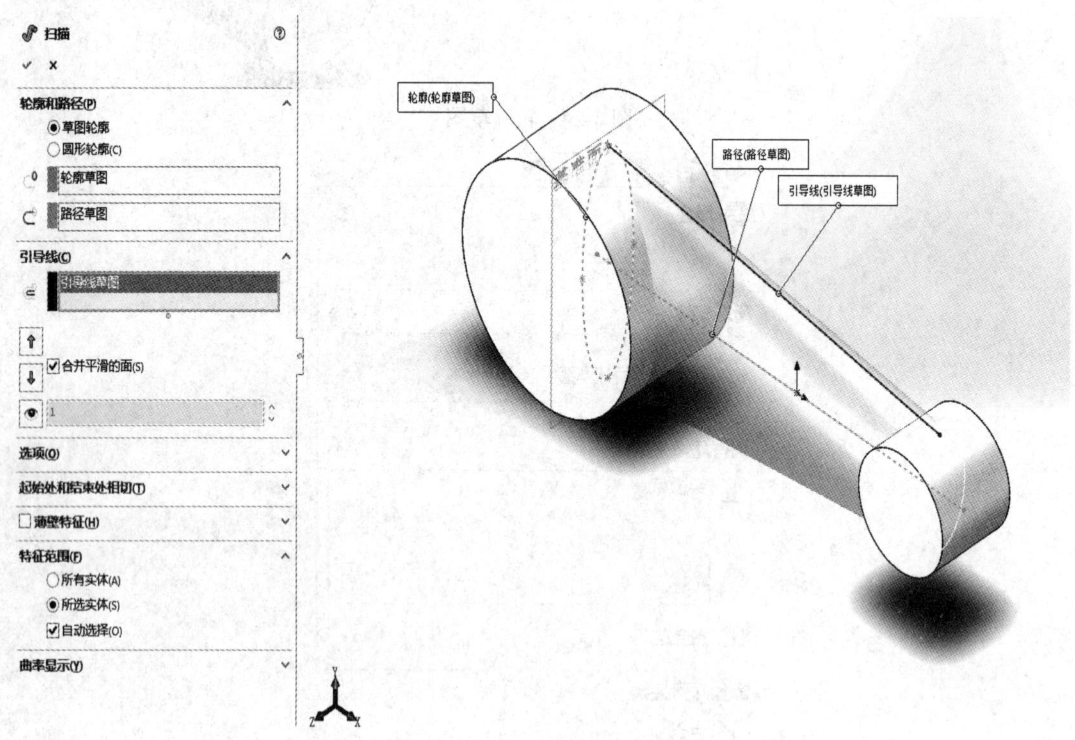

图 3-27　扫描特征生成过程

使用“特征”工具栏中的“拉伸切除”命令，选择前视基准面作为草绘平面，绘制如图 3-28 所示的草图，然后单击绘图区域右上角的“退出草图”按钮，退出草图。

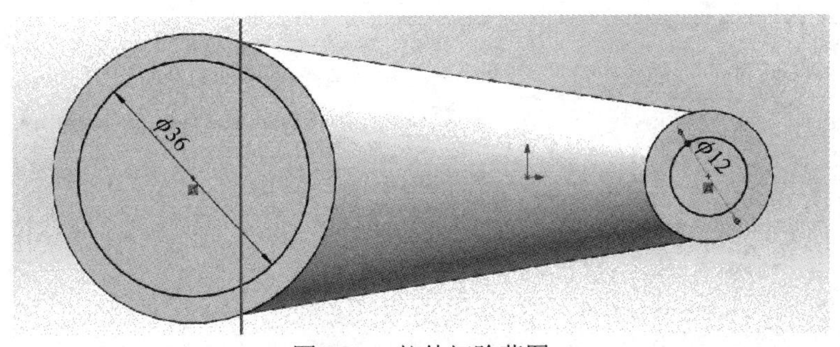

图 3-28　拉伸切除草图

拉伸切除方向选择“完全贯穿-两者”，如图 3-29 中属性对话框所示。

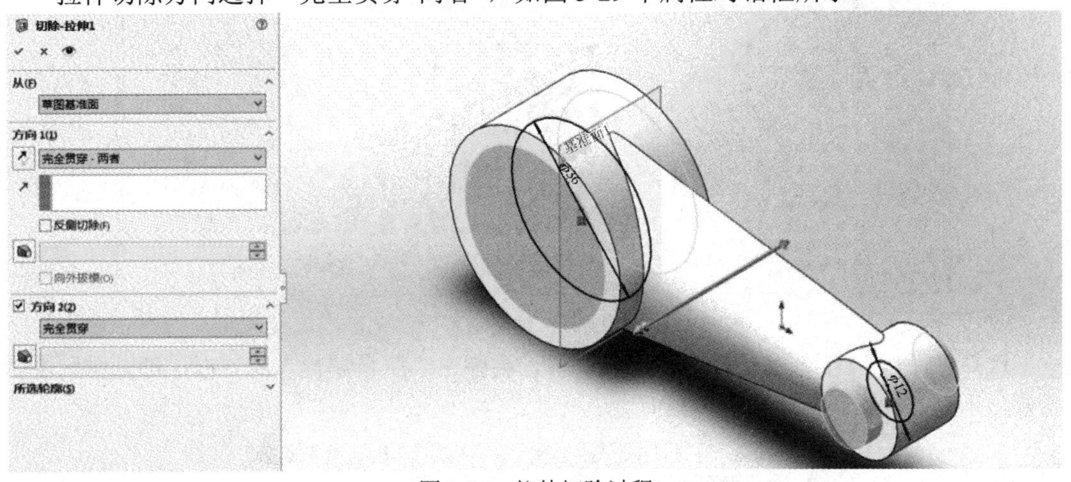

图 3-29　拉伸切除过程

点击“确定”按钮，最终获得如图 3-30 所示的连杆。

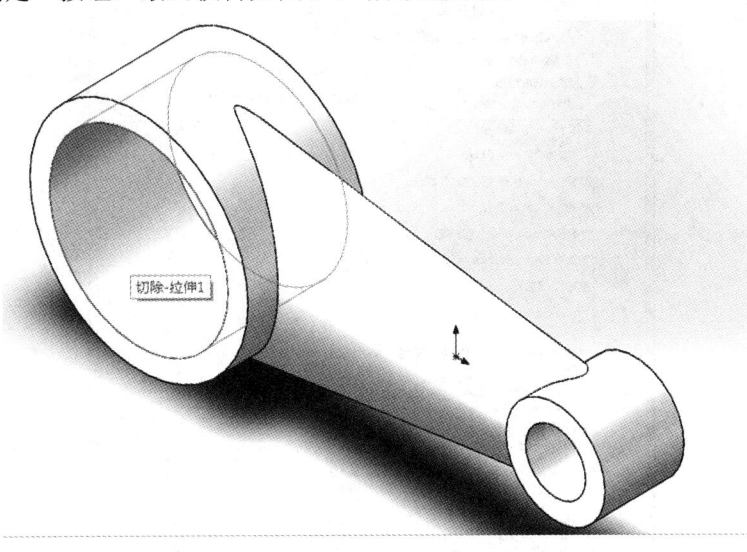

图 3-30　连杆

用鼠标右键单击模型特征树的材质，选择“编辑材料”，出现如图 3-31 所示的“材料”对话框，选择类别为“钢”，名称为“普通碳钢”，点击“应用”按钮，关闭确定后即可将模型材料设置为普通碳钢。

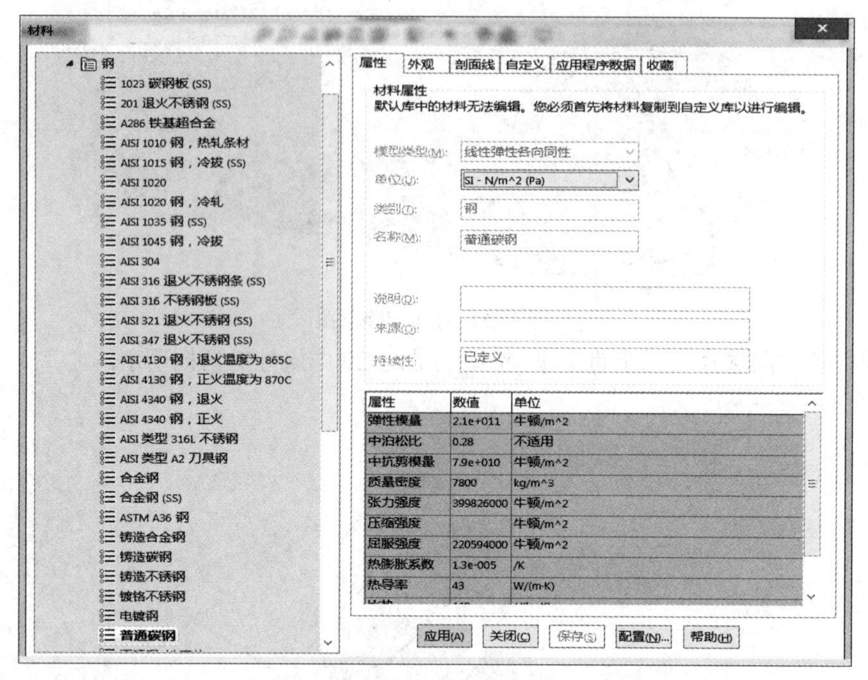

图 3-31 编辑材料

选择“评估”工具栏，点击“质量属性”，会弹出“质量属性”对话框，可以看到模型质量显示为 0.232 千克，如图 3-32 所示。

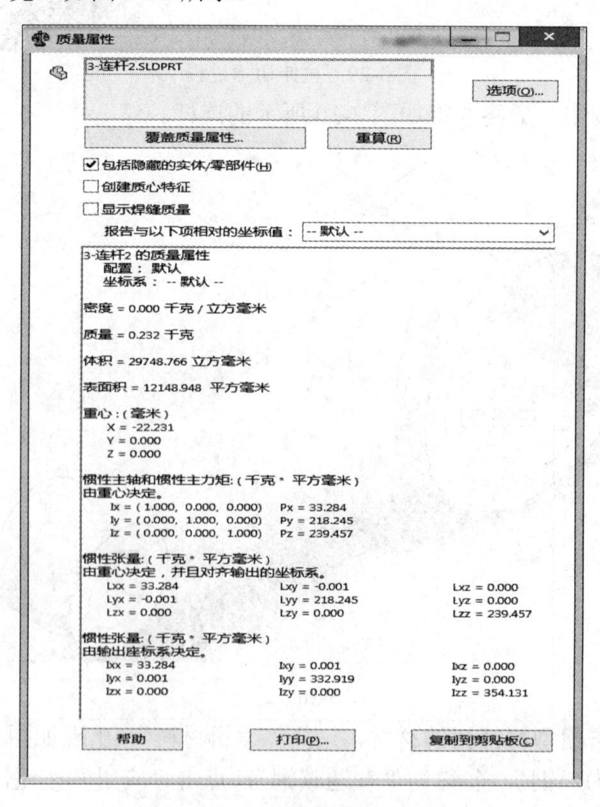

图 3-32 “质量属性”对话框

第 4 章　辅助特征建模

辅助特征是依附于主特征之上的几何形状特征，是对主特征的局部修饰，反映了零件几何形状的细微结构，包括筋、抽壳、孔、异型孔等特征的创建方法。辅助特征的创建对于实体特征的完整性是必不可少的。

本章重点内容包括筋特征、抽壳特征、拔模特征、孔特征和异型孔特征等辅助特征的建模，知识要点及学习方法如图 4-1 所示。辅助特征也叫应用特征，是一种在不改变基本特征主要形状的前提下，对已有特征进行局部修饰的建模方法。

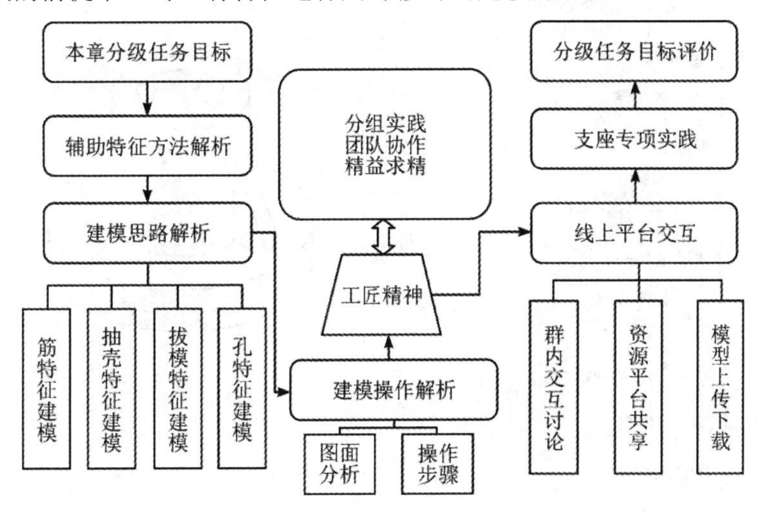

图 4-1　本章知识要点与学习方法

4.1　筋　特　征

筋特征用于对制造的零件起加强和增加刚性作用。创建筋特征时，首先要创建决定筋形状的草图，然后需要指定筋的厚度、位置、方向和拔模角度。

生成筋特征：

(1) 在与基体零件基准面等距的基准面上生成一个草图。

(2) 单击“特征”工具栏上的“筋”按钮，或选择菜单栏中的“插入”→“特征”→“筋”命令，出现“筋”属性管理器。

(3) 在“筋”属性对话框中，设定属性管理器选项。

选择相应的基准面作为绘图平面，绘制筋的草图，如图 4-2 所示，单击绘图区右上角的“退出草图”按钮，退出草图。

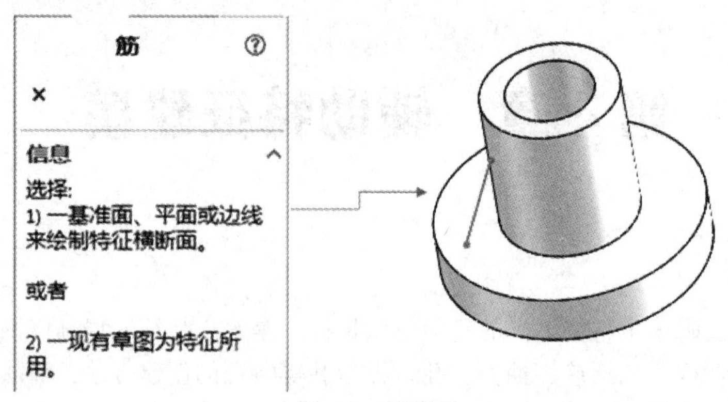

图 4-2 筋草图

在系统弹出的“筋”属性对话框中，设定属性管理器选项。输入筋板厚度，设定拉伸方向，单击 ✓ 按钮，即可生成如图 4-3 所示的筋特征实体。

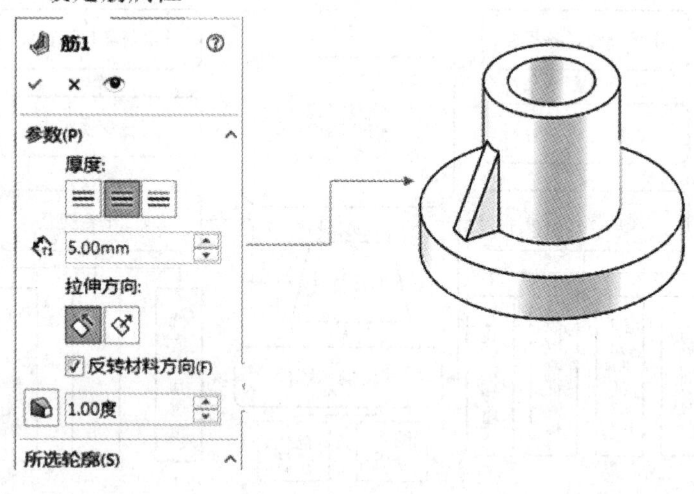

图 4-3 生成筋特征实体

筋的草图可以简单，也可以很复杂。既可以简单到只有一条直线来形成筋的中心，也可以复杂到详细描述筋的外形轮廓。根据所绘制的草图不同，所创建的筋特征既可以垂直于草图平面，也可以平行于草图平面进行拉伸。简单的筋草图既可以垂直于草图平面拉伸，也可以平行于草图平面拉伸；而复杂的筋草图只能垂直于草图平面拉伸。

4.2 拔模特征

拔模特征是铸件上普遍存在的一种工艺结构，是指在零件指定的面上按照一定的方向倾斜一定角度，使零件更容易从模型腔中取出。在建模过程中，可以在拉伸特征操作中同时设置拔模斜度，也可以使用拔模命令创建一个独立的特征，可以采用中性面、分型线和阶梯拔模方法创建特征。

1. 中性面拔模

单击“特征”工具栏上的“拔模”按钮，出现属性管理器。在“拔模类型”组中选中“中性面”单选按钮；“拔模角度”文本框输入 8；激活中性面列表，在图形区域中选择顶面为中性面，确定拔模方向，完成拔模，如图 4-4 所示。

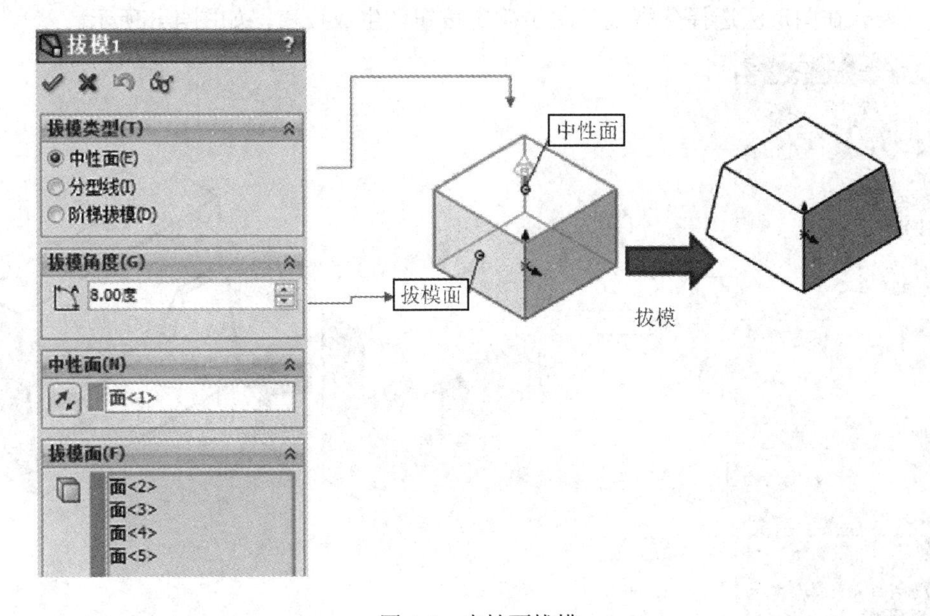

图 4-4　中性面拔模

2. 分型线拔模

单击“特征”工具栏上的“拔模”按钮，出现属性管理器。在“拔模类型”组中选中“分型线”单选按钮；“拔模角度”文本框输入 8；激活中性面列表，在图形区域中选择顶面为中性面，确定拔模方向；在“分型线”组激活分型线列表，在图形区选择分型线，完成拔模，如图 4-5 所示。

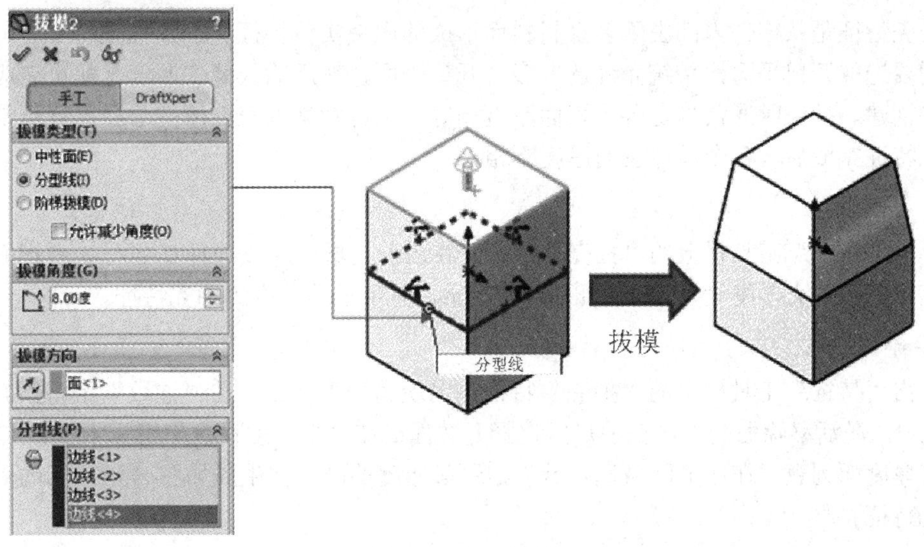

图 4-5　分型线拔模

3. 阶梯拔模

单击“特征”工具栏上的“拔模”按钮，出现拔模属性管理器。在“拔模类型”组中选中“阶梯拔模”单选按钮，选中“垂直阶梯”单选按钮；在“拔模角度”文本框输入 8；激活中性面列表，在图形区域中选择顶面为中性面，确定拔模方向；在“分型线”组激活分型线列表，在图形区选择分型线，单击确定按钮，生成拔模，如图 4-6 所示。

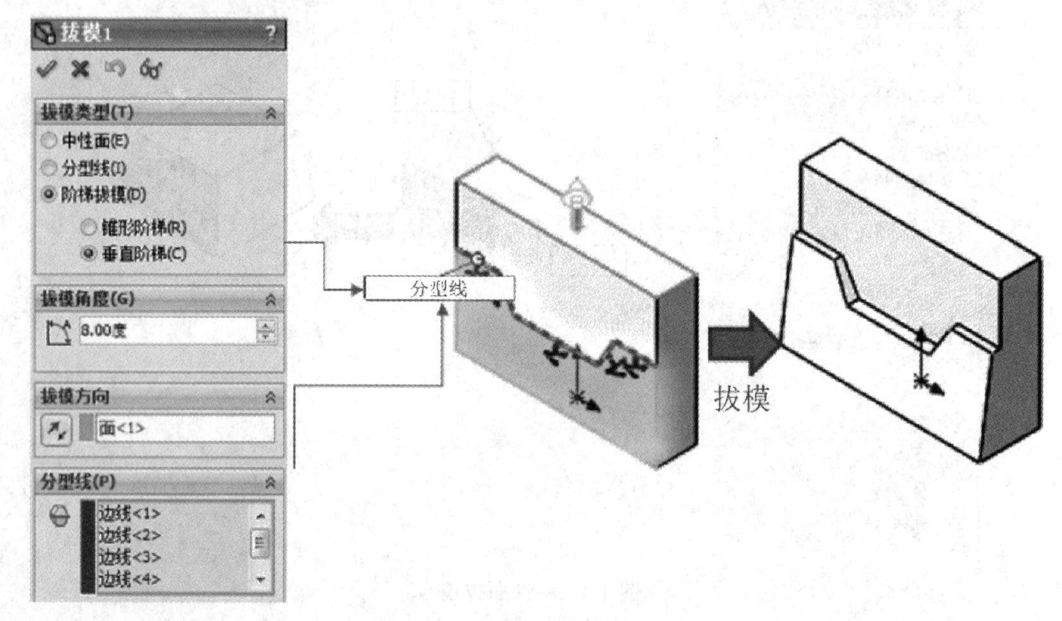

图 4-6　阶梯拔模

4.3 抽壳特征

抽壳特征是从零件内部去除多余材料而形成的内空实体特征。创建抽壳特征时，一般首先需要选取开口平面，系统允许选取多个开口平面，然后输入薄壳厚度，即可完成抽壳特征的创建。抽壳时通常指定各个表面厚度相等，也可对某些表面厚度单独进行指定，这样抽壳特征完成后，各个零件表面厚度不相等。

1. 等厚度

单击“特征”工具栏上的“抽壳”特征，在图形区域中应该选择基准面 3 中端面作为抽壳移除面，抽壳厚度设定为 4，如图 4-7 所示，并生成等厚度的抽壳特征。

2. 不等厚度

单击“特征”工具栏上的“抽壳”特征，出现属性管理器。在“参数”组将抽壳厚度设定为 4，激活移除面列表，在图形区选择开放面；在“多厚度设定”组文本框输入 20，激活多厚度面列表，在图形区域选择欲设定不等厚度的面，并生成如图 4-8 所示的不等厚度抽壳特征。

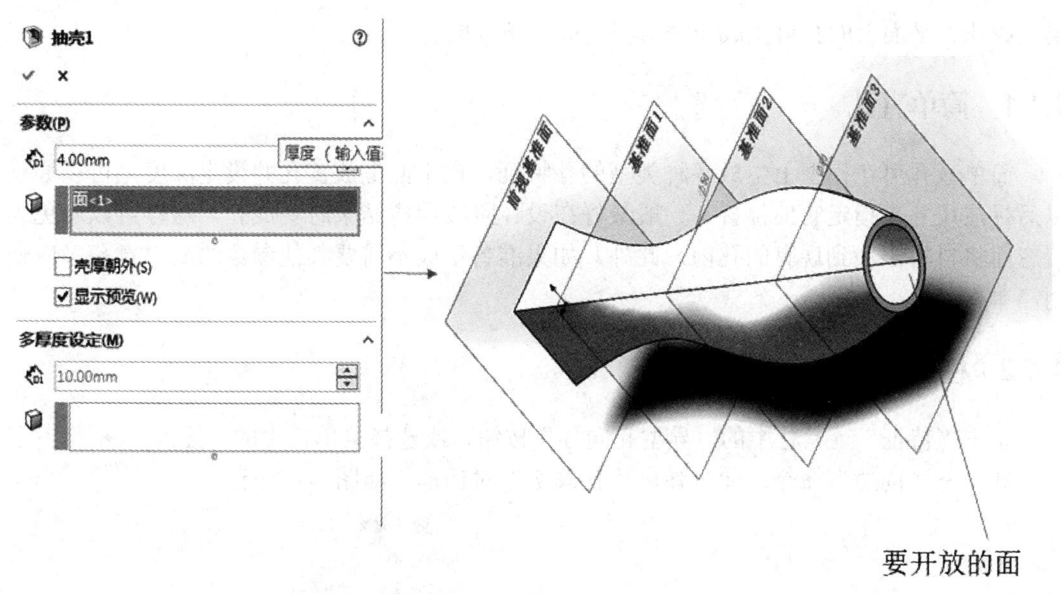

图 4-7　等厚度抽壳

图 4-8　不等厚度抽壳

知识点：涉及放样凸台、复制草图、圆角特征和抽壳特征。为了创建放样凸台，需要将各个轮廓绘制在面或者基准面上，可利用现有的面或者基准面建立新的参考基准面。

4.4　异型孔特征

异型孔的类型包括简单直孔、柱形沉头孔、锥形沉头孔、直螺纹孔等，根据需要可以选定异型孔的类型。

异型孔向导可以按照不同的标准快速建立各种复杂的异型孔，如柱形沉头孔、锥形沉头孔、螺纹孔或管螺纹孔等。可使用异型孔向导生成基准面上的孔，以及在平面和非平面上生成孔。平面上的孔可生成一个与特征成一角度的孔。

4.4.1 简单直孔

简单直孔可在模型上生成各种类型的孔特征，在平面上放置孔并设定深度，可以通过以后标注尺寸来指定它的位置。一般最好在设计阶段即将结束时生成孔，这样可以避免因疏忽而将材料添加到现有的孔内。此外，如果准备生成不需要其他参数的简单直孔，应使用简单直孔。

4.4.2 柱形沉头孔

单击“特征”工具栏中的“异型孔向导”按钮，或选择菜单栏中的“插入”→“特征”→“孔”→“向导”命令，此时弹出“孔规格”对话框，如图 4-9 所示。

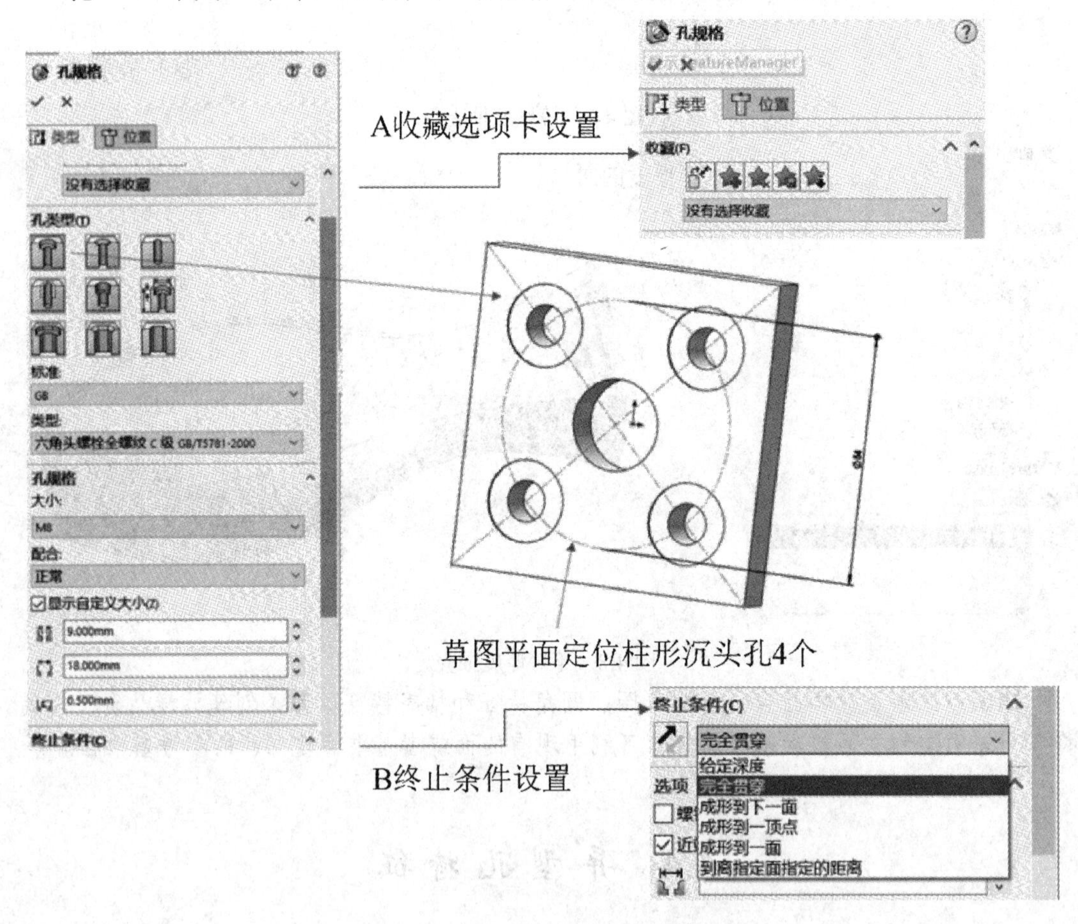

图 4-9 柱形沉头孔属性及位置设置

单击柱形沉头孔按钮，此时属性管理器中包含下列常用选项：

(1) “收藏”选项区。默认设置为没有选择常用类型；“添加或更新收藏”表示可添加常用类型；“删除收藏”表示可删除所选的常用类型；单击“保存收藏”可以保存收藏；单击“装入收藏”可选择一常用类型。

(2) “孔类型”选项区。“标准”下拉列表框中可以选择与柱形沉头孔连接的紧固件标准，如 ISO、GB、ANSI Metric 等；“类型”下拉列表框中可以选择如六角凹头、六角螺栓、六角螺钉、凹肩螺钉等螺栓类型。一旦选择了紧固件类型，异型孔向导会立即更新对应参数栏中的项目。

(3) “孔规格”选项区。“大小”下拉列表框中可以设置柱形沉头孔对应紧固件的尺寸，如 M5～M64 等；“配合”下拉列表框用来为扣件选择套合，包括“紧密”“正常”和“松弛”3 种，也能自定义设置沉头深度、沉孔大小等尺寸。

(4) “终止条件”选项区。“终止条件”下拉列表框中的终止条件主要包括“给定深度”“完全贯穿”“成形到下一面”“成形到一顶点”“成形到一面”“到离指定面指定的距离”，如图 4-9 中 B 所示。

根据需要和孔类型在选项区中设置各参数，设置好柱形沉头孔的参数后，选择“位置”，通过鼠标拖动孔的中心到适当的位置，在模型上选择孔的大致位置。

如果需要定义孔在模型上的具体位置，则需要在模型上插入草绘平面，在草图上定位，单击“草图”选项卡中的“智能尺寸”，像标注草图尺寸那样对孔进行定位，便可生成指定位置的柱形沉头孔特征，如图 4-9 所示。

4.4.3　锥形沉头孔

锥孔特征基本与柱孔类似，锥孔特征的生成可以采用下面的操作步骤：

(1) 单击“特征”工具栏中的“异型孔向导”按钮，或选择菜单栏中的“插入”→“特征”→“孔”→“向导”命令，此时弹出“孔规格”对话框。

(2) 单击锥形沉头孔按钮，此时“孔规格”属性管理器中同样包含孔规格、终止条件等常用选项。如果想自己确定孔的特征，在“显示自定义大小”选项区中设置相关参数。

(3) 设置好锥孔的参数后，选择“位置”，通过鼠标拖动孔的中心到适当的位置，可用与 4.4.2 小节类似的方式定义孔的具体位置，这里不再赘述。

4.4.4　直螺纹孔

单击“特征”工具栏中的“异型孔向导”按钮，或选择菜单栏中的“插入”→“特征”→“孔”→“向导”命令，此时弹出“孔规格”对话框。单击直螺纹孔按钮，在“孔规格”属性管理器的参数栏中对螺纹孔的参数进行设置，如图 4-10 所示。

根据标准在“孔规格”属性对话框的参数栏中选择与螺纹孔连接的紧固件标准，如 ISO、DIN 等。选择螺纹类型，如螺纹孔和底部螺纹孔，并在“大小”属性对应的参数文本框中输入钻头直径。

在“终止条件”选项区对应的参数中设置螺纹孔的深度，在“螺纹线”属性对应的参数中设置螺纹线的深度，设置要符合国家标准。在选项卡中可以选择“装饰螺纹线”或“移除螺纹线”，确定螺纹显示效果和螺纹线等级。

设置好螺纹孔参数后，单击“位置”按钮，选择螺纹孔安装位置，其操作步骤与柱孔一样，对螺纹孔进行定位和生成螺纹孔特征。

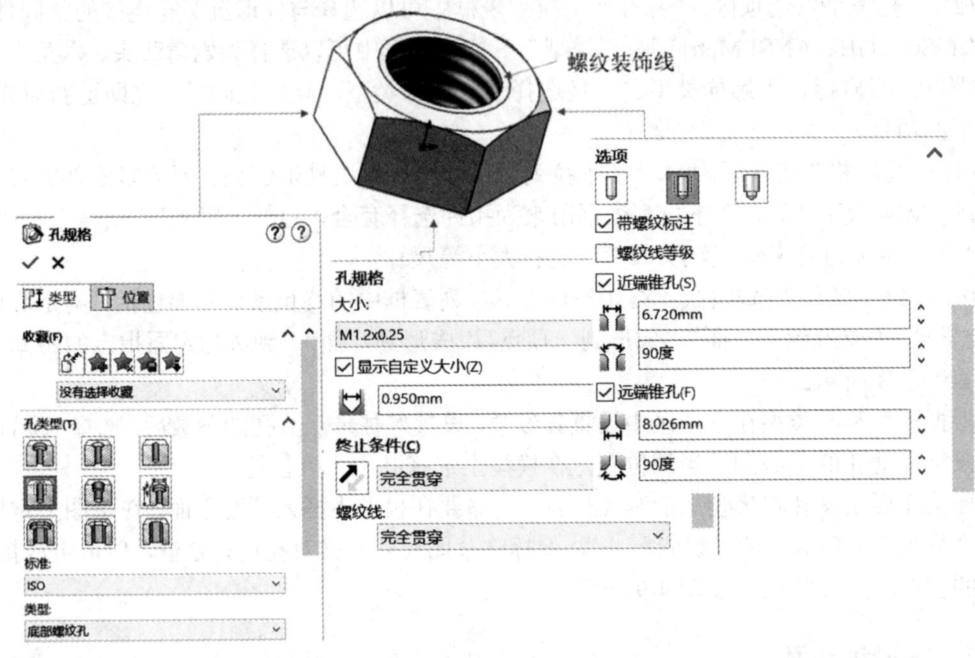

图 4-10 直螺纹孔特征设置

4.5 专项练习——支座建模

建立如图 4-11 所示的支座模型。

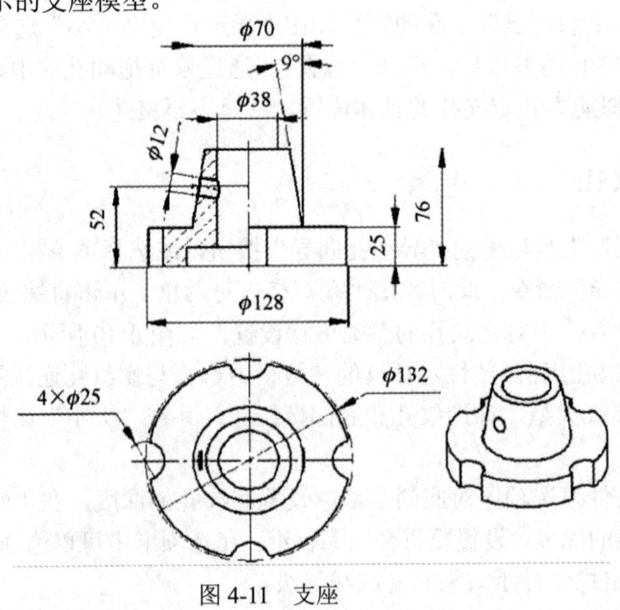

图 4-11 支座

要求:

(1) 零件拔模角度为 9°;

(2) ϕ25 圆周均布。

建模步骤如图 4-12 所示。

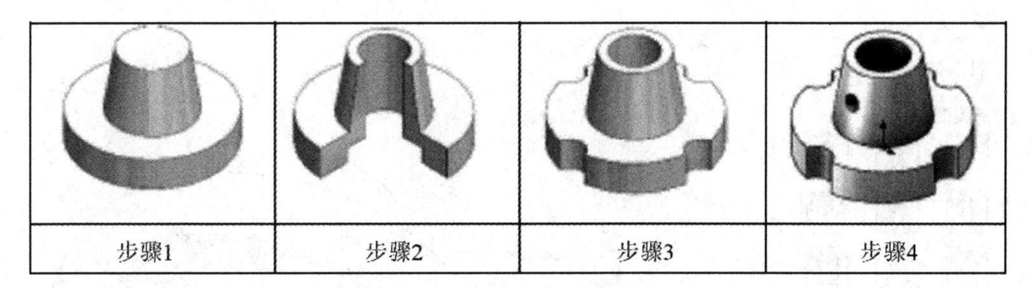

图 4-12　建模步骤

步骤 1，创建毛坯。

(1) 新建零件文件“支座.sldprt”。

(2) 在上视基准面绘制草图。

(3) 单击“特征”工具栏上的“拉伸凸台/基体”按钮，出现“凸台-拉伸”属性管理器，“方向 1”组的“给定深度”选项设置为 25 mm，如图 4-13 上半部分所示。

(4) 在上表面绘制草图。

(5) 单击“特征”工具栏上的“拉伸凸台/基体”按钮，出现“凸台-拉伸”属性管理器，“给定深度”选项设置为 51 mm，打开拔模开关，拔模角度输入 9°，如图 4-13 下半部分所示，单击 ✓ 生成拉伸凸台。

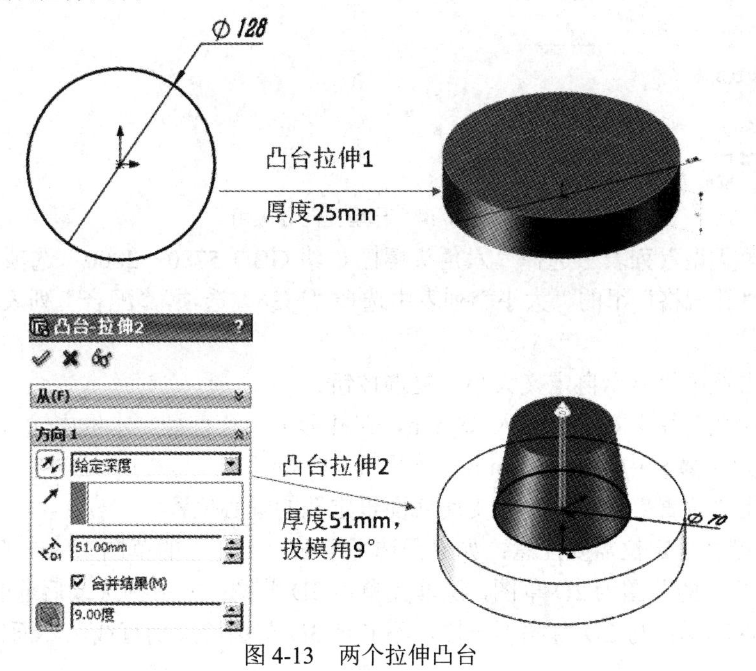

图 4-13　两个拉伸凸台

步骤 2，打异型孔。

(1) 单击“特征”工具栏上的“异形孔向导”按钮 ，出现异形孔向导属性管理器，如图 4-14 所示。

(2) 在“孔类型”组中单击柱形沉头孔按钮，在“标准”列表中选择“GB”选项。

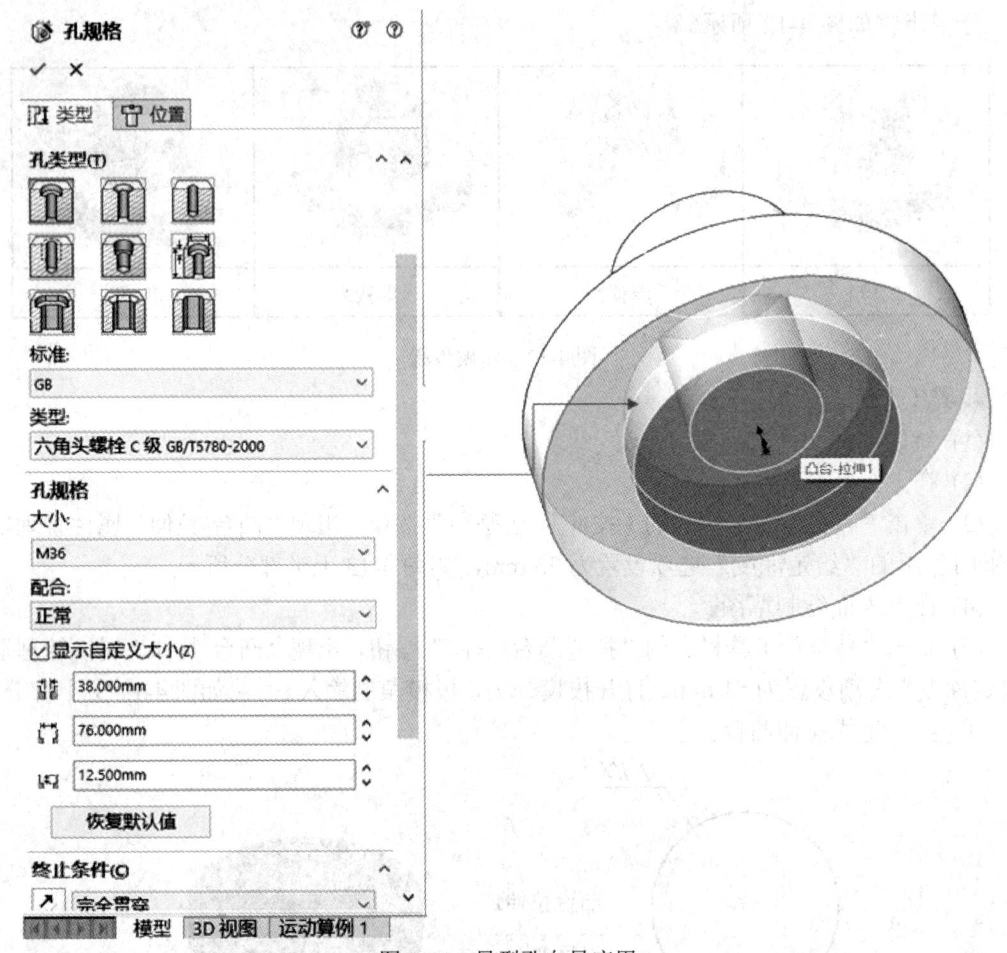

图 4-14 异型孔向导应用

(3) 在“类型”列表中选择“六角头螺栓 C 级 GB/T 5780—2000”选项。

(4) 在“孔规格”组的“大小”列表中选择“M36”选项，“配合”列表中选择“正常”选项。

(5) 单击选中“显示自定义大小”复选按钮。

(6) 在通孔直径文本框中输入 38 mm，在柱形沉头孔直径文本框中输入 76 mm，在柱形沉头孔深度文本框中输入 12.5 mm，如图 4-14 所示。

(7) 点击“位置”选项卡，在支座底面设定孔的圆心位置。

关于异型孔的定位需要注意：如果预选了平面，所产生的草图为 2D 草图；如果后选了平面，所产生的草图为 2D 草图，除非先单击 3D 草图；如果预选或后选非平面，所产生的草图是 3D 草图；与 2D 草图不一样，不能将 3D 草图约束到直线。然而，可将 3D 草图约束到面。

步骤 3，阵列简单孔。

(1) 单击“特征”工具栏上的“异形孔向导”按钮，出现异形孔向导属性管理器。

(2) 在“孔类型”组中单击“孔按”钮，在“标准”列表中选择“GB”选项。

(3) 在“孔规格”中选择大小为ϕ25 mm 的钻孔，“终止条件”选择“完全贯穿”。

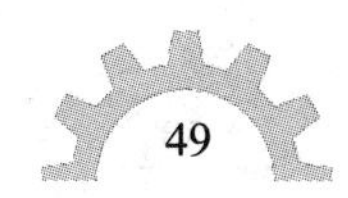

(4) 进入 2D 草图环境，设置孔的圆心位置，按照图 4-15 所示的草图进行定位，单击 ✓，生成简单孔特征。

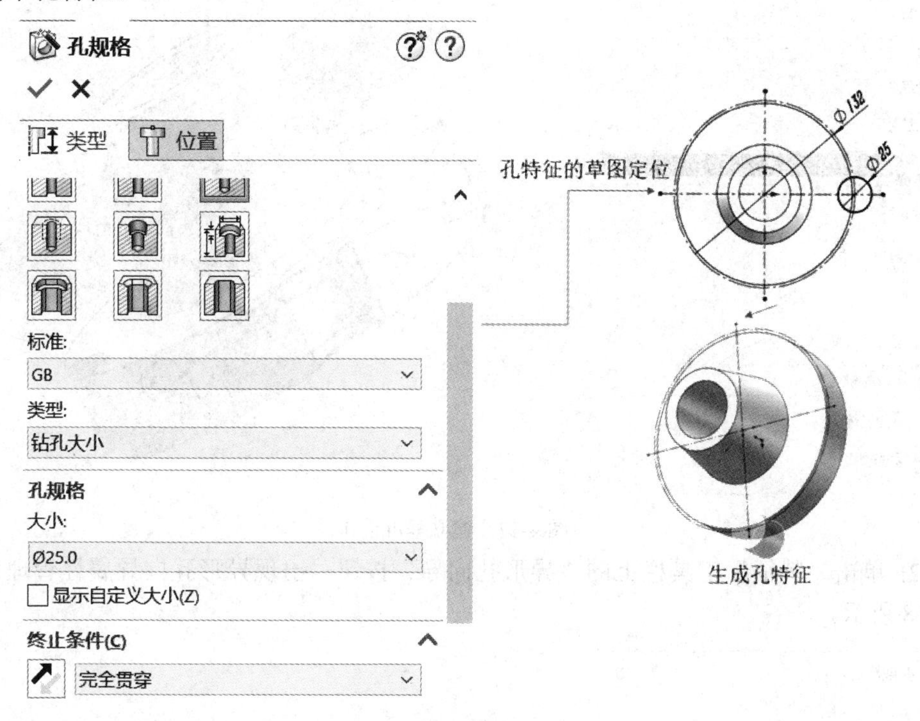

图 4-15　建立孔特征

(5) 单击“特征”工具栏上的“圆周阵列”按钮，出现属性管理器，在参数组，阵列“方向 1”选择外圆面，实例数为 4，选中“等间距”复选框，在要阵列的特征组，选择前面所生成的简单孔特征，单击 ✓，即可完成简单孔的阵列，如图 4-16 所示。

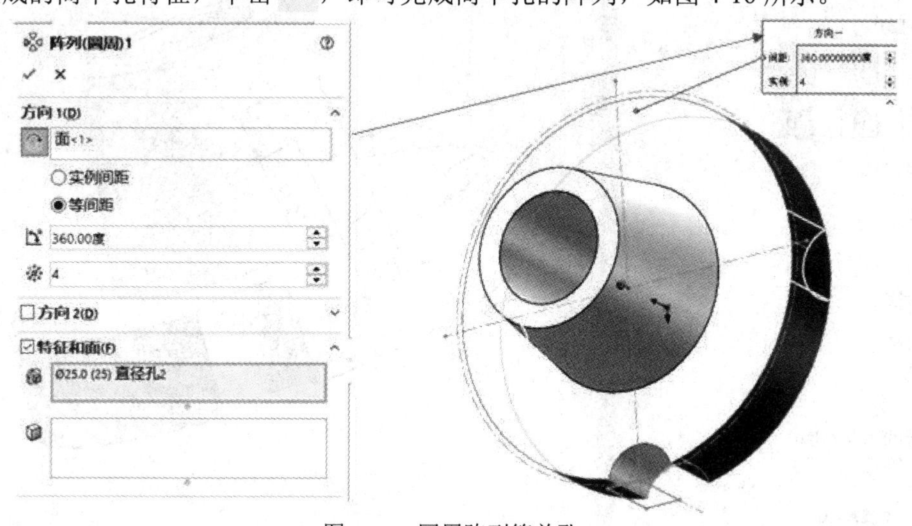

图 4-16　圆周阵列简单孔

步骤 4，打侧面孔。

(1) 单击“参考几何体”中的“基准面”，出现属性管理器，在“第一参考”组选择底面，在偏移距离输入 52 mm，建立基准面 1，如图 4-17 所示。

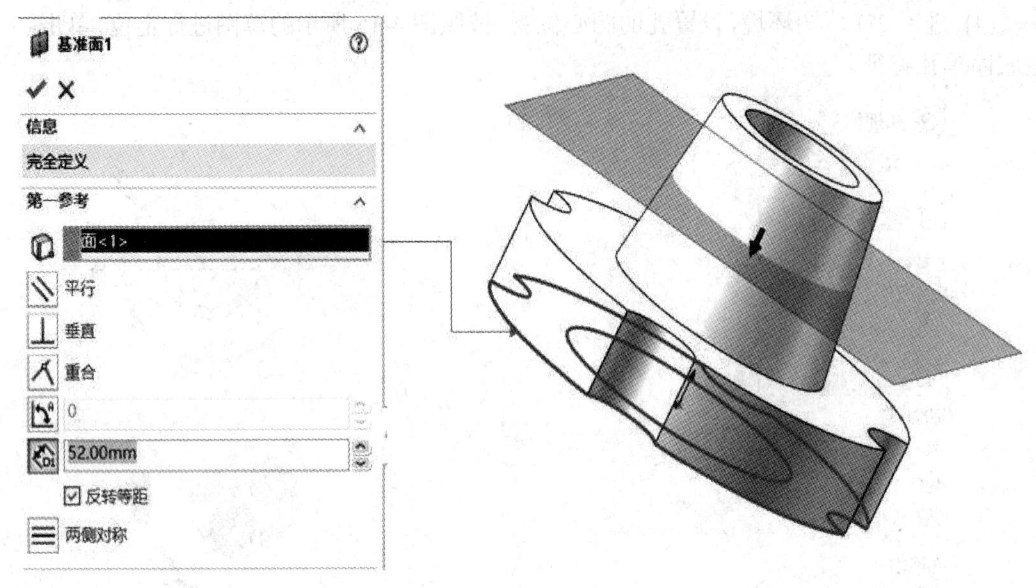

图 4-17 建立基准面 1

(2) 单击“特征”工具栏上的“异形孔向导”按钮，出现异形孔向导属性管理器，如图 4-18 所示。

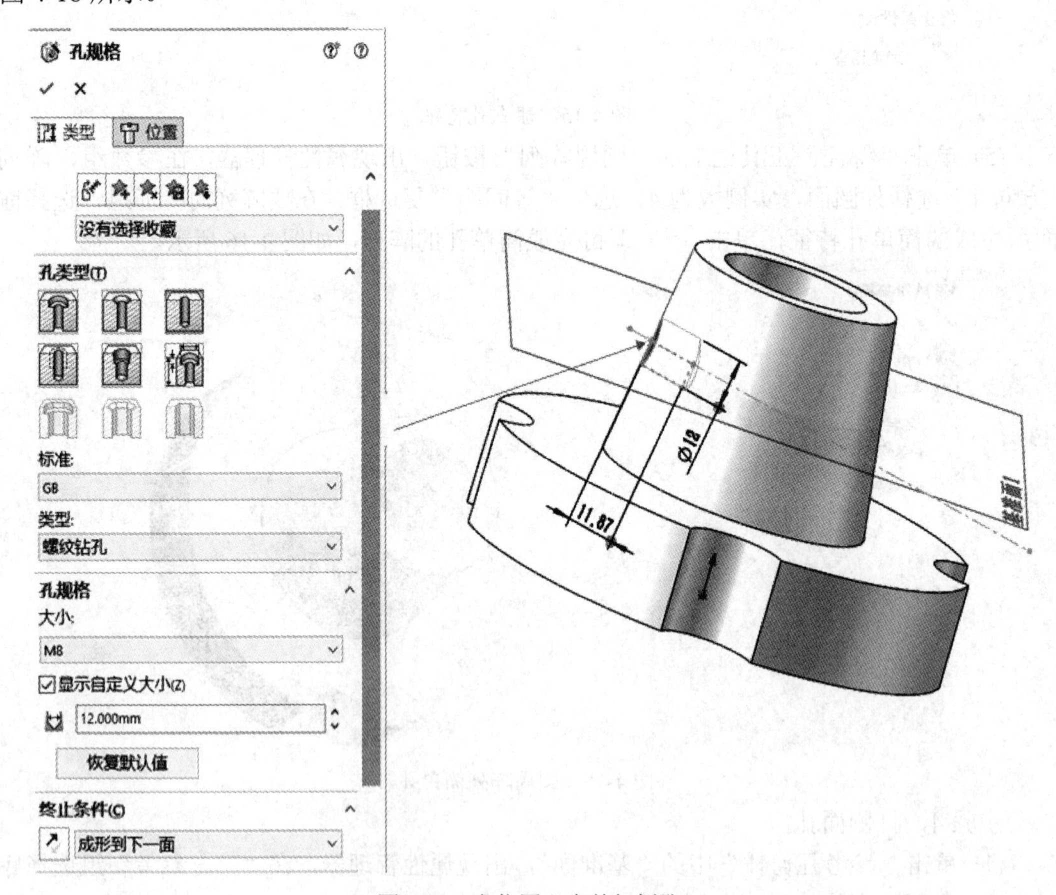

图 4-18 定位圆心点并打侧孔

(3) 在“孔类型”组单击孔按钮，在标准列表中选择“GB”选项，“类型”选择螺纹钻孔。

(4) 在“孔规格”组的“大小”列表中选择 M8，单击选中“显示自定义大小”，在直径文本框中输入 12 mm，“终止条件”选择“成形到下一面”。

(5) 点击“位置”选项卡，在支座侧面设定孔的圆心位置，进入 2D 草图环境。单击添加几何关系，激活所选实体列表，选择圆心点与基准面 1，单击在平面上按钮，单击确定；单击添加几何关系，激活所选实体列表，选择圆心点与右视基准面，单击在平面上按钮，单击确定；退出草图环境，即可生成侧面螺纹孔。创建好的符合要求的支座模型如图 4-18 所示。

第 5 章　机器人关键零件规则建模

特征编辑是指在不改变已有特征基本形态的前提下，对其进行整体的复制、缩放、更改的操作，包括阵列、镜像、复制与删除，以及对特征属性进行编辑等。本章运用特征编辑工具，可以更方便、更准确地完成机器人关键零件的规则建模。

本章知识点及学习方法如图 5-1 所示，涉及圆周阵列特征、扫描切除特征、包覆特征等建模知识点，也包括可利用现有的面或者基准面建立新的参考基准面，完成包覆特征的创建。其中包覆特征的功能是将草图包覆到平面或非平面上，其类型包含浮雕、蚀雕和刻划三种。

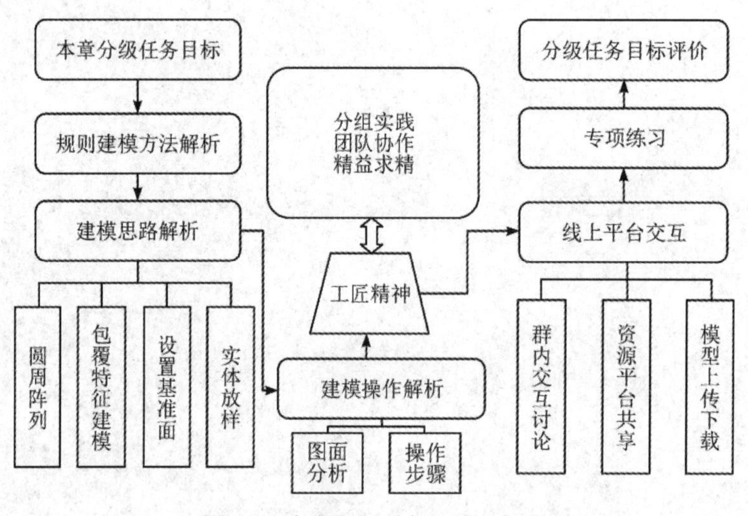

图 5-1　本章知识要点与学习方法

5.1　花键输入轴规则建模

创建花键输入轴首先要绘制花键轴的草图。先通过旋转生成轴的基础造型，然后创建轴端的倒角，再设置基准面、创建键槽，最后绘制花键草图，通过扫描生成花键。

(1) 新建零件文件。单击标准工具栏上的“新建”，生成一个新零件，用右键单击特征管理器设计树中的“前视基准面”，然后选择“显示”，使得前视基准面出现在图形区域中。

(2) 绘制如图 5-2 所示的草图 1。在仍然选定前视基准面的情况下，单击“草图”工具栏中的“草图绘制”按钮，将其作为草图绘制平面。单击“直线”按钮，在绘图区绘制轴的外形轮廓线。单击“智能尺寸”按钮，为草图轮廓添加驱动尺寸，如图 5-2 所示。首先标注花键轴的全长为 115 mm，再标注细节尺寸，这样可以有效避免草图轮廓在添加驱动尺寸前几何关系的变化。

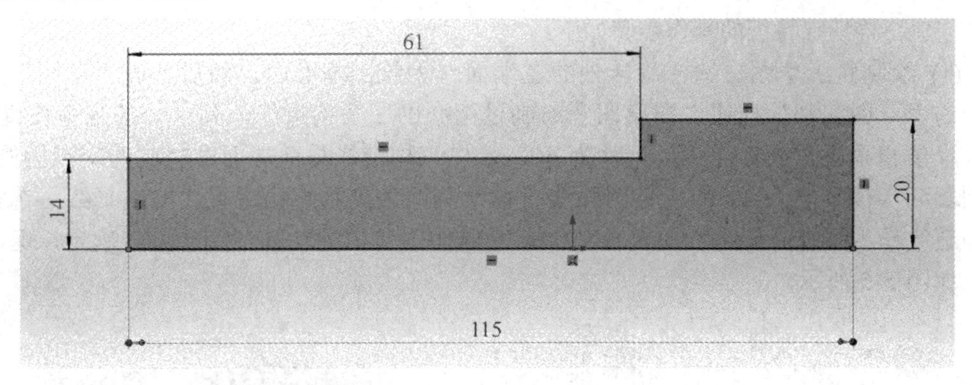

图 5-2　草图 1

(3) 旋转生成实体。单击“特征”面板中的“旋转凸台/基体”按钮，弹出旋转属性管理器；选择长度为 115 mm 的直线作为旋转轴，单击确定，完成花键轴的基础造型，如图 5-3 所示。

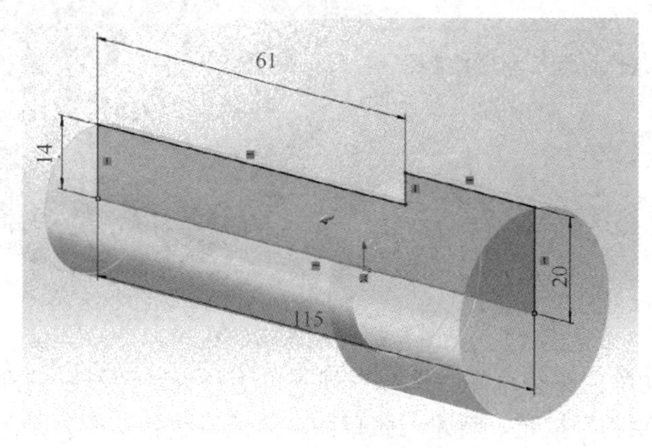

图 5-3　实体旋转特征

(4) 创建倒角特征。单击“特征”面板中的倒角按钮，弹出倒角属性管理器。选择倒角类型为“角度距离”，输入倒角距离为 1 mm，倒角角度为 45°，在绘图区选择右端轴截面的两条棱边，单击确定，生成 1 × 45° 的倒角，如图 5-4 所示。

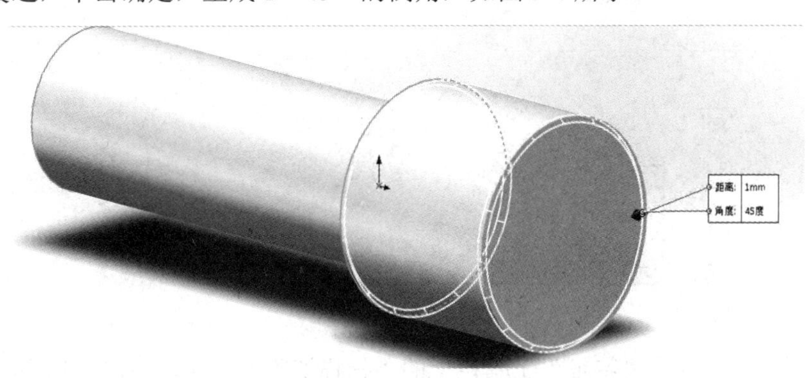

图 5-4　创建倒角

5.1.1 扫描切除特征

创建扫描切除特征的操作步骤如下：

(1) 绘制轮廓草图。选择旋转轴的左端面作为绘图基准面，然后单击“草图”工具栏中的“草图编制”按钮，在草图上绘制过圆心的 2 条构造线，其中一条是垂直直线，另外一条和垂直直线标注驱动尺寸为 60°；以该构造线与前端面圆棱边的交点为圆心，绘制驱动半径尺寸为 12 的一条圆弧线，再绘制两条到垂直构造直线的水平线；选择垂直构造线作为镜像直线，利用镜像实体，完成如图所示的轮廓草图，点击确定，退出草图，如图 5-5 所示。

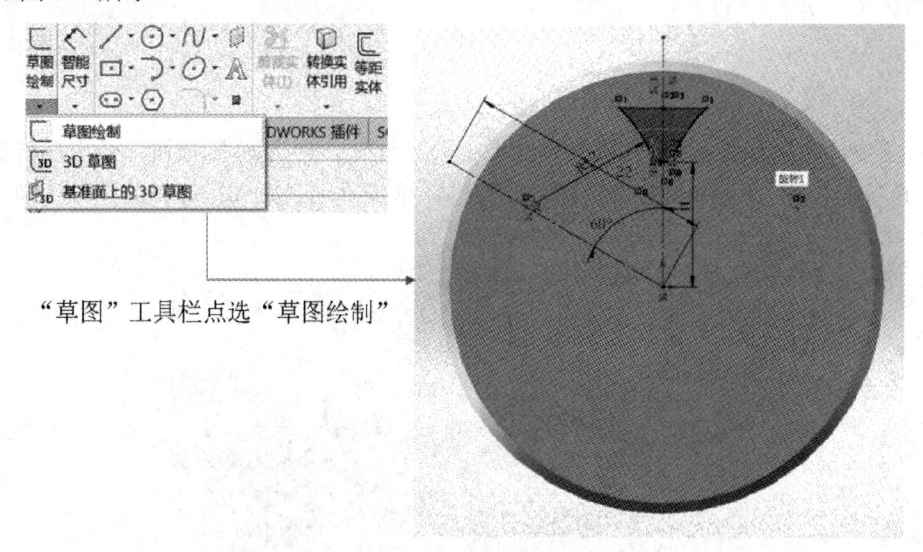

图 5-5 绘制轮廓草图

(2) 绘制扫描切除的路径草图。选择前视基准面作为草图绘制基准面，单击“草图”工具栏中的“草图绘制”按钮，新建一张草图。之所以选择该面，是因为前视基准面垂直于前面绘制的轮廓草图，并与轮廓草图相交；单击“直线”按钮，绘制切除扫描的路径(注意，扫描路径与轮廓草图必须要有一个交点)。单击“智能尺寸”按钮，标注扫描路径的水平尺寸为 15 mm，圆弧大小根据刀具实际尺寸设置为 30 mm，如图 5-6 所示。

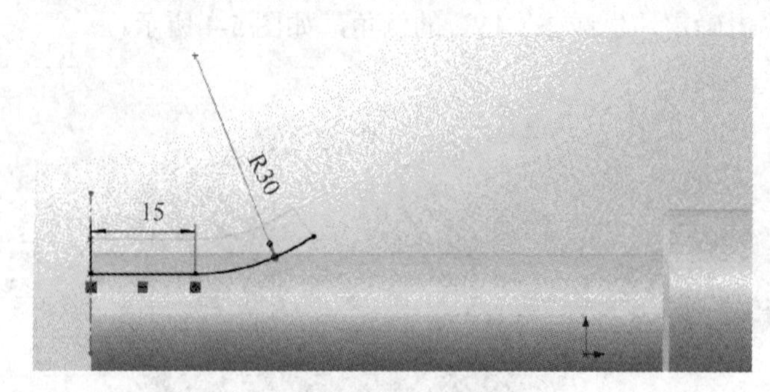

图 5-6 路径草图

(3) 扫描切除。单击“特征”工具栏上的“扫描切除”按钮，弹出“扫描-切除”属性管理器，选择草图 3 作为轮廓草图，选择草图 4 作为扫描路径，如图 5-7 所示，单击确定按钮，完成扫描切除特征。

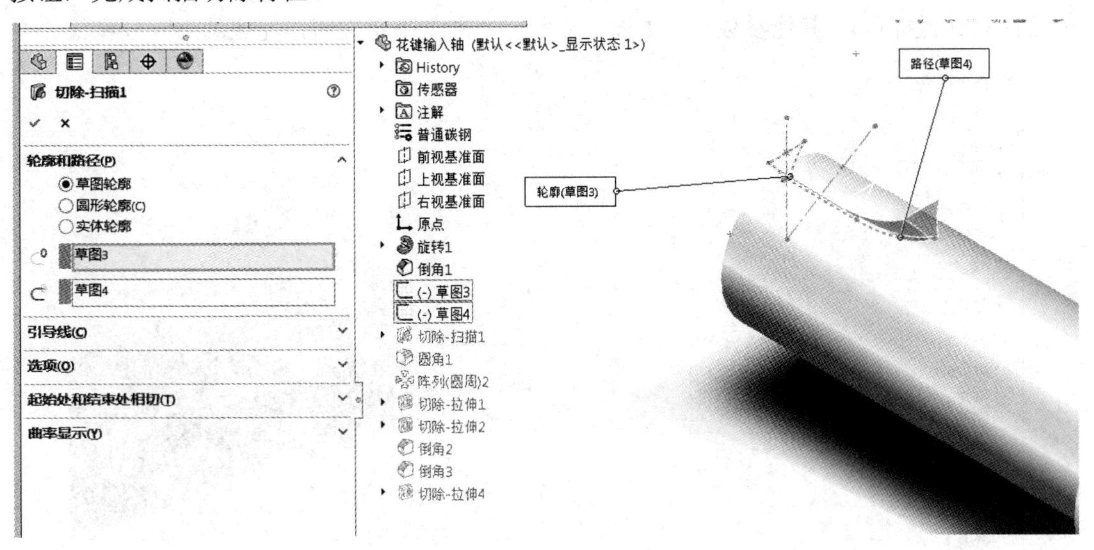

图 5-7　扫描切除

(4) 倒圆角。给单个花键根部两条边线倒半径 0.5 的圆角，如图 5-8 所示。

图 5-8　倒圆角

5.1.2　圆周阵列特征

单击“特征”工具栏上的“圆周阵列”，弹出圆周阵列属性管理器。选择中心轴线作为圆周阵列的中心轴，输入实例数 16，选择切除-扫描 1 和圆角 1 作为要阵列的特征(多选特征按住 Ctrl 键即可)，其他参数设置如图 5-9 所示，单击确定按钮，完成圆周阵列特征。

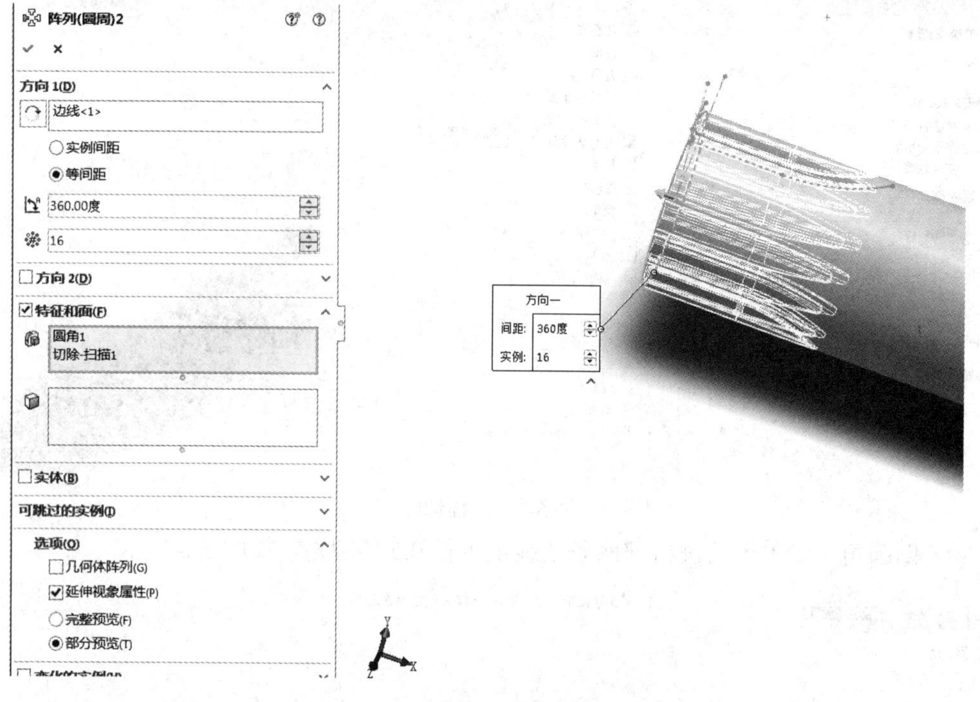

图 5-9　圆周阵列特征

(1) 拉伸切除特征 1。以花键的左端面作为草图绘制基准面，绘制草图，选择坐标参考中心为圆心，画一个直径为 6 mm 的圆，如图 5-10 所示，然后退出草图，在“特征”工具栏中点击“拉伸切除”，方向选择“完全贯穿”，完成拉伸切除特征 1。

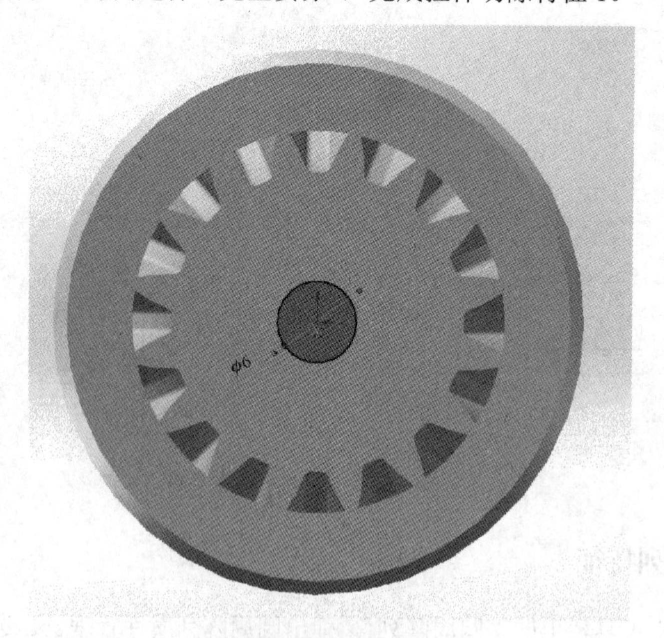

图 5-10　拉伸切除特征 1

(2) 拉伸切除特征 2。以花键的右端面作为草图绘制基准面，绘制草图，选择坐标参考中心为圆心，画一个直径为 20 mm 的圆，如图 5-11 所示，然后退出草图，在“特征”工具栏中点击“拉伸切除”，方向 1 选择给定深度，深度设定为 32 mm，完成拉伸切除特征 2。

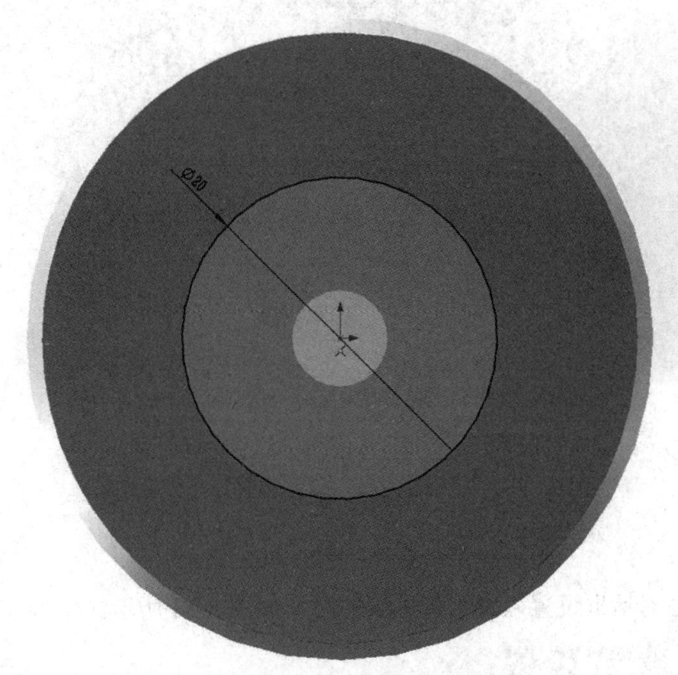

图 5-11　拉伸切除特征 2

(3) 倒角特征。需要完成 2 个倒角特征建模，以前面拉伸切除 1 特征的端面边线作为倒角化项目边线，倒角距离和角度，完成第 1 个倒角特征建模；同理以拉伸切除 2 特征的边线作为倒角化项目边线，倒角距离和角度，完成第 2 个倒角特征建模，如图 5-12 所示。

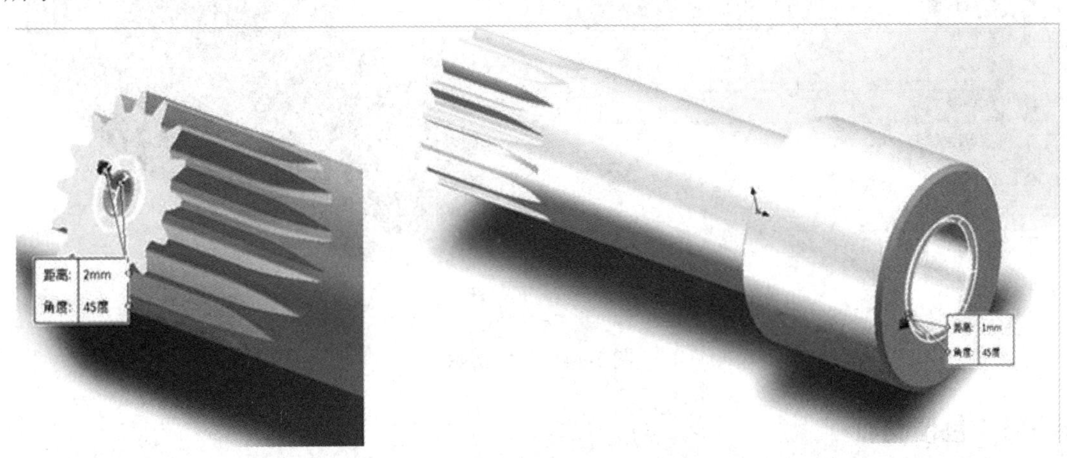

图 5-12　倒角特征 2 个

(4) 键槽切除。以花键的右端面作为草图绘制基准面，绘制如图 5-13 所示草图，键槽是一个边长为 6 mm 的正方形，距离中心 7 mm。

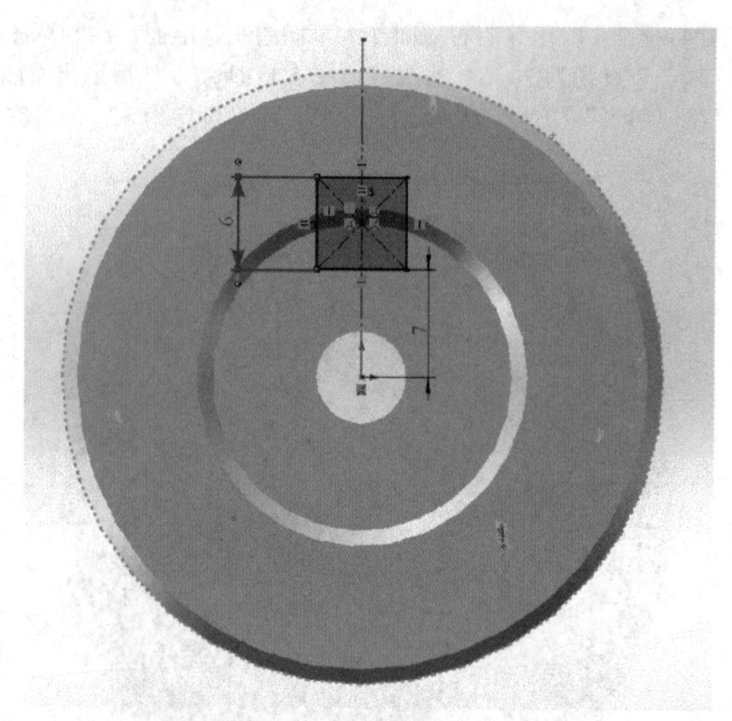

图 5-13 键槽草图

拉伸切除属性对话框设置以及切除生成的结果如图 5-14 所示。

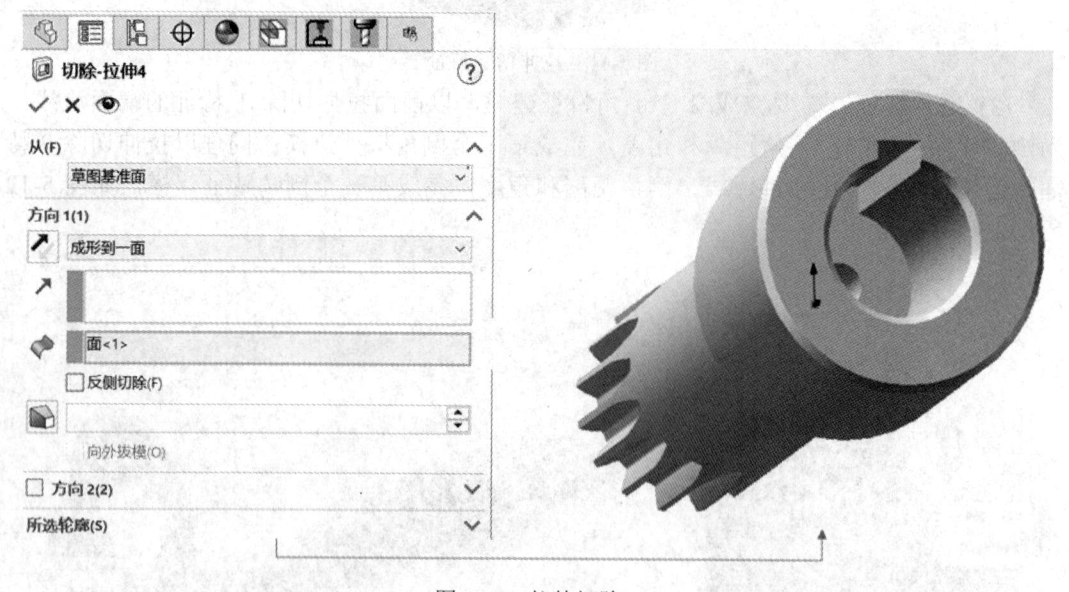

图 5-14 拉伸切除

5.1.3 包覆特征

首先创建参考基准面，选择上视基准面作为第一参考面，平行距离设定为 30 mm，如图 5-15 所示。在新参考基准面上，单击“草图”工具栏中的“中心线”，绘制一条文字方

向的构造线，然后在构造线的左端起始位置，点击“文字”命令，输入“输入轴-RV40E”，绘制如图 5-15 所示的文字草图。单击绘图区右上角的“退出草图”按钮，退出文字草图。

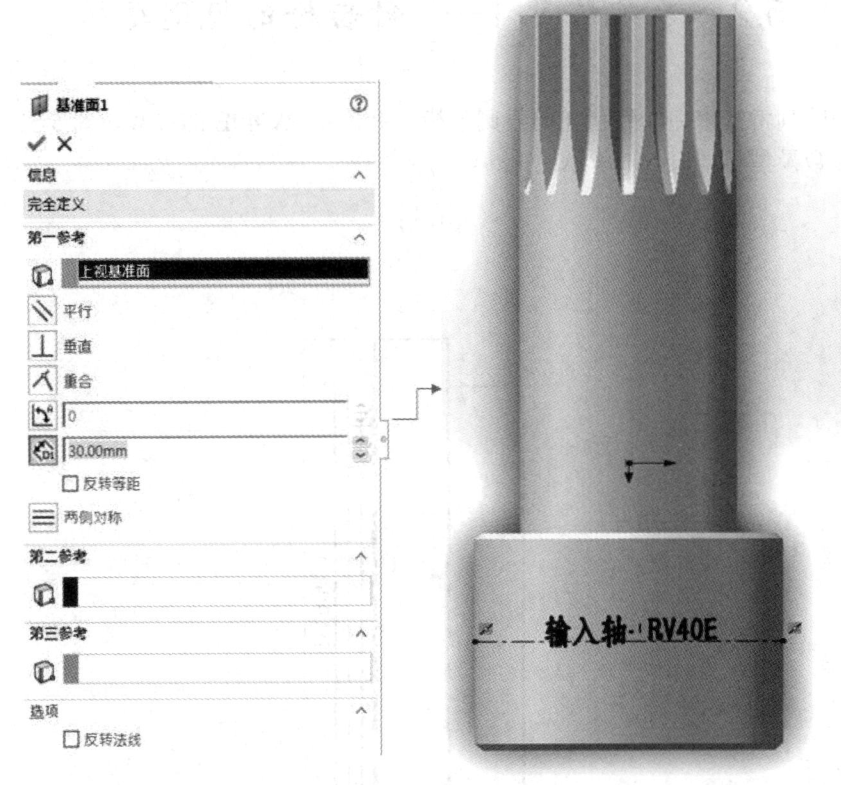

图 5-15　文字草图

单击“特征”工具栏中的“包覆”按钮，在包覆属性管理器中选择蚀雕方式，选择右端圆柱面作为包覆面，选择文字草图为源草图，设置厚度为 0.5，单击确定，即可完成包覆文字，如图 5-16 所示。

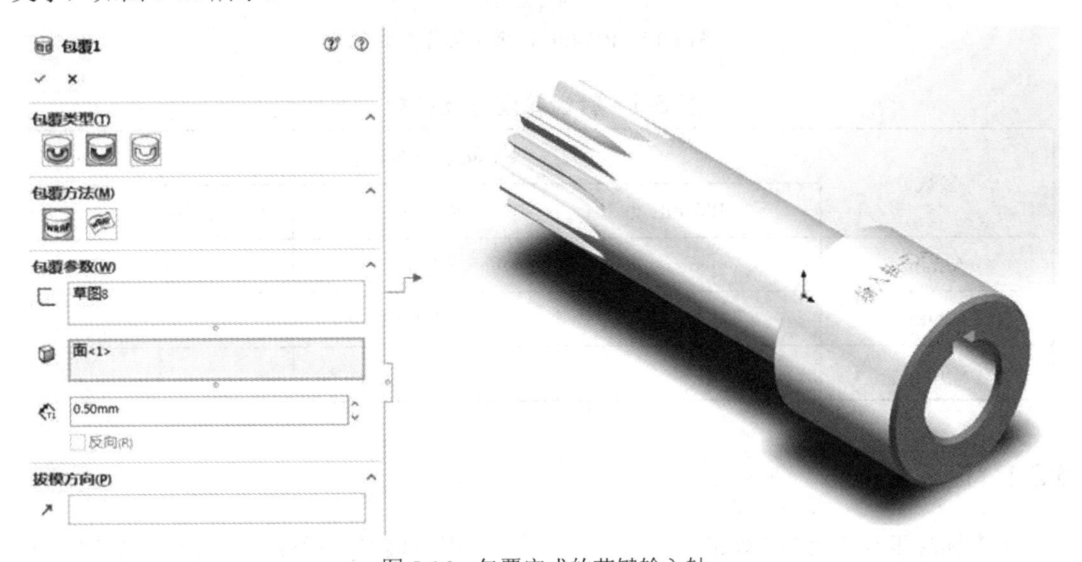

图 5-16　包覆完成的花键输入轴

5.2 专项练习 1——针齿轮的规则建模

下面用阵列特征来完成针齿轮的规则建模。针齿轮 RV-40E 的参数如图 5-17 所示，对应的尺寸参数及型号如表 5-1 所示。

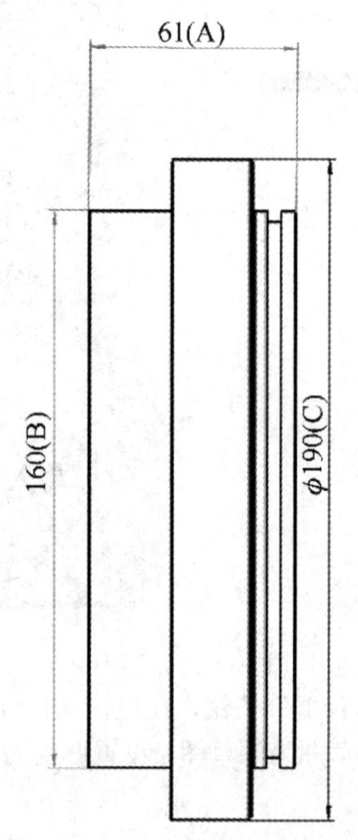

图 5-17 RV-40E 针齿轮部分参数

表 5-1 针齿轮型号及参数

参数	不同型号参数值		
	RV-40E	RV-80E	RV-110E
A/mm	61	72	83
B/mm	160	190	210
C/mm	190	222	244

5.2.1 设置基准面

单击标准工具栏上的“新建”，生成一个新零件，用右键单击特征管理器设计树中的“前

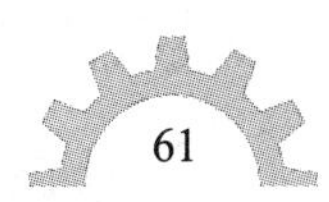

视基准面”，然后选择“显示”，如图 5-18 所示，使得前视基准面出现在图形区域中。

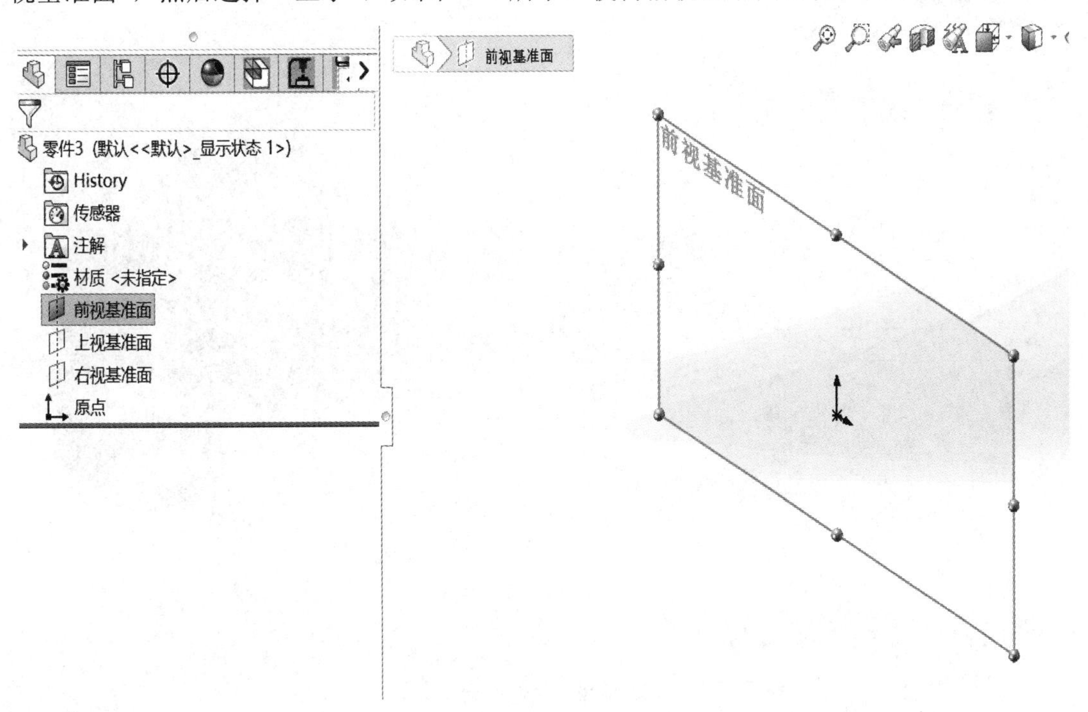

图 5-18　设置绘图基准面

在选定前视基准面的情况下，单击“草图”工具栏进行草图绘制，在前视基准面上绘制图 5-19 所示的草图，是一个直径为 190 mm 的圆，然后退出草图。

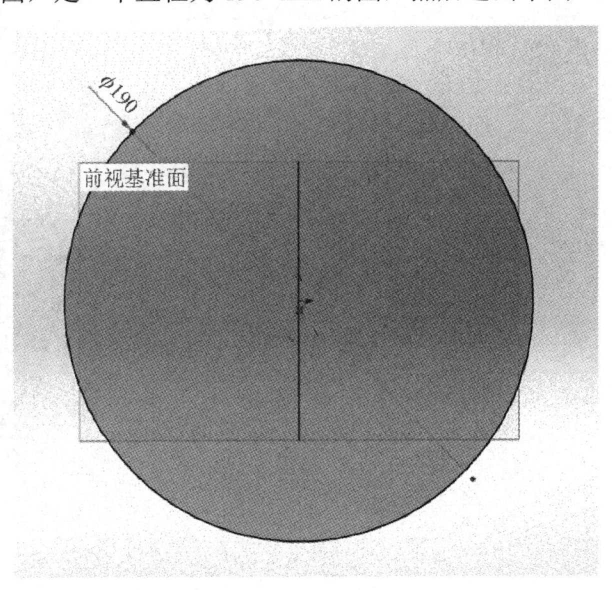

图 5-19　绘制草图

单击“特征”工具栏中的“拉伸凸台/基体”按钮，拉伸给定深度设定为 24 mm，生成如图 5-20 所示的凸台-拉伸 1 特征。

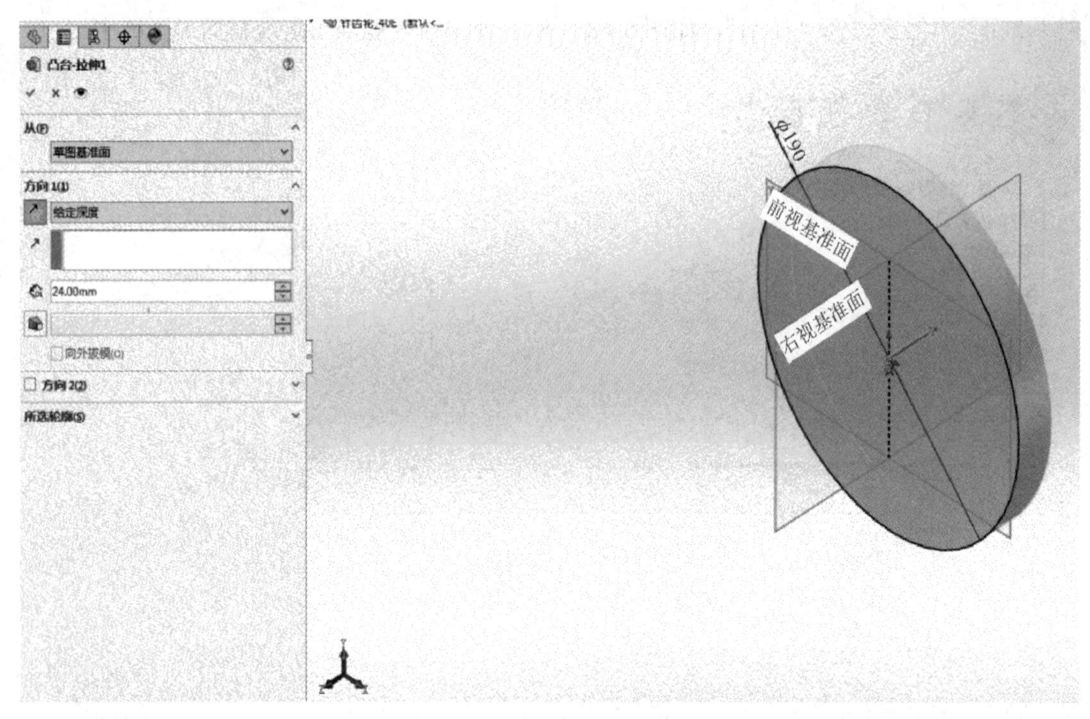

图 5-20 拉伸凸台 1

选择凸台-拉伸 1 特征的左端面作为草图绘制基准面，绘制一个直径为 160 mm 的草图轮廓，如同前面步骤一样，生成一个拉伸深度为 24 mm 的凸台-拉伸 2 特征，如图 5-21 所示。

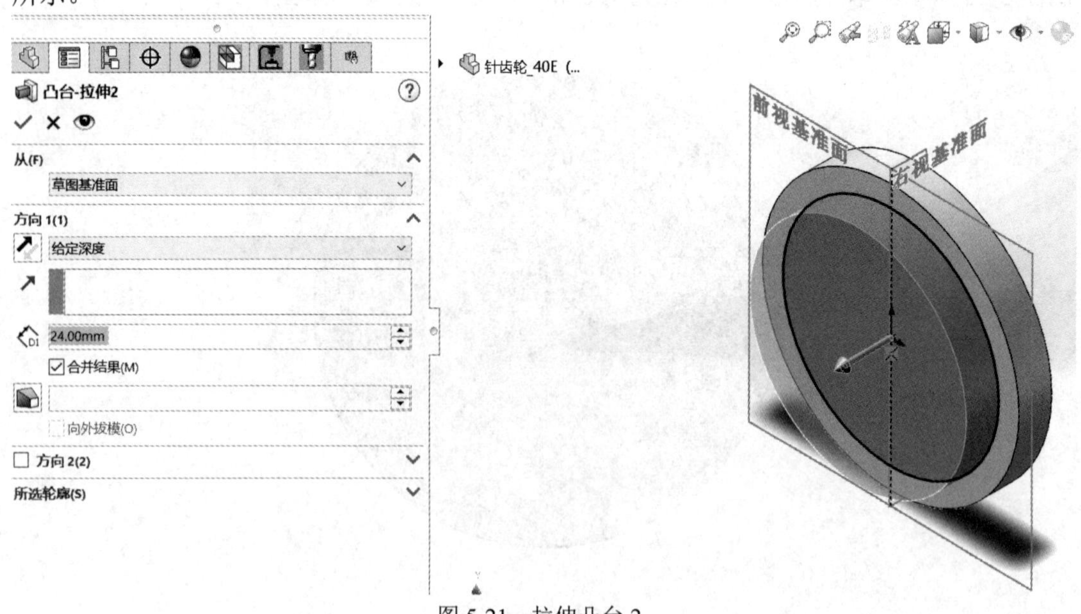

图 5-21 拉伸凸台 2

选择凸台-拉伸 1 特征的右端面作为草图绘制基准面，绘制一个直径为 160 mm 的草图轮廓，如同前面步骤一样，生成一个拉伸深度为 13 mm 的凸台-拉伸 3 特征，如图 5-22 所示。

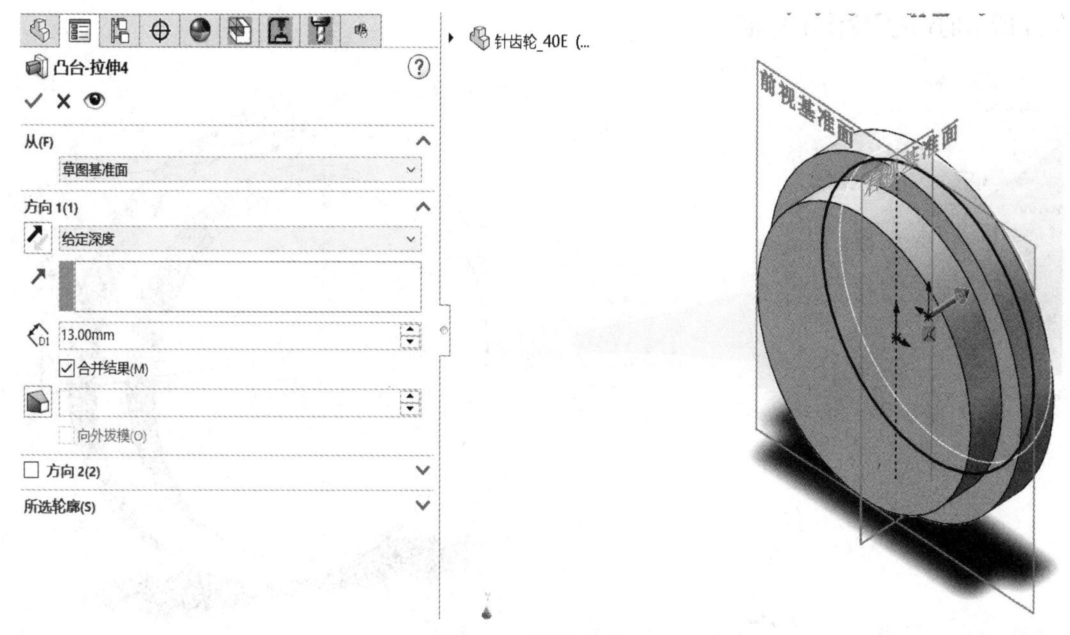

图 5-22　拉伸凸台 3

在选定凸台-拉伸 1 特征左端面的情况下，在左端面上绘制如图 5-23 所示的草图，是一个直径为 9 mm 的圆孔，孔中心距离坐标原点为 87.5 mm，然后退出草图。

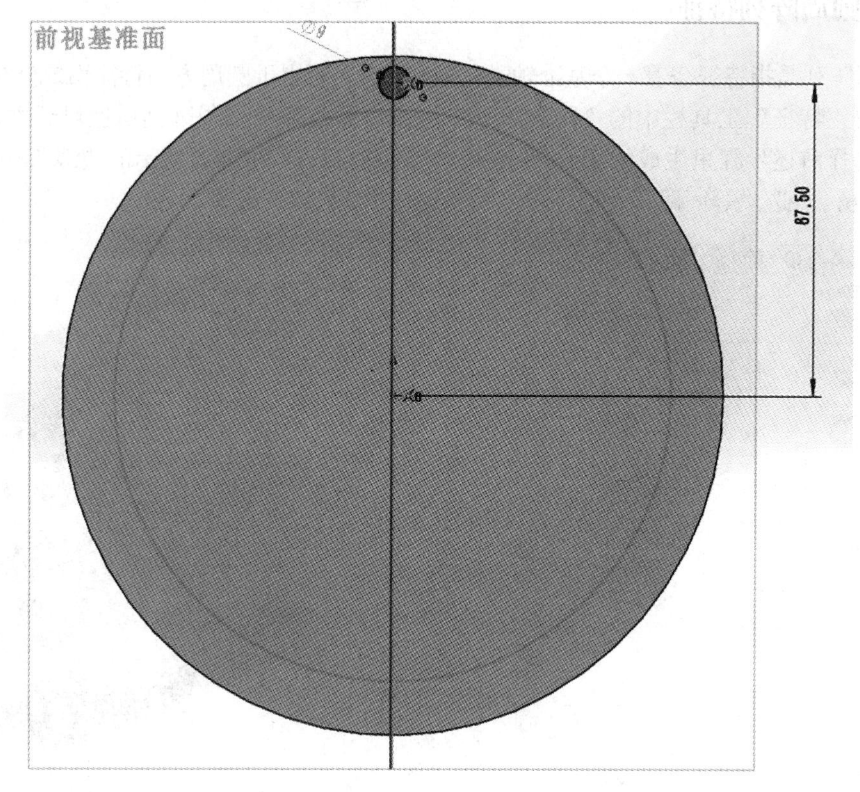

图 5-23　圆孔草图

单击“特征”工具栏中的“拉伸切除”按钮，切除方向设定为“完全贯穿”，生成如图

5-24 所示的切除-拉伸 1 特征。

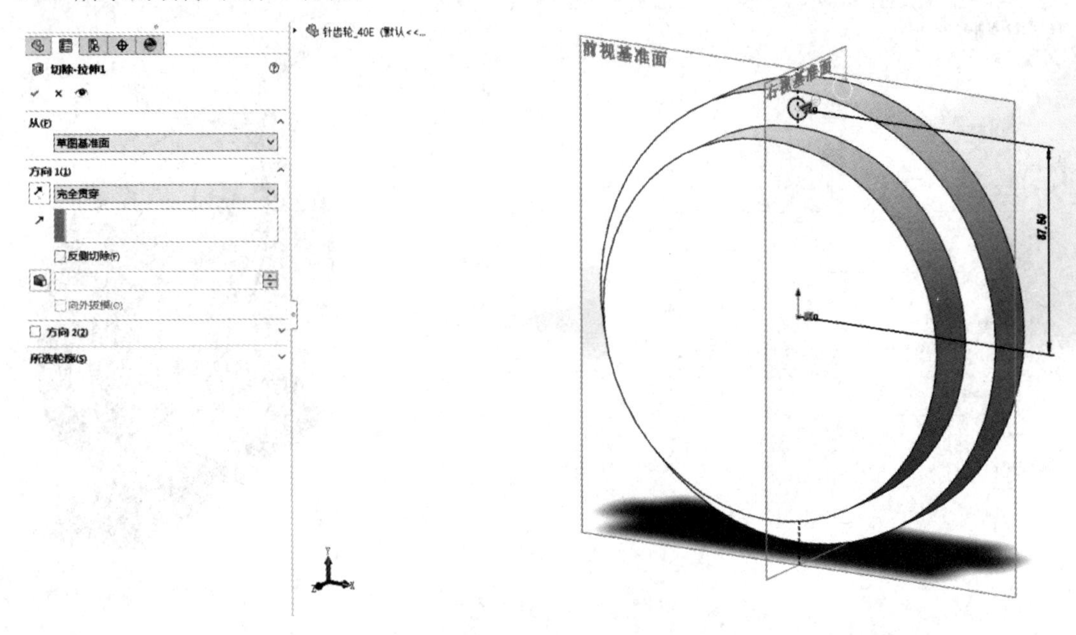

图 5-24 切除-拉伸 1

5.2.2 圆周阵列特征

圆周阵列是指特征绕着一个基准轴进行复制，它主要用于圆周方向特征均匀分布的情况。

单击“特征”工具栏中的“圆周阵列”按钮，系统弹出圆周阵列属性对话框，要阵列的特征选择前述步骤里生成的切除-拉伸 1，阵列方向选择图 5-25 所示的边线 1，阵列实例数设为 16，点选“等间距”，然后退出特征，完成阵列特征建模。

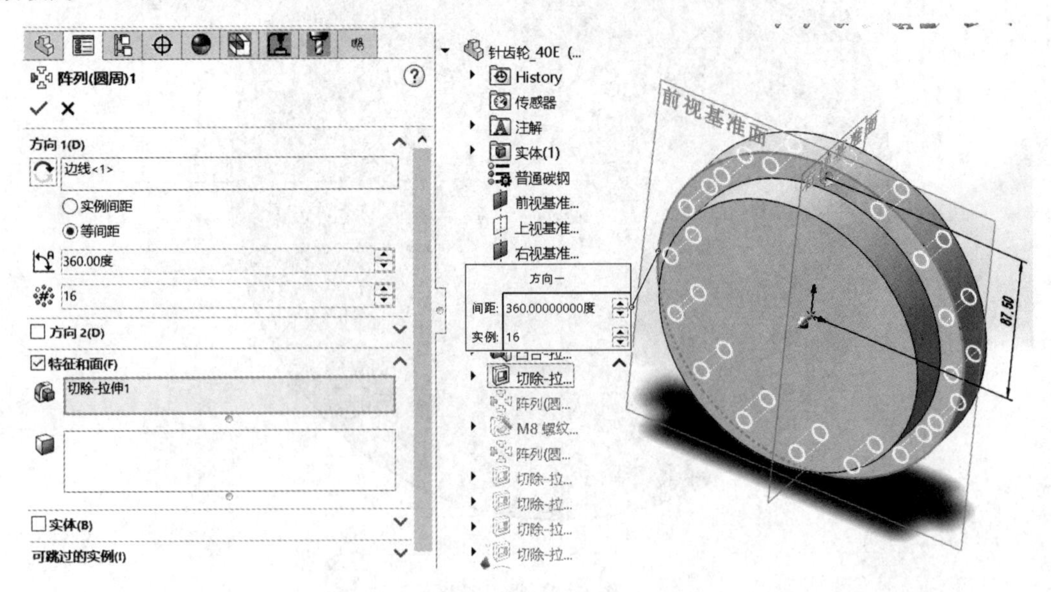

图 5-25 阵列圆孔

点击“特征”工具栏中的“异型孔向导”，打开异型孔规格的属性对话框。异型孔的类型包括柱形沉头孔、锥形沉头孔、孔、直螺纹孔、锥形螺纹孔、旧制孔、柱形槽口、锥孔槽口和槽口。这里选择直螺纹孔，标准为国标 GB，类型为底部螺纹孔，孔规格大小为 M8，终止条件为完全贯穿，勾选“带螺纹标注”。属性对话框的设置如图 5-26 所示。

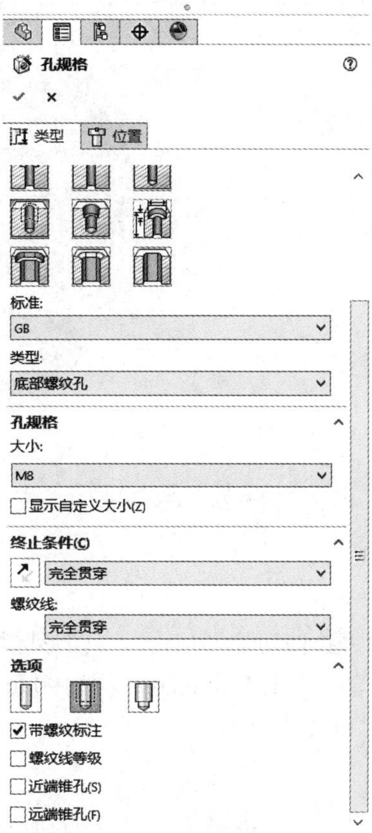

孔规格
类型　位置
标准:
GB
类型:
底部螺纹孔
孔规格
大小:
M8
显示自定义大小(Z)
终止条件(C)
完全贯穿
螺纹线:
完全贯穿
选项
带螺纹标注
螺纹线等级
近端锥孔(S)
远端锥孔(F)

图 5-26　螺纹孔属性

螺纹孔的中心位置如图 5-27 所示。

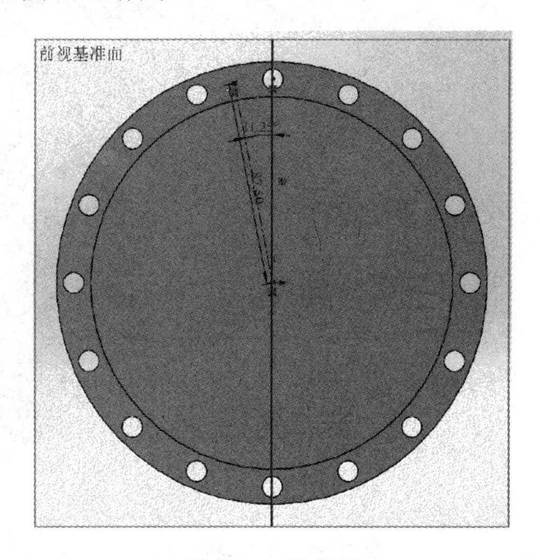

图 5-27　孔位置

选择 M8 螺纹孔 1 特征，按照前述步骤的阵列方法，圆周阵列出另外一个对向的 M8 螺纹孔特征。阵列属性对话框设置如图 5-28 所示。

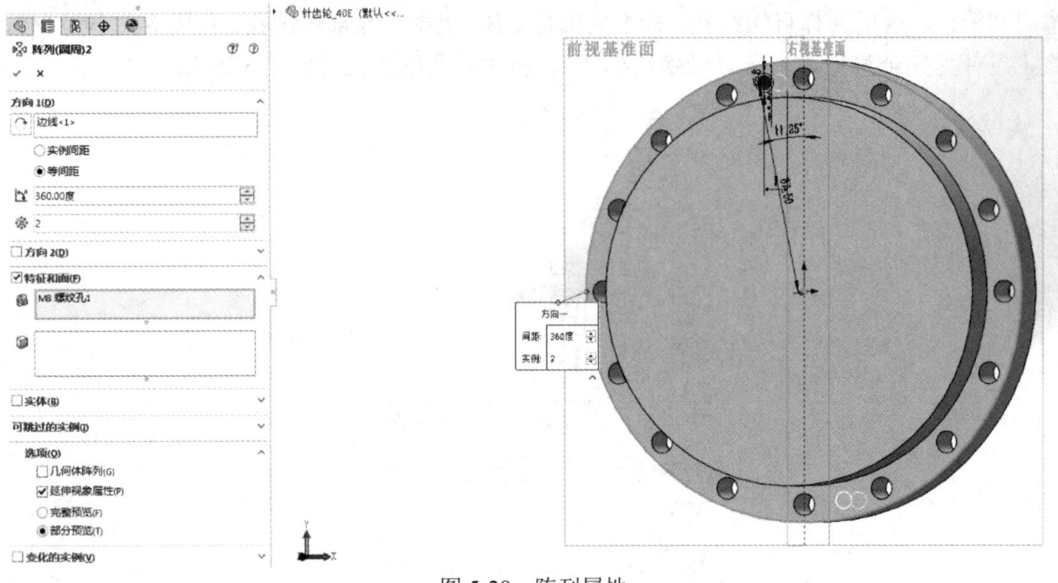

图 5-28　阵列属性

5.2.3　切除特征

单击“特征”工具栏上的“拉伸切除”按钮，在图形区域中应该选择最左端面作为切除特征草图绘制基准面，绘制直径为 135 mm 的圆，和 190 mm 轮廓同心。切除深度设定为 20，如图 5-29 所示，完成切除拉伸特征 2。

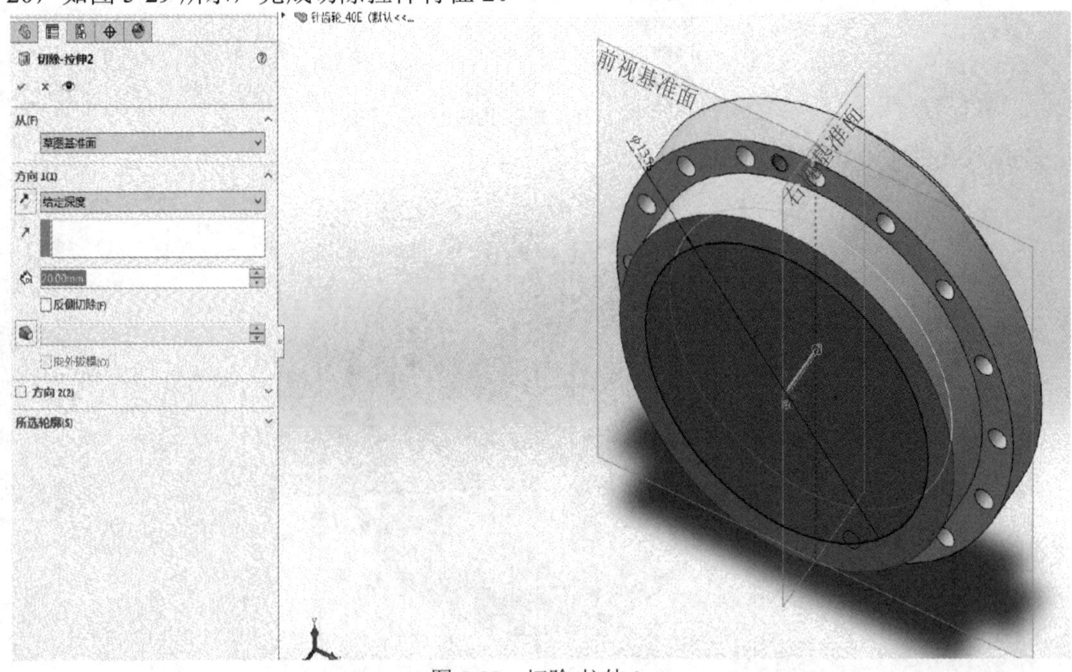

图 5-29　切除-拉伸 2

同上个步骤一样，绘制直径为 153 mm 的圆，切除深度设定为 15 mm，属性对话框如图 5-30 所示，完成切除-拉伸特征 3。

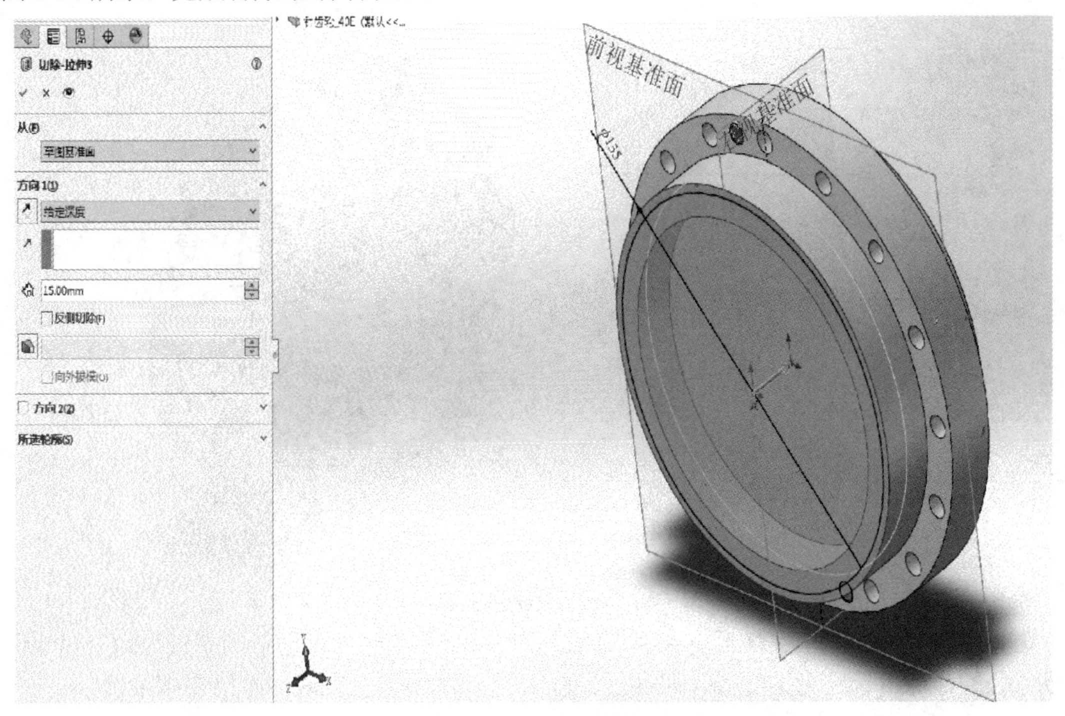

图 5-30　切除-拉伸 3

以切除-拉伸特征 2 的切除圆底面作为草图绘制基准面，来绘制草图，其中小圆弧为 R2.5 mm，大圆弧为 R62.5 mm，R2.5 圆弧圆心落在大圆弧和垂直轴线的交点上，然后圆周阵列出 48 个小圆弧，剪切大圆弧后可得到草图，如图 5-31 所示，同前面的步骤一样，切除方向设置为完全贯穿，点击确定，完成切除-拉伸特征 4，如图 5-32 所示。

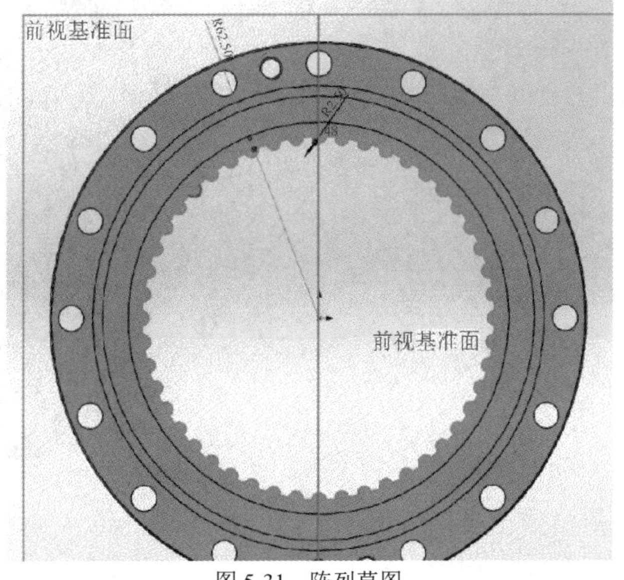

图 5-31　阵列草图

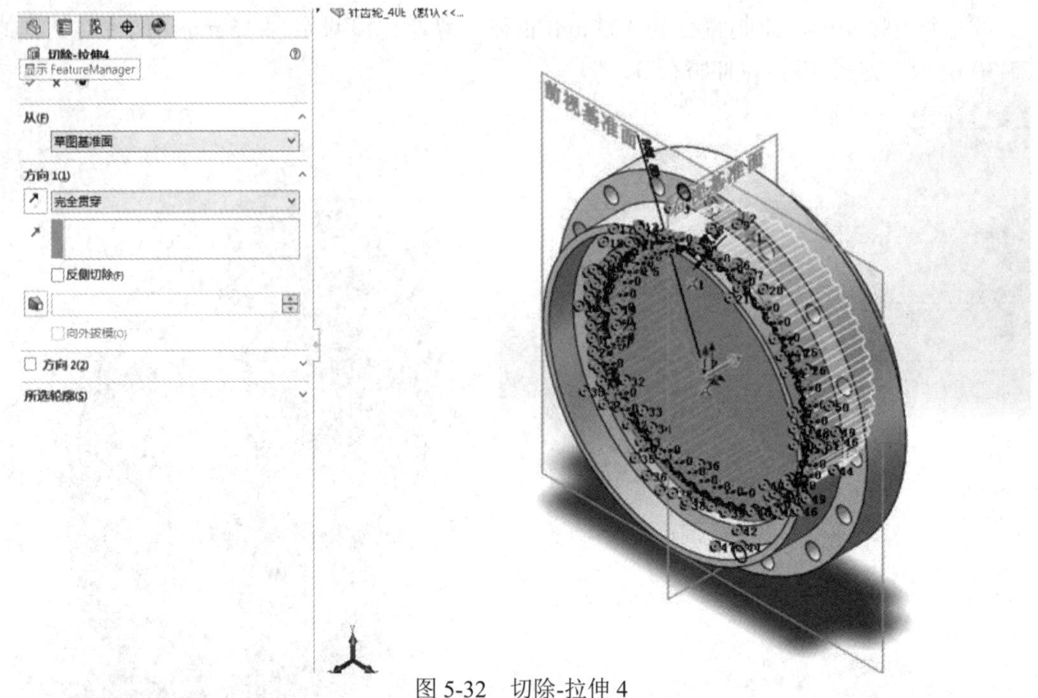

图 5-32 切除-拉伸 4

在图形区域中应该选择最右端面作为切除特征草图绘制基准面，绘制直径为 144 mm 的圆，切除深度设定为 10 mm，属性对话框如图 5-33 所示，完成切除拉伸-特征 5。

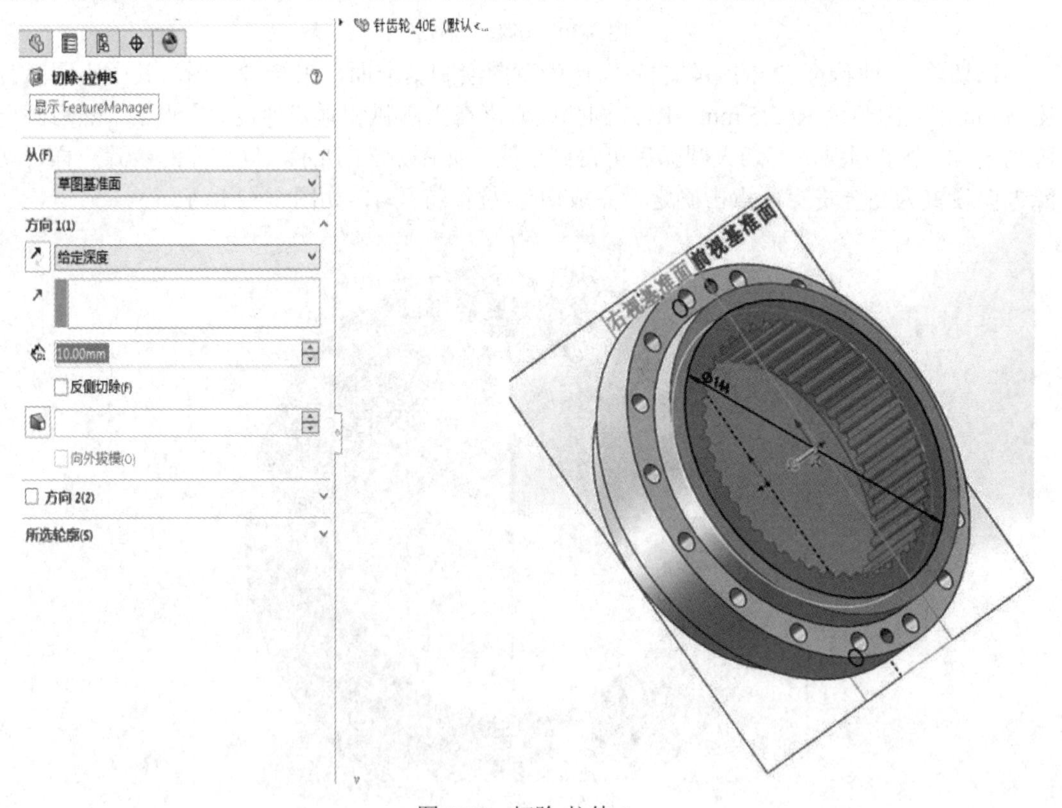

图 5-33 切除-拉伸 5

点击右视基准面，选择其作为草图绘制基准面，过中心原点绘制一条水平中心线，在距离中心线 80 mm 轮廓线上绘制一个 4 × 6 的矩形，如图 5-34 所示，然后退出草图。

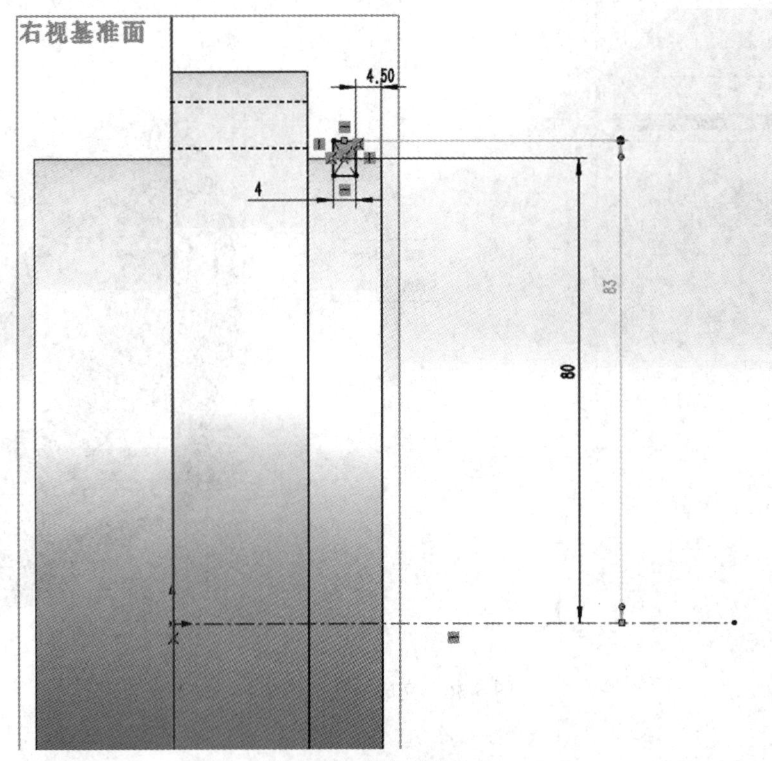

图 5-34　绘制草图

选中上一步绘制出的草图，点击“特征”工具栏中的“旋转切除”按钮，旋转轴如图 5-35 所示，旋转角度为 360 度，完成旋转切除特征。

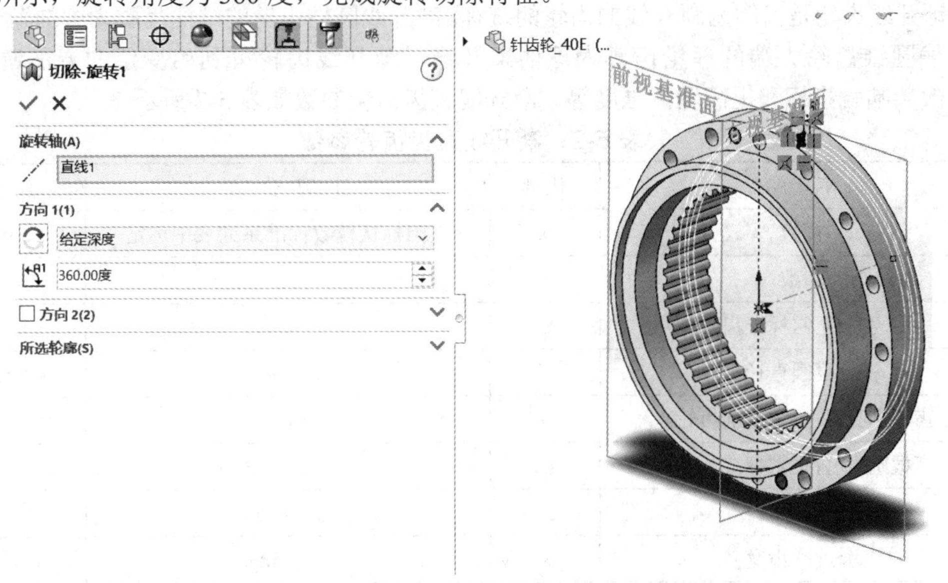

图 5-35　旋转切除

选择图 5-36 所示的 3 条边线，倒角参数为 0.5 × 45°，完成最后的倒角特征。

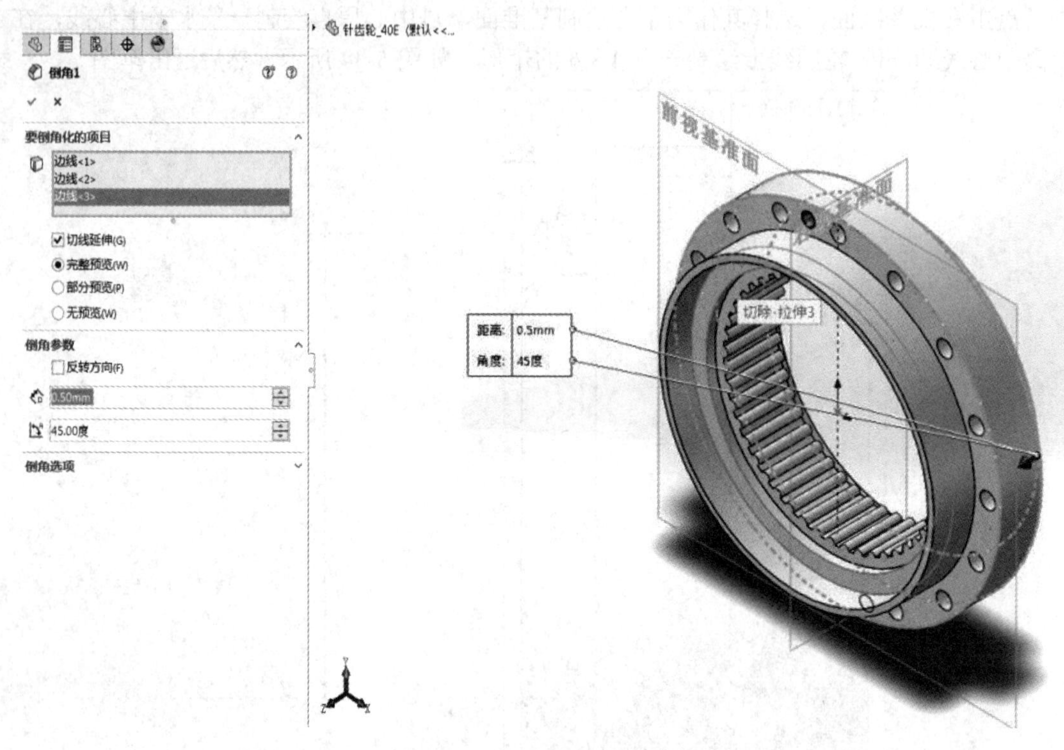

图 5-36 完成最后的倒角特征

5.3 专项练习 2——渐开线齿轮建模

渐开线齿轮是齿廓为渐开线的齿轮的统称。渐开线圆柱齿轮的端面齿廓为圆的渐开线。渐开线圆锥齿轮大端的理论齿廓为球面渐开线。渐开线齿轮可利用变位的方法避免根切，改善啮合指标和提高轮齿强度等。渐开线直齿齿轮参数如表 5-2 所示。

表 5-2 渐开线直齿齿轮参数

名 称	代号	计 算 公 式	尺寸
模数	m	按国标从模数标准系列表中选定	1.5 mm
齿数	z	32	
压力角(正常标准齿轮)	α	20°	
分度圆直径	d	$d = mz$	48 mm
齿顶圆直径(正常标准齿轮)	D_a	$D_a = m(z + 2)$	51 mm
齿根圆直径(正常标准齿轮)	D_f	$D_f = m(z - 2.5)$	44.25 mm
基圆直径	D_b	$D_b = d\cos\alpha$	
分度圆齿宽	s	$s = 0.5\pi m$	
齿距	P	$P = \pi m$	
啮合齿轮中心距	a	$a = (d_1 + d_2)/2$	

当一条直线在齿轮圆上纯滚动时，直线上一点 K 的轨迹称为该齿轮圆的渐开线，该圆称为渐开线的基圆，直线称为渐开线的发生线。渐开线的形状仅取决于基圆的大小，基圆越小，渐开线越弯曲；基圆越大，渐开线越平直；基圆为无穷大时，渐开线为斜直线。渐开线上 K 点的直角坐标方程为

$$\begin{cases} X_t = D_b \times 0.5 \times (\cos(t) + t\sin(t)) \\ Y_t = D_b \times 0.5 \times (\sin(t) - t\cos(t)) \end{cases}$$

式中，$t_1 = 0$，$t_2 = \pi/4$，D_b 为渐开线齿廓的基圆直径。

5.3.1　渐开线齿轮主要几何参数及方程式

单击标准工具栏上的“新建”，生成一个新零件，用右键单击特征管理器设计树中的“前视基准面”，然后选择“显示”，使得前视基准面出现在图形区域中，如图 5-37 所示。

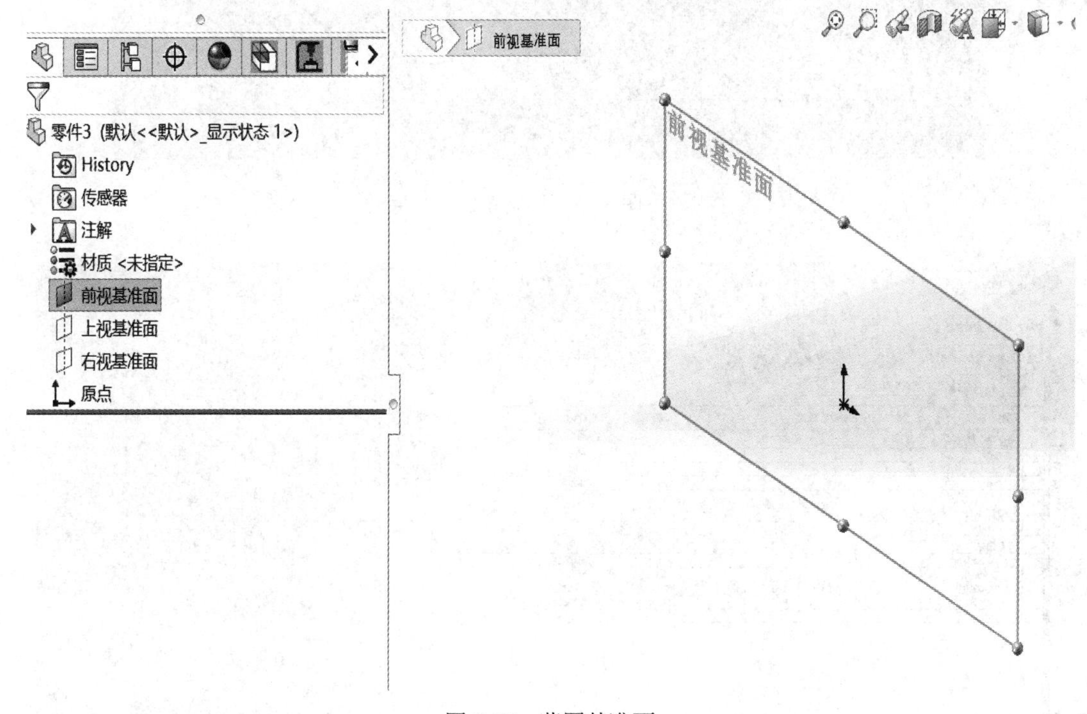

图 5-37　草图基准面

在选定前视基准面的情况下，单击“草图”工具栏进行草图绘制，在前视基准面上绘制一个直径为 51 mm 的齿顶圆，绘制一个直径为 48 mm 的分度圆，分度圆圆弧改作为构造线；然后再随机画两个圆，一个直径略大的圆改作为构造线，按照直径尺寸由大到小分别命名尺寸为 D_a、D、D_b 和 D_f，如图 5-38 所示，然后退出草图。

点击菜单“工具”→“方程式”，打开方程式编辑对话框，在“全局变量”里设置模数、齿数和压力角这三个全局变量，并点击草图 1 的齿顶圆尺寸 D_a，输入齿顶圆直径方程式，同理可以分别输入分度圆直径方程式、基圆直径方程式、齿根圆直径方程式。详细的全局变量和方程式设置如图 5-39 所示。

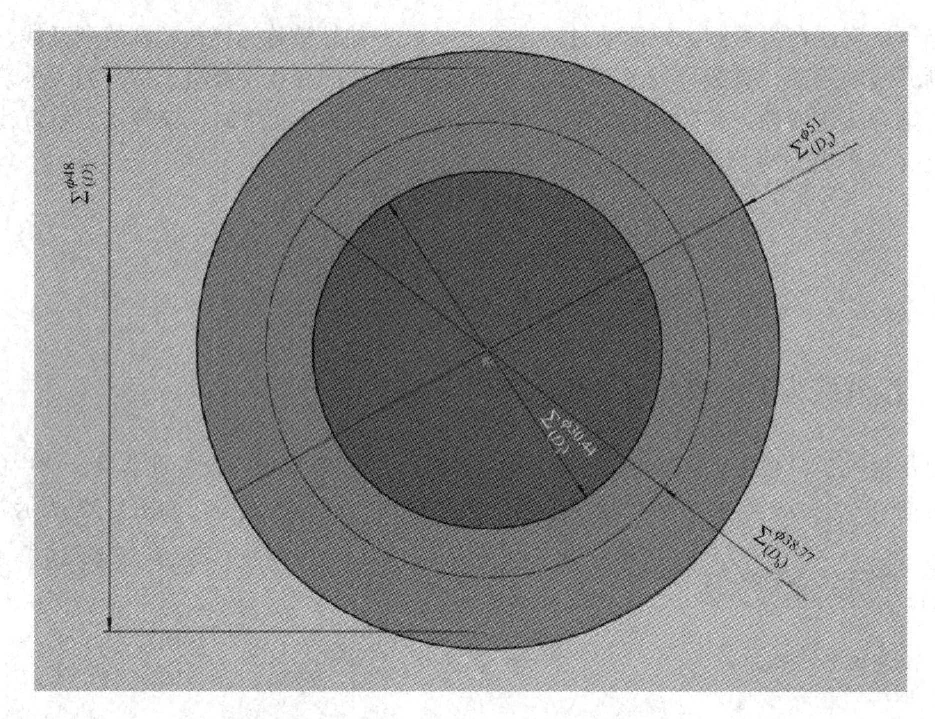

图 5-38 绘制草图

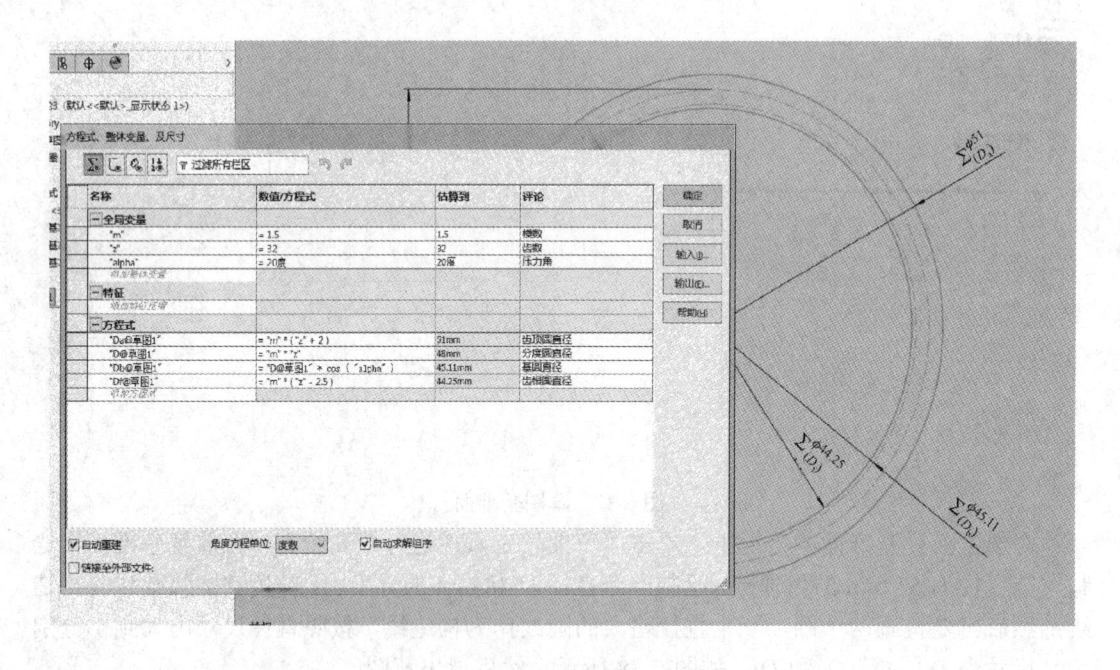

图 5-39 方程式编辑

5.3.2 渐开线齿廓

在草图 1 的编辑状态下，点击菜单栏上的“工具”→“草图”绘制实体-方程式驱动的

曲线，方程式类型点选“参数性”选项，x_t 和 y_t 按照渐开线方程输入，t_1 设为 0，t_2 设为 0.78，点击 ✓，生成渐开线方程驱动的曲线，如图 5-40 所示。

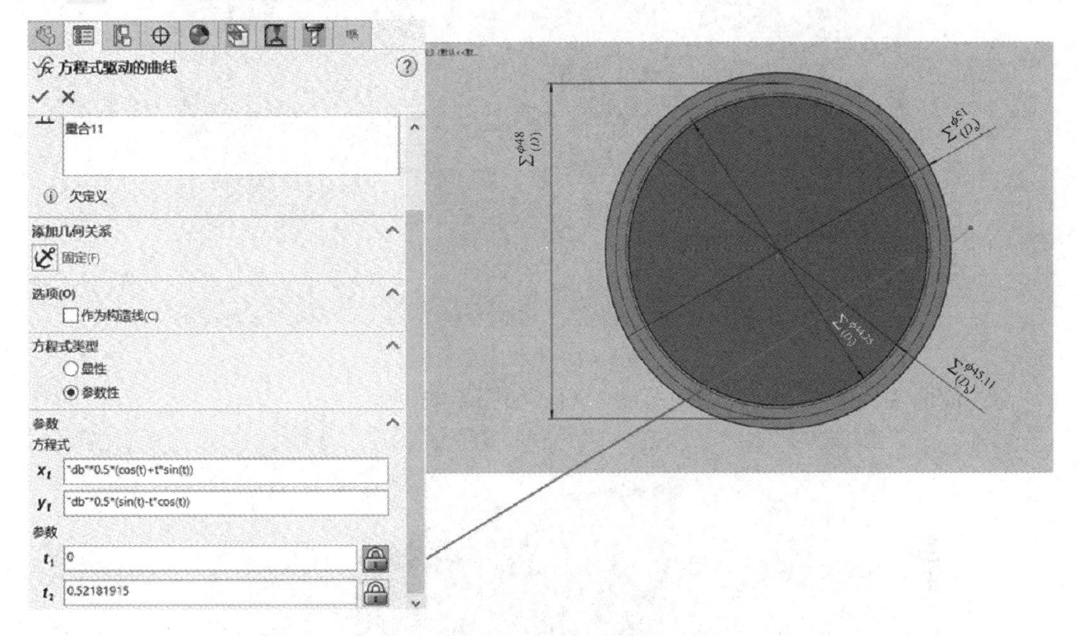

图 5-40　输入渐开线方程

过坐标原点绘制两条中心线，其中一条中心线连接基圆上的点，另外一条中心线随边画，如图 5-41 所示。

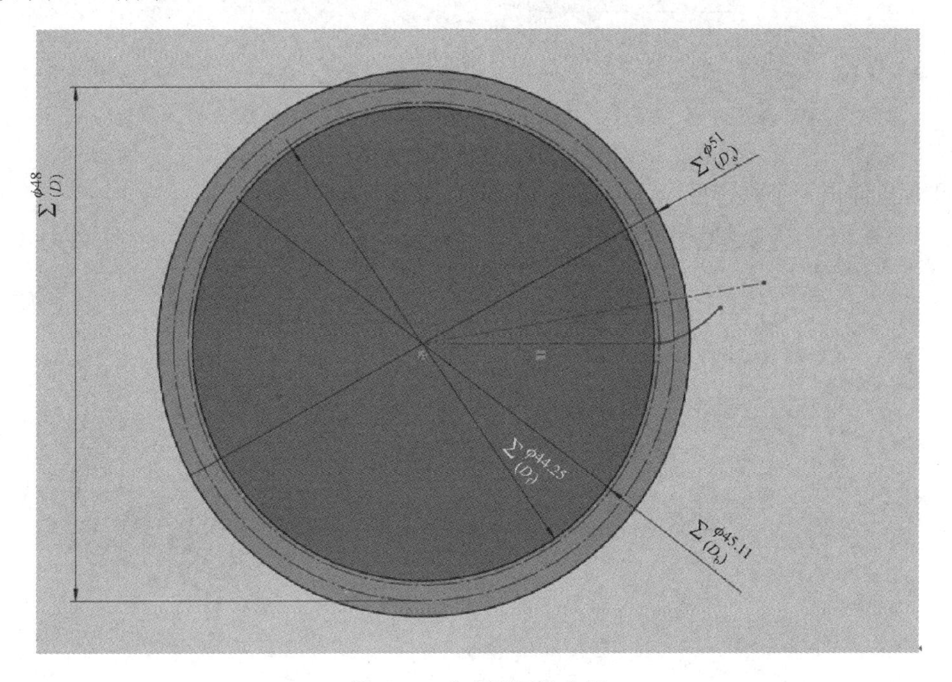

图 5-41　生成渐开线曲线

裁剪出半个齿廓，并将半个分度圆齿宽设为 $D_1 = \pi m/4$，半个齿廓如图 5-42 所示。

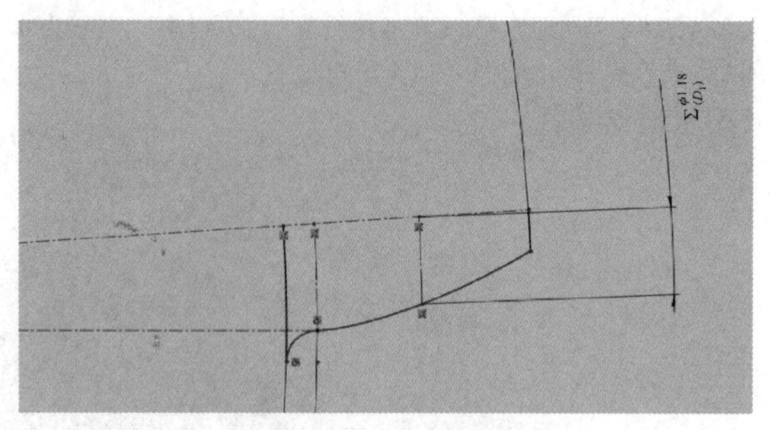

图 5-42 半齿廓草图

通过镜像实体生成一个齿型的草图轮廓，如图 5-43 所示。

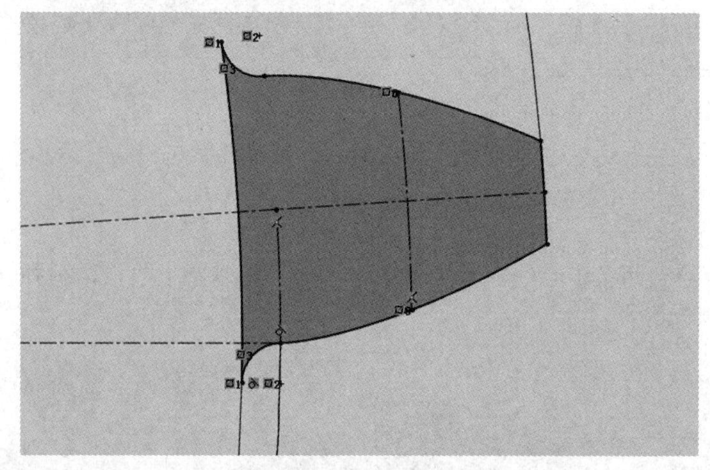

图 5-43 生成完整齿廓

凸台拉伸出一个齿特征，齿厚设为 10 mm，如图 5-44 所示。

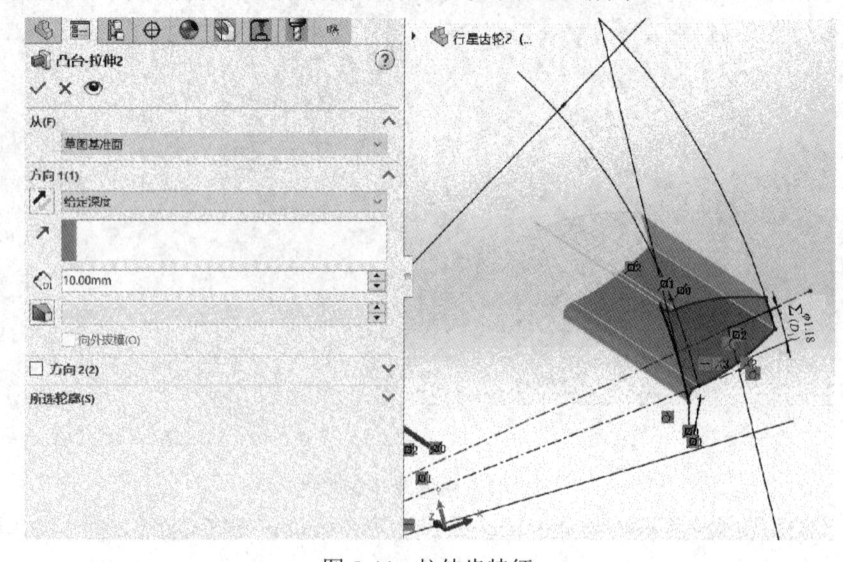

图 5-44 拉伸齿特征

选择前视基准面，在前视基准面绘制齿根圆草图，拉伸厚设为 10 mm，如图 5-45 所示。

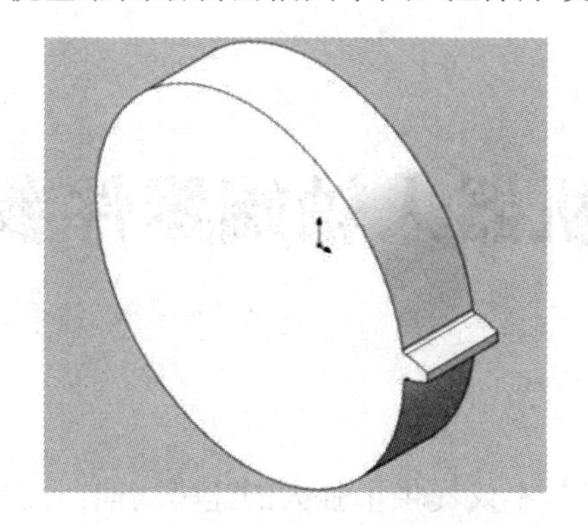

图 5-45　绘制齿根圆

单击“特征”工具栏中的“圆周阵列”，点选齿根圆边线为阵列方向，阵列数设为 32，将前面步骤的一个齿特征作为阵列特征，如图 5-46 所示。

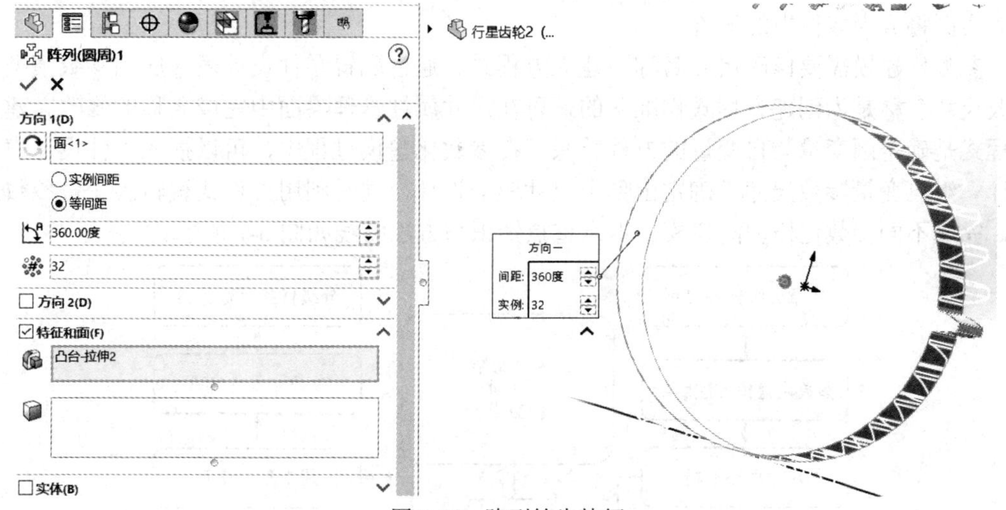

图 5-46　阵列轮齿特征

选取齿轮端面，点击“特征”工具栏中的“拉伸切除”按钮，绘制一个直径 13.2 mm 的中心孔，切除方向设定为“完全贯穿”，如图 5-47 所示。

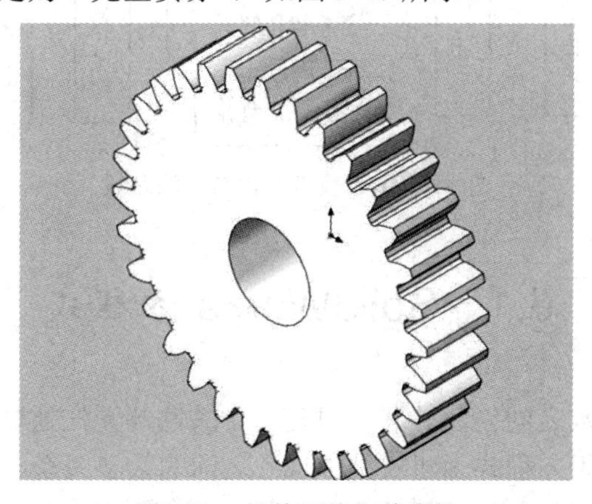

图 5-47　拉伸切除完整齿轮

第 6 章　机器人轴端零件参数化建模

目前主流的三维建模工具不仅提供了强大的建模功能，而且提供了实用性很强的产品设计参数化功能，包括方程式和数值连接、配置、系列零件设计表等。通过方程式可以控制特征间的数据关系；通过配置可以在同一个文件中同时反映产品零件的多种特征构成和尺寸规格；通过 Excel 表格建立参数零件设计表能够反映零件的尺寸规格和特征构成，表中的实例将成为零件中的配置。

参数化建模需要修改尺寸名称、建立方程式、通过配置零件设计表来应用参数模型。修改尺寸名称是为创建方程式作准备的，可在尺寸属性管理界面中完成名称的修改。建立方程式是确定因变量与自变量的方程关系。在参数化建模过程中，可以插入零件设计表，设计一组自变量参数尺寸，确定由哪个尺寸驱动设计，同时利用方程式编辑因变量参数尺寸，完成不同参数化模型的建模。本章重点知识与方法路线如图 6-1 所示。

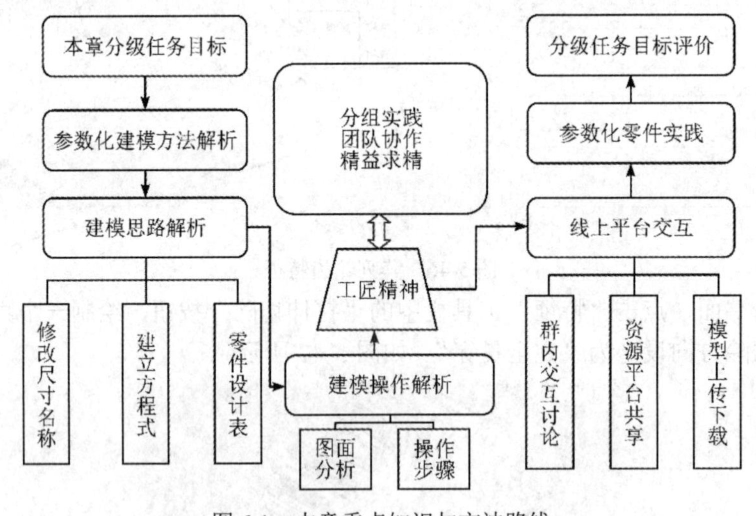

图 6-1　本章重点知识与方法路线

6.1　SolidWorks 方程式

很多时候需要在参数之间创建关联，可是这个关联却无法通过几何关系或者常规的建模技术来实现。可以使用方程式创建模型中尺寸之间的数学关系。

创建方程式的准备工作包括：修改尺寸名称；确定因变量与自变量的参数关系；确定

由哪个尺寸来驱动设计。

三维建模中方程式的形式为：因变量随自变量而变化。例如，在方程式 $A = 2*B$ 中，系统由尺寸 B 求解尺寸 A，用户可以直接编辑尺寸 B 并进行修改。一旦方程式写好并用到模型中，就不能直接修改尺寸 A，系统只能按照方程式控制尺寸 A 的值。

6.2　方程式参数化应用解析

建立图 6-2 所示的法兰 A。

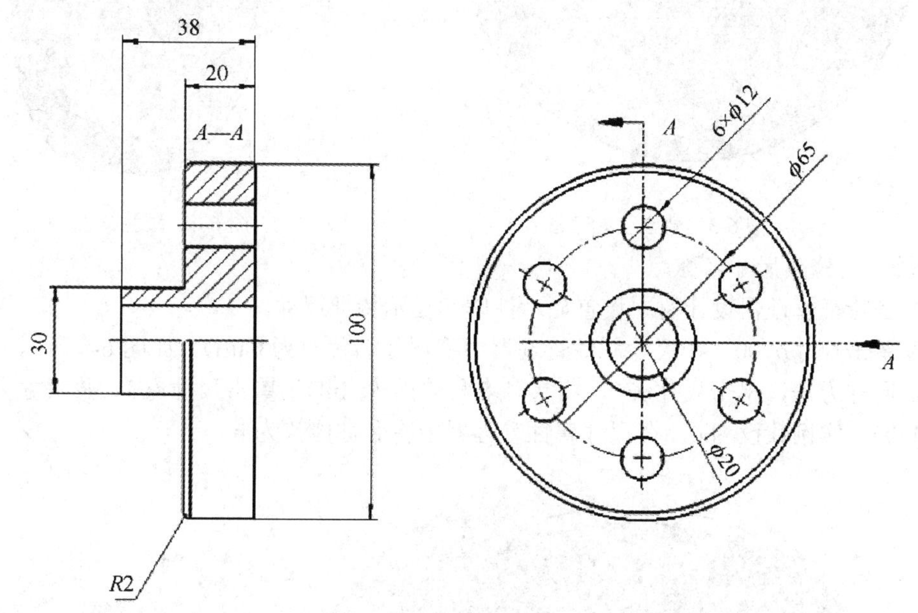

图 6-2　法兰 A

1. 零件参数建模解析

(1) 阵列的孔等距分布。

(2) 圆角为 $R2$。

(3) 孔的中心线直径与法兰的外径和套筒内径有以下数学关系：阵列位于法兰外径和套筒内径的中间，即 $\phi65 = (\phi100 + \phi30)/2$。

(4) 孔的数量与法兰的外径有以下数学关系：孔阵列的实例数量为圆环外径除以 16，然后取整，即实例数 $n = \text{int}(100/16)$。

2. 操作步骤

步骤一，新建基础模型，创建法兰 A 零件。

在上视基准面绘制初始草图，如图 6-3 所示。可以通过特征建模，在草图基础上进行两次凸台拉伸，然后进行两次切除拉伸，完成基本法兰的毛坯建模；将切除拉伸小圆孔进行特征的圆周阵列，实现小圆孔阵列实例数量为 6 的等间距阵列；最后生成外圆套筒的 $R2$ 边线圆角，这样就完成了法兰 A 型基础模型的创建，如图 6-4 所示。

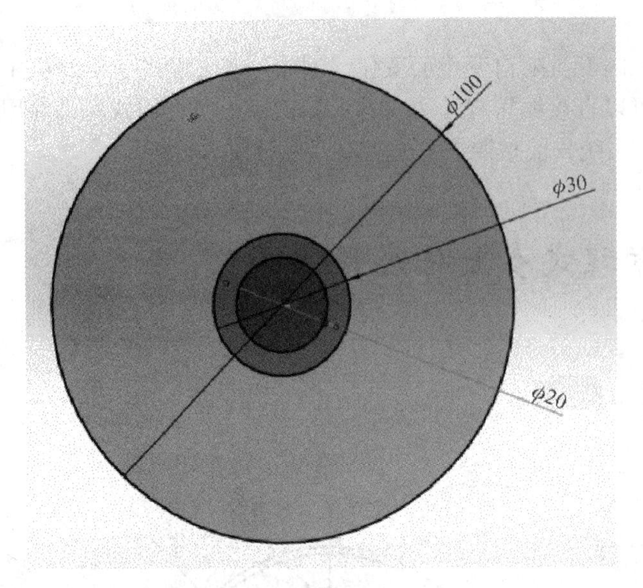

图 6-3 建立初始草图

图 6-4 法兰 A 型模型

步骤二，修改尺寸名称。

(1) 在特征管理器设计树中设置显示注解和显示特征尺寸。

(2) 单击尺寸ϕ100，在尺寸属性管理器中将尺寸名称改为 OutD，如图 6-5 所示。

(3) 同样方法，单击尺寸ϕ30，将尺寸名称修改为 InD；单击尺寸ϕ65，将尺寸名称修改为 MidD；实例数设为 6，在尺寸属性管理器中将名称修改为 n。

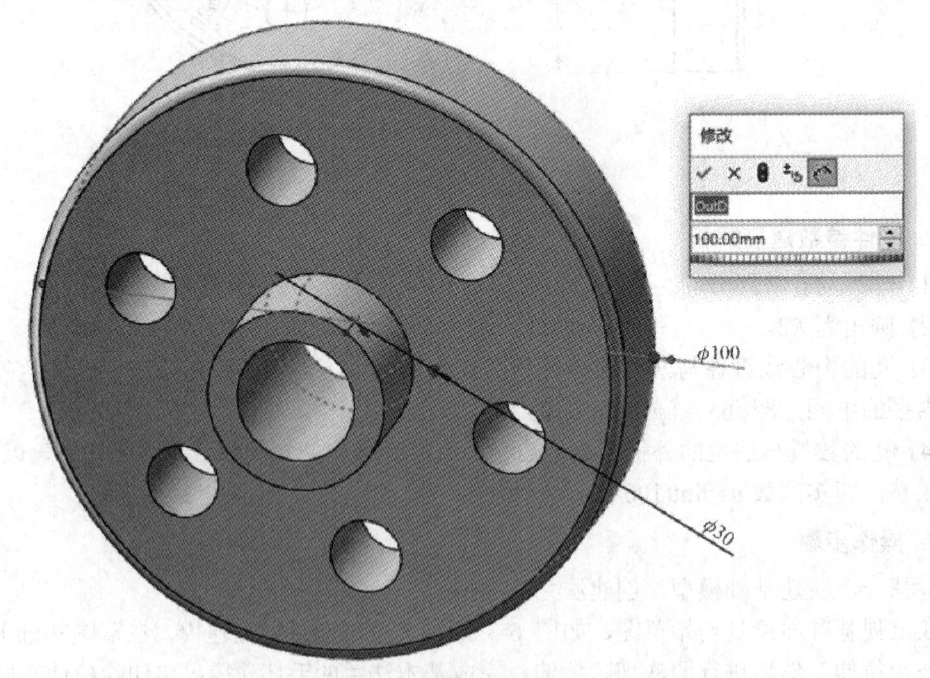

图 6-5 修改尺寸名称

步骤三，建立方程式。

选择菜单栏中的“工具”→“方程式”命令，在“方程式、整体变量及尺寸”对话框

中，键入如图 6-6 所示的方程式，比如在图形区域单击 MidD 尺寸，MidD@草图 2 会被添加到名称列表，在“数值/方程式”列表中输入方程式“=("OutD@草图 1"+"InD@草图 1")/2”。方程式是根据它们在列表中的先后顺序求解的。

列出三个方程式：$A = B$、$C = D$、$D = B/2$，来看看改变 B 的值会发生什么变化。首先系统会算出一个新的 A 值，第二个方程式没有变化。在第三个方程式中，B 值的变化会产生一个新的 D 值，然而只有到第二次重建时，新的 D 值才会作用到 C 值上，将方程式重新排列就能解决这个问题。正确的顺序是：$A = B$、$D = B/2$、$C = D$。

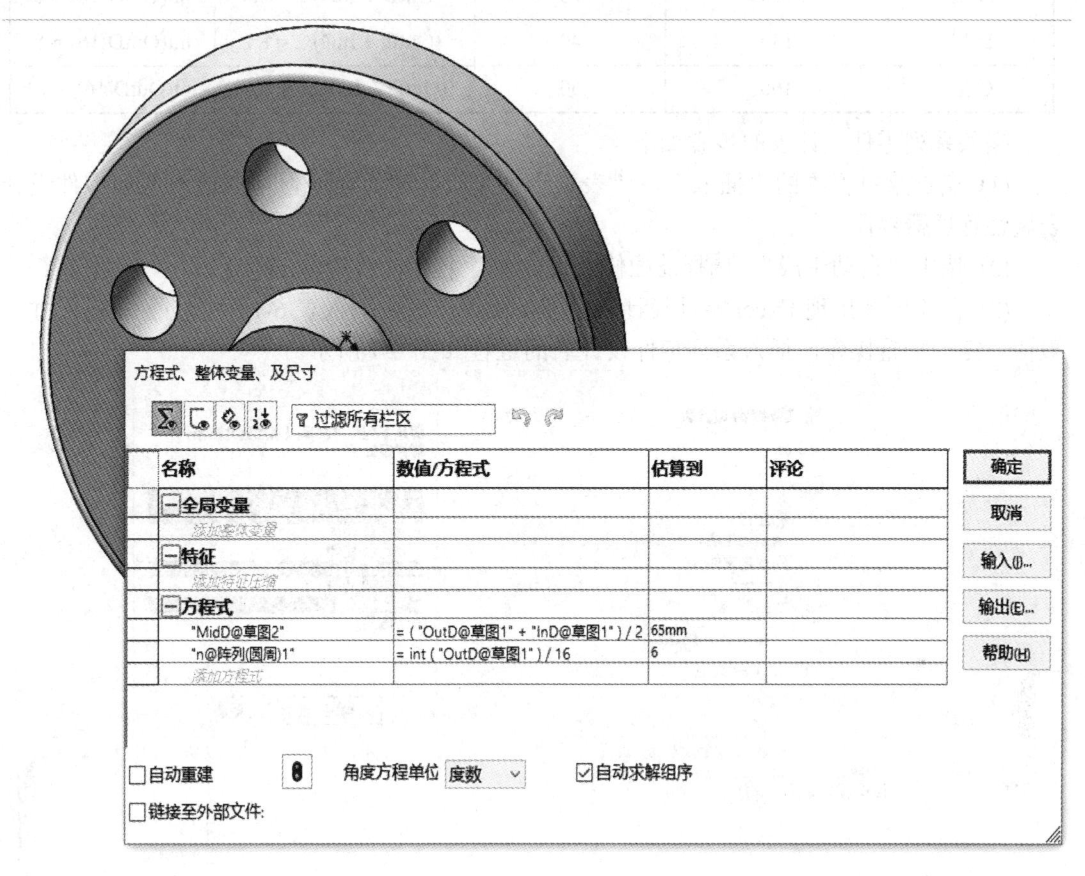

图 6-6　建立方程式

6.3　零件设计表配置

零件设计表配置可以在单一的文件中对零件或装配体生成多个设计变化。配置提供了简便的方法来开发与管理一组有着不同尺寸、零部件或其他参数的模型。要生成一个配置，先指定名称与属性，然后再根据需要修改模型以生成不同的设计变化。

在零件文件中，配置可以生成具有不同尺寸、特征和属性(包括自定义属性)的零件系列。用户可以手动建立配置，或者使用系列零件设计表同时建立多个配置。系列零件设计表提供了一种简便的方法，可以在简单易用的工作表中建立和管理配置。该方法可以在零件和装配体文件中使用零件设计表，而且可以在工程图中显示系列零件设计表。

当参数系列很多的时候(如标准件库)，可以利用 Excel 表定义对配置进行驱动，利用插入设计表格中的数据可以自动生成参数配置模型。设计表最常用的参数就是尺寸，用于控制配置中特征的尺寸。例如，A、B 和 C 型法兰的驱动尺寸参数见表 6-1。

表 6-1　法兰尺寸参数设计

法兰型号	外圆直径 OutD	内圆直径 InD	孔中心圆直径 MidD	实例数 *n*
A 型	100	30	(OutD + InD)/2 = 65	int(OutD/16) = 6
B 型	130	40	(OutD + InD)/2 = 85	int(OutD/16) = 8
C 型	160	50	(OutD + InD)/2 = 105	int(OutD/16) = 10

插入系列零件设计表的步骤如下：

(1) 点击菜单栏中的“插入”→“表格”→“设计表”命令，可以进入系列零件设计表属性管理器界面。

(2) 选中“自动生成”，选择前面修改过的尺寸名称，然后单击确定按钮。

(3) 在绘图区出现 Excel 零件设计表，可以在设计表中输入表 6-1 所示的各驱动尺寸参数值，完成配置操作。插入系列零件设计表的过程如图 6-7 所示。

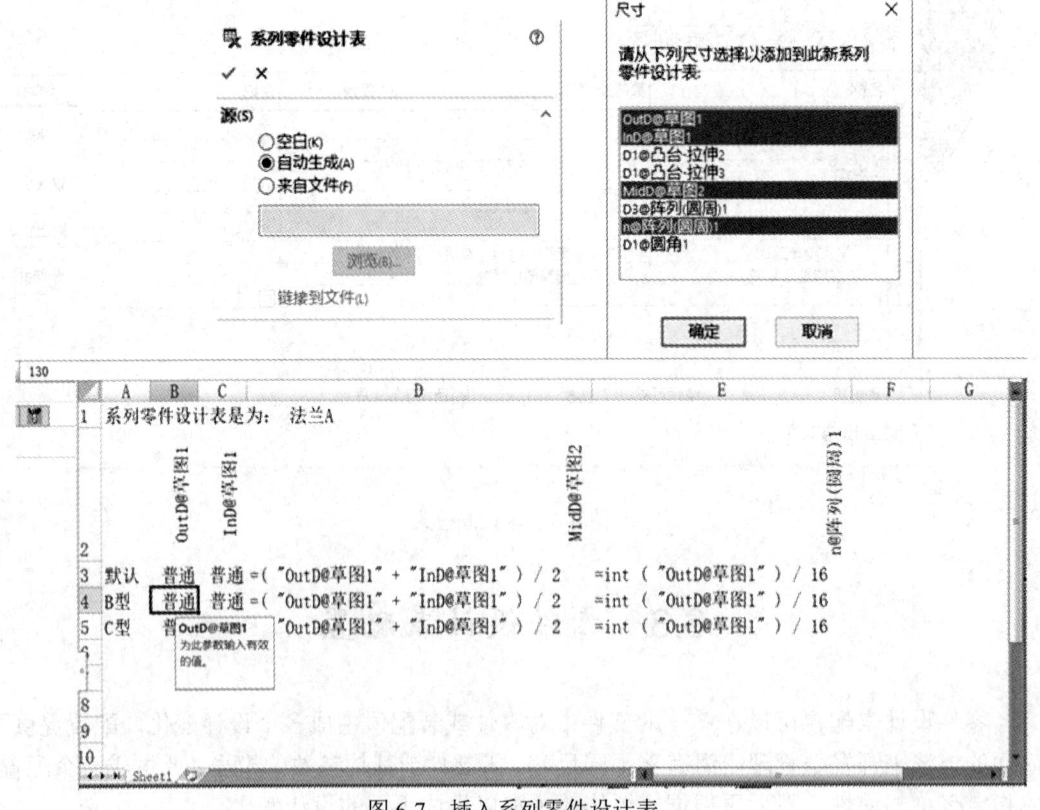

图 6-7　插入系列零件设计表

(4) 显示配置模型。打开配置管理器，进入配置管理状态，分别双击各配置，如果双击 B 型，可以在绘图区自动配置生成法兰 B 型模型，同理双击 C 型，会在绘图区自动配置生成法兰 C 型模型。观察法兰 B 型和法兰 C 型模型的区别，如图 6-8 所示。

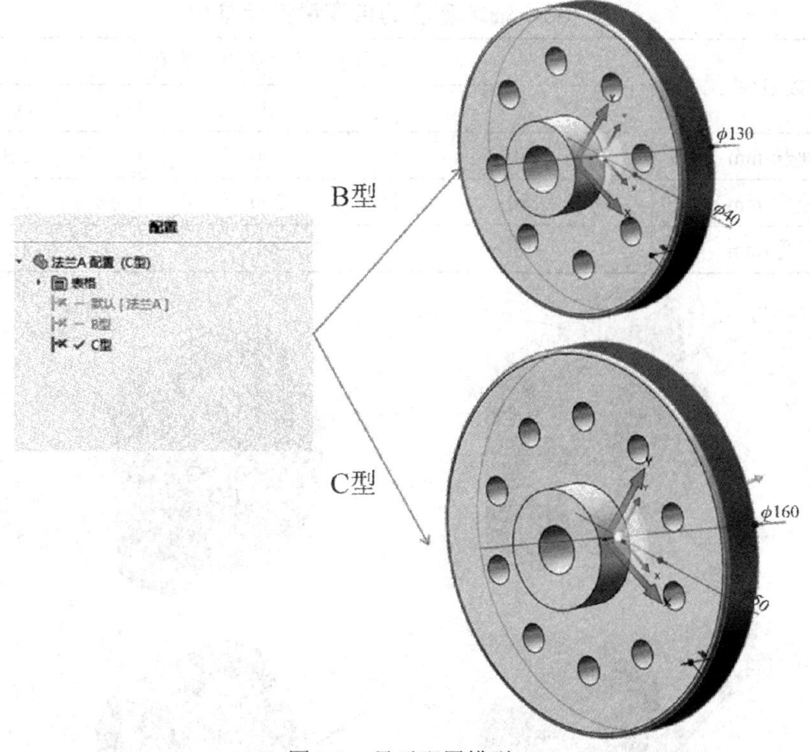

图 6-8　显示配置模型

注意：如果两个数值间存在“相等”关系，可以使用链接数值方法实现；修改的尺寸名称必须与系列零件设计表中的尺寸名称一致，否则会出现生成配置失败。

6.4　专项练习——参数化零件

在实践练习中先利用现有的面或者基准面，建立轴端零件的参数化特征模型；然后在此基础上插入零件设计表，设计一组自变量参数尺寸，创建方程式，应用系列零件设计表配置编辑好因变量参数尺寸，完成轴端零件造型的参数化建模。基础 A 型轴端零件如图 6-9 所示，三维模型的工程图如图 6-10 所示。

按表 6-2 建立方程式，通过插入系列零件设计表，配置表 6-3 所示的参数尺寸，完成参数化模型变型设计。

表 6-2　A、B、C 型轴端平台的因变量方程关系式

螺纹孔中心距离/mm	$(d_1+d_2)/4$
平台直径 d_1/mm	基座边长−20
平台沉孔直径 d_2/mm	基座边长−120
螺纹孔直径/mm	12

注意：如图 6-10 所示，所有螺纹孔直径都为 12，尺寸 55 为螺纹孔中心距离，$\phi160$ 为 d_1，$\phi60$ 为 d_2。

表 6-3 轴端基座的自变量设计参数

参数名称	不同型号轴端的参数值		
	A	B	C
基座长/mm	180	200	250
基座宽/mm	180	200	250
基座厚/mm	40	60	120

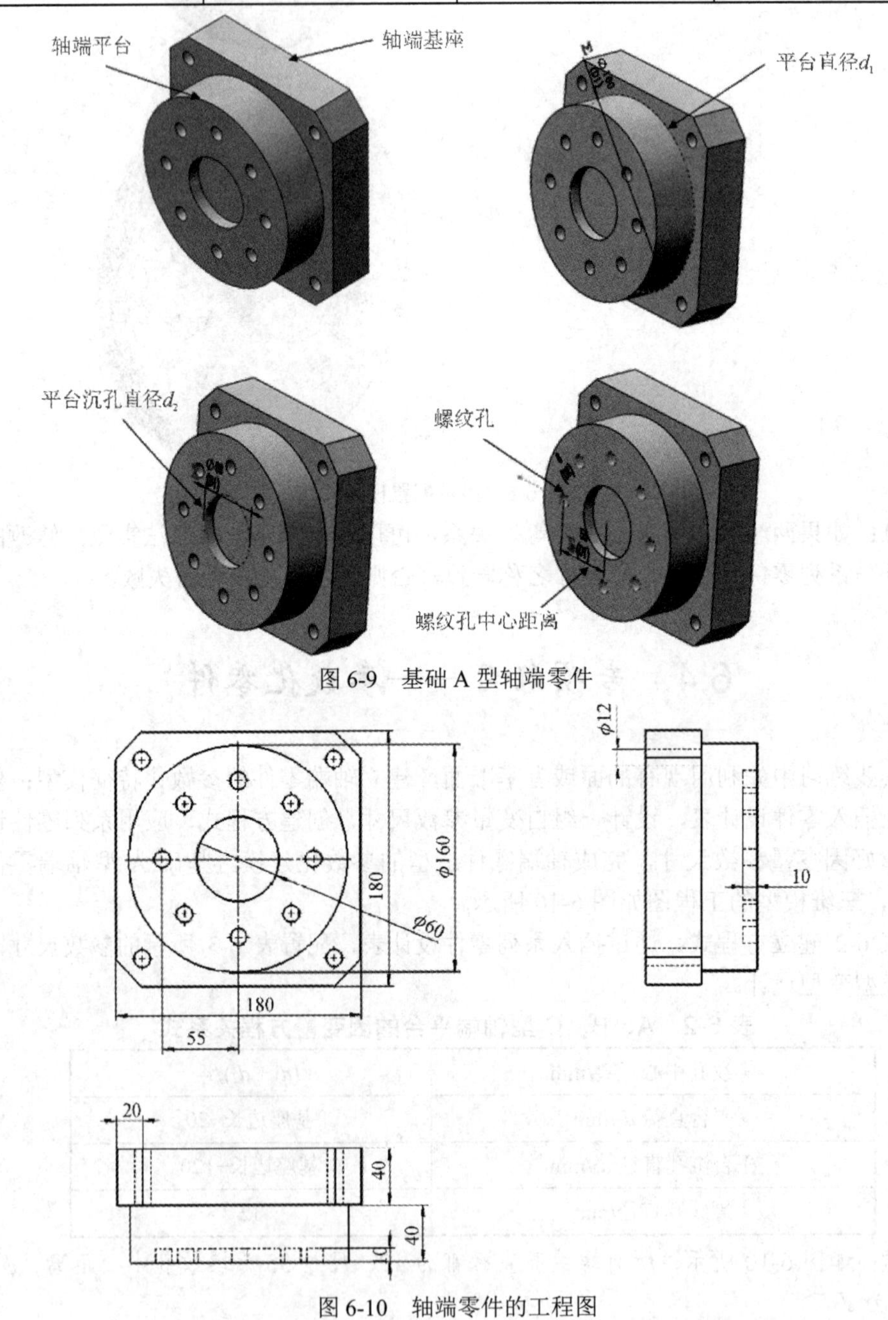

图 6-9 基础 A 型轴端零件

图 6-10 轴端零件的工程图

6.4.1　设置基准面

单击标准工具栏上的“新建”，生成一个新零件，用右键单击特征管理器设计树中的“前视基准面”，然后选择“显示”，使得前视基准面出现在图形区域中，如图 6-11 所示。

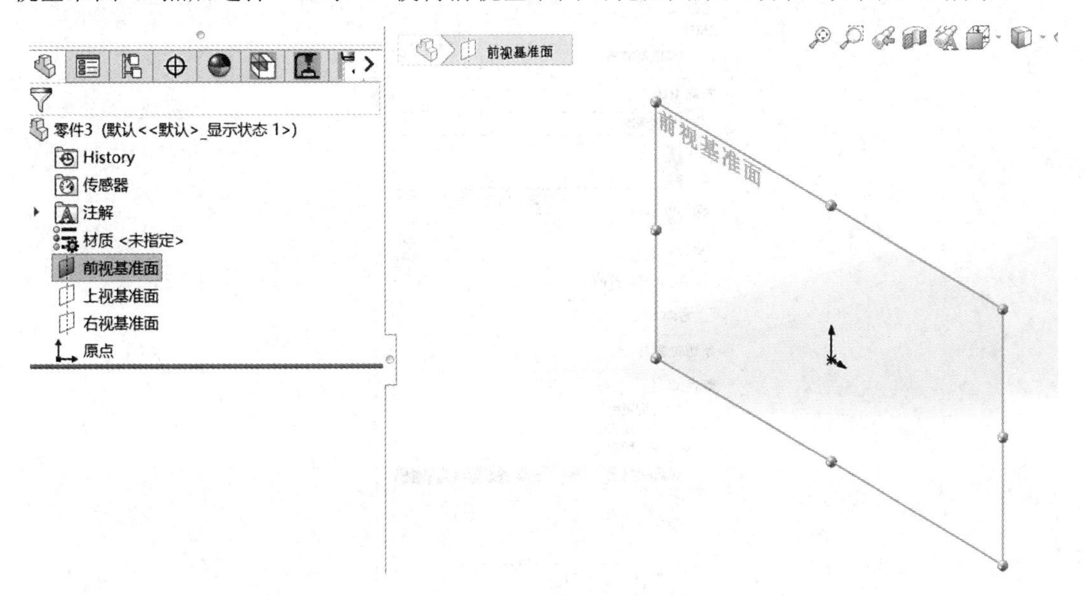

图 6-11　设置基准面

在选定前视基准面的情况下，单击“草图”工具栏进行草图绘制，在前视基准面上绘制图 6-12 所示的草图，是一个边长为 180 mm 的正方形，然后给正方形的四个角倒距离 20 mm 的倒角，最后退出草图。

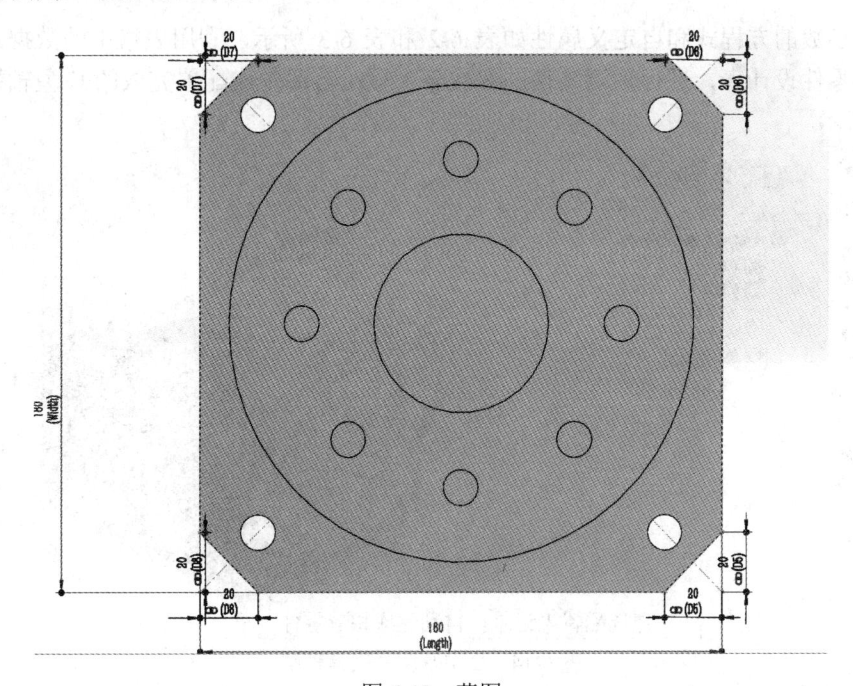

图 6-12　草图

点击“特征”工具栏中的“拉伸凸台/基体”按钮，拉伸给定深度设定为 40 mm，生成图 6-13 所示的凸台-拉伸 1 特征。

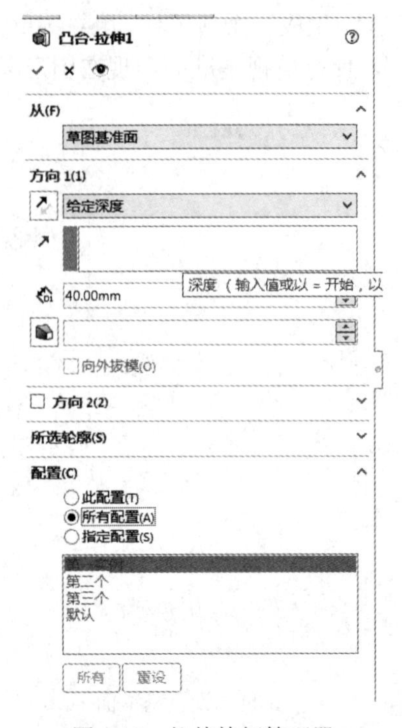

图 6-13　拉伸特征管理器

6.4.2　应用零件设计表

零件参数的方程式和自定义属性如表 6-2 和表 6-3 所示，利用表格中的数据，插入相应的系列零件设计表，进行轴端零件的参数表配置。自动生成配置完成的 C 型轴端零件如图 6-14 所示。

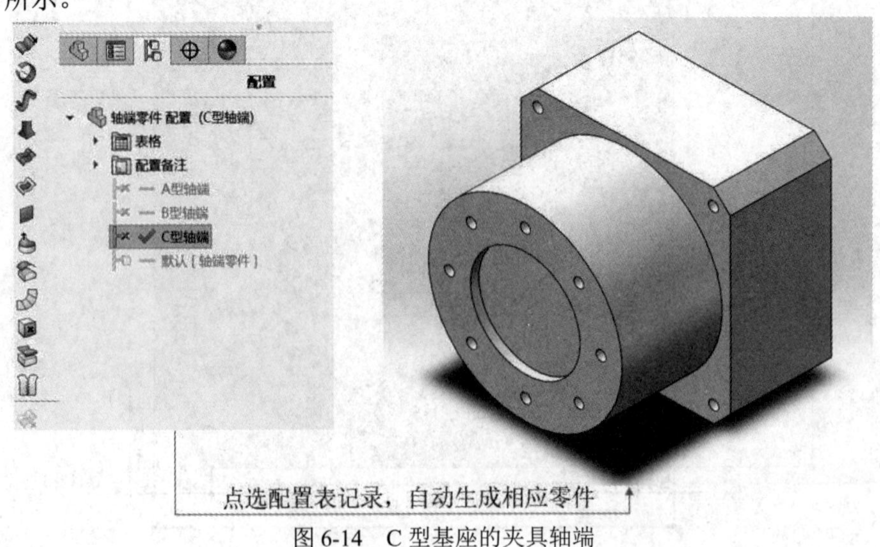

图 6-14　C 型基座的夹具轴端

因此，按照给出的相应参数表，就可以建立各种尺寸参数的零件库。比如，可以插入前述系列零件设计表，应用所插入的零件设计表，生成包括新尺寸的参数表配置，就能自动配置生成相应的模型。如果在配置模型的特征属性中设定一种具体材料，就能评估得到 A、B 和 C 型轴端零件的实际质量属性。

第 7 章　面向放样的曲面建模

曲面是一种可以用来生成实体特征的几何体，它用来描述相连的零厚度几何体，如单一曲面、缝合的曲面、裁剪和圆角的曲面等。在一个单一模型中可以拥有多个曲面实体。曲面特征造型广泛地应用在机械设计、模具设计、智能产品造型设计等领域。

本章知识点与学习方法如图 7-1 所示，内容包括使用与创建实体类似的工具如放样曲面、拉伸曲面等来创建曲面特征，也包括缝合曲面、裁剪曲面等编辑曲面的知识点。为了创建放样凸台/基体或放样曲面，需要将各个轮廓绘制在面或者基准面上，可利用现有的面或者基准面建立新的参考基准面，通过多个引导线精准放样出曲面特征。

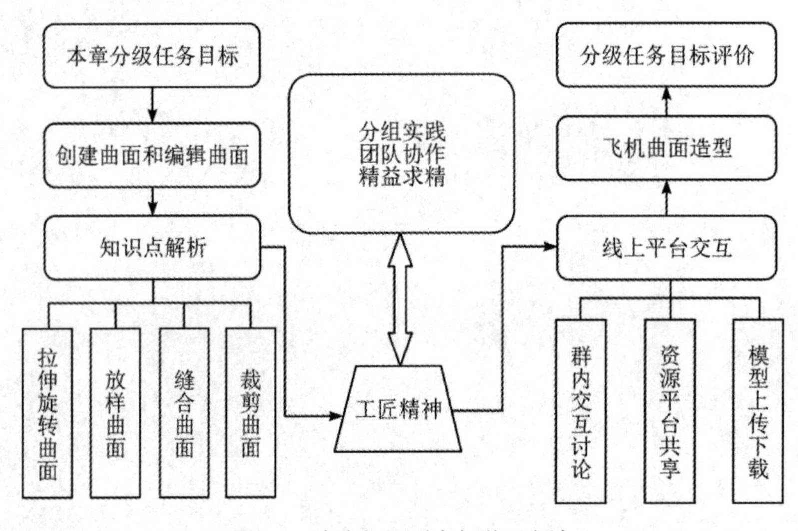

图 7-1　本章知识要点与学习方法

曲面比实体更具有优势，它们比实体更灵活，因为可以等到设计的最终步骤再定义曲面之间的边界，这样有助于产品设计者操作平滑和延伸的曲线，如汽车或飞机曲面建模中，可由曲线、圆弧、样条曲线及草图点所组成的现有草图开始，然后应用放样、扫描、缝合等曲面特征来创建。

飞机主要由机身、机翼、尾翼、发动机等组成，通过本章的学习，可以通过曲线创建曲面从而完成模型的创建。

图 7-2、7-3、7-4、7-5 分别为波音 747-8I 飞机一级、二级、三级和四级任务模型，逐渐由简单的机体任务模型向复杂的整机任务模型方向发展。

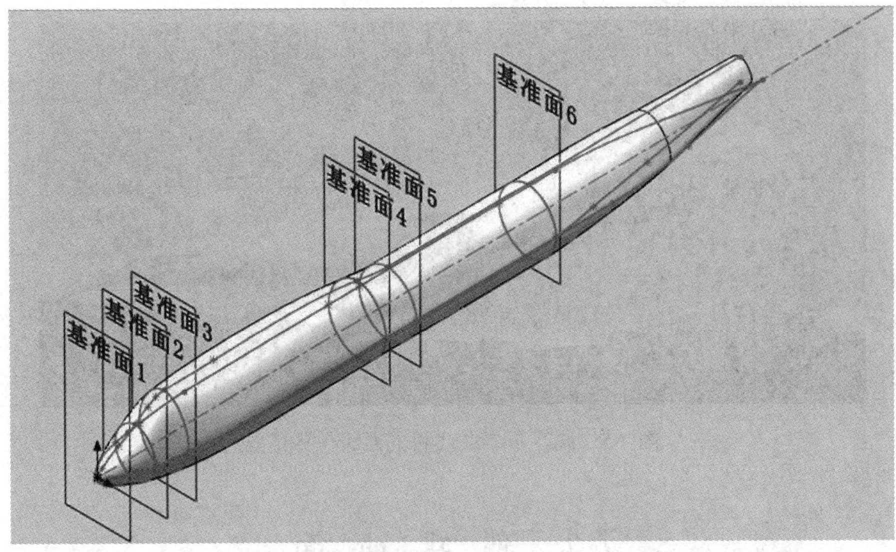

图 7-2　波音 747-8I 飞机的一级任务模型

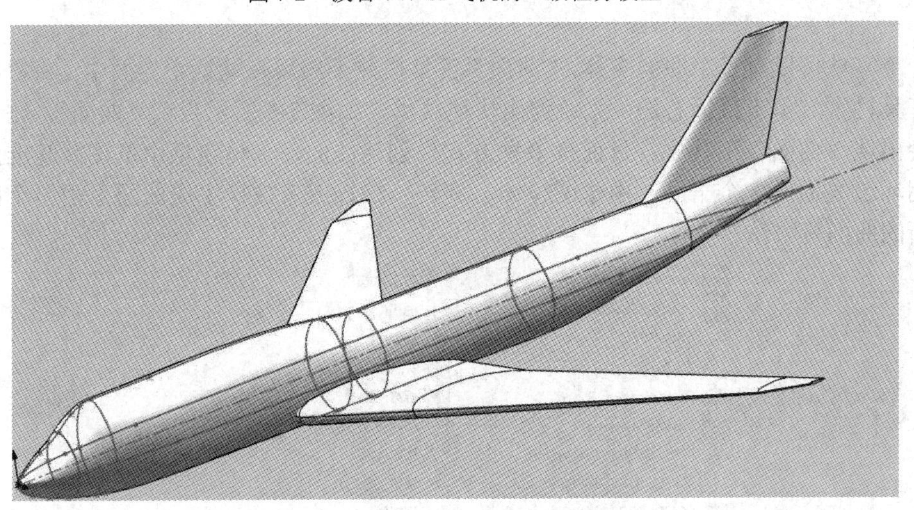

图 7-3　波音 747-8I 飞机的二级任务模型

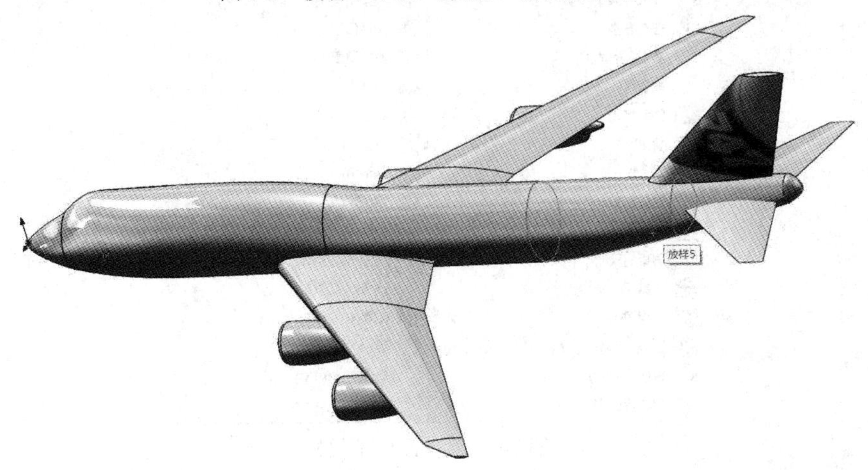

图 7-4　波音 747-8I 飞机的三级任务模型

图 7-5 波音 747-8I 飞机的四级任务模型

7.1 创建曲面

一个零件可以有多个曲面实体，“曲面”工具栏并不出现在默认主界面中，将鼠标光标放在工具栏区域单击鼠标右键，系统弹出快捷菜单，如图 7-6 所示点选“曲面”，则操作界面上会出现“曲面”工具栏。目前有多种方式来创建曲面，具体包括由草图或基准面上的一组闭环边线插入一个平面；由草图拉伸、旋转、扫描或者放样生成曲面；由多个曲面组合成新的曲面等方法。

图 7-6 菜单面板工具栏

7.1.1　拉伸曲面

拉伸曲面的创建方法和实体特征中的对应方法相似，不同点在于曲面拉伸操作的草图对象可以封闭也可以不封闭，生成的是曲面而不是实体。要拉伸曲面，可以采用下面的操作：

(1) 绘制一个草图。

(2) 单击“曲面”工具栏中的“拉伸曲面”按钮，或选择菜单栏中的“插入”→“曲面”→“拉伸曲面”命令，系统弹出图 7-7 所示的“曲面-拉伸”属性对话框。

(3) 设置拉伸方向和拉伸距离，如果有必要，可以设置双向拉伸，单击 按钮，生成拉伸曲面，如图 7-7 所示。

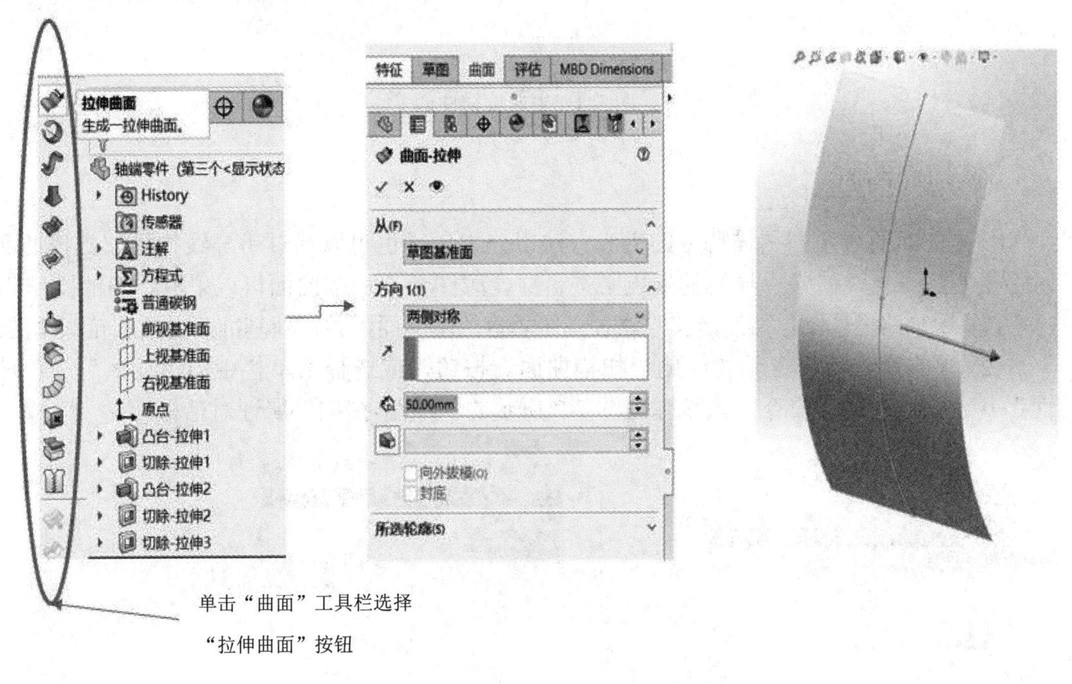

图 7-7　生成拉伸曲面

7.1.2　旋转曲面

旋转曲面的创建方法和实体特征中的对应方法相似，要旋转曲面，可以采用下面的操作：

(1) 绘制一个草图。如果草图中包括中心线，旋转曲面的时候旋转轴可以被自动选定；如果没有中心线，则需要手动选择旋转轴。

(2) 单击“曲面”工具栏中的“旋转曲面”按钮，或选择菜单栏中的“插入”→“曲面”→“旋转曲面”命令，系统弹出图 7-8 所示的“曲面-旋转”属性对话框。

(3) 设置旋转轴和旋转角度，单击 按钮，完成曲面的生成，如图 7-8 所示。

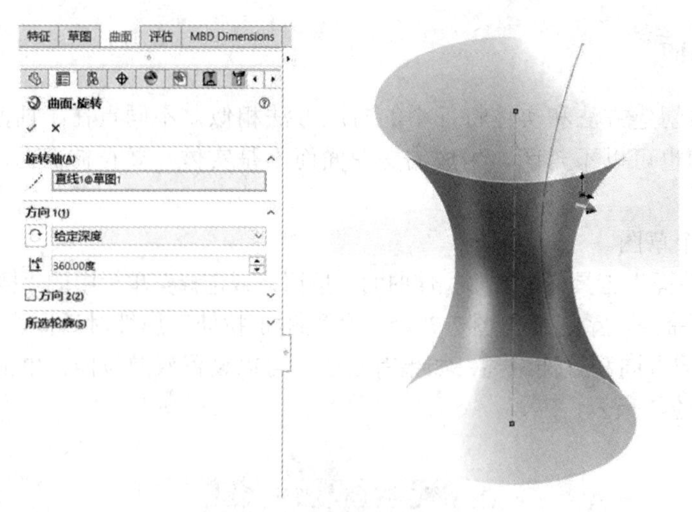

图 7-8 生成旋转曲面

7.1.3 扫描曲面

扫描曲面的方法同扫描特征的生成方法十分类似，也可以通过引导线扫描。扫描曲面时最重要的一点，就是引导线的端点必须贯穿轮廓图元。扫描曲面可以采取下面的操作。

(1) 绘制路径草图，然后定义与路径草图垂直的基准面，并在新基准面上绘制轮廓草图。

(2) 单击“曲面”工具栏中的“扫描曲面”按钮，或选择菜单栏中的“插入”→“曲面”→“扫描曲面”命令，系统弹出图 7-9 所示的“曲面-扫描”属性对话框。

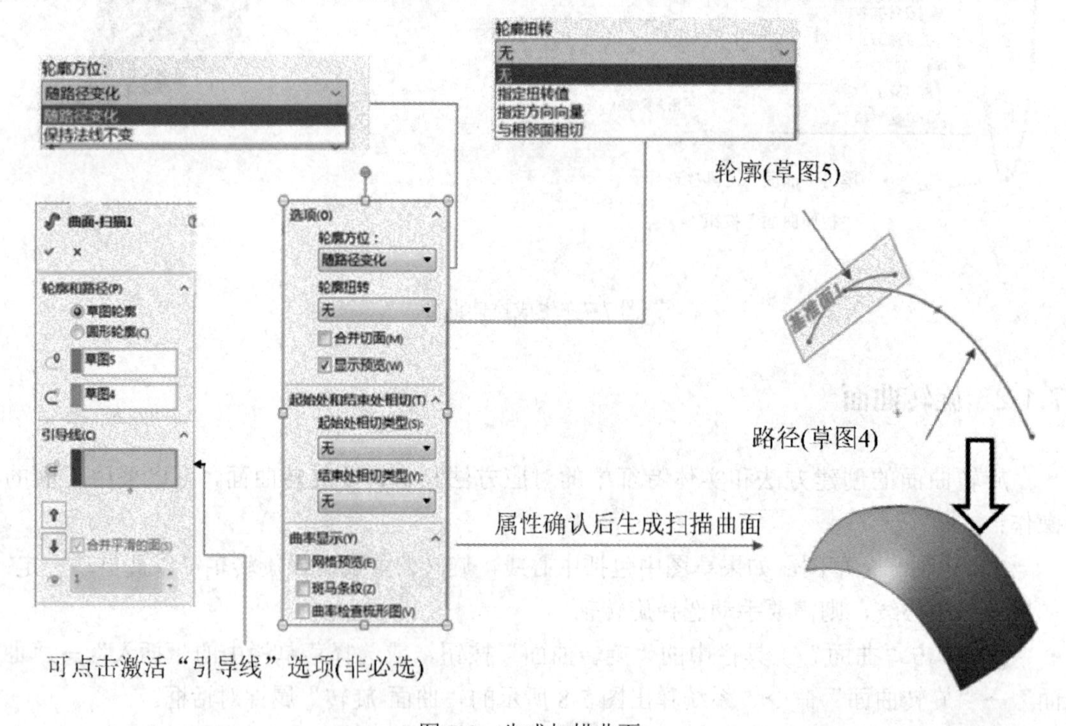

图 7-9 生成扫描曲面

(3) 依次选择截面草图和路径草图，其他选项和实体扫描类似。在图 7-9 中，可以选择“随路径变化”或“保持法线不变”来确定轮廓方位，可以选择“指定扭转值”“指定方向向量”及“与相邻面相切”来确定扭转类型。如果需要沿引导线扫描曲面，则激活“引导线”选项卡，然后在图形区域中选择引导线，进行相关设置后，单击按钮，完成扫描曲面的生成，如图 7-9 所示。

7.1.4 放样曲面

放样曲面的创建方法和实体特征中的对应方法类似，放样曲面是通过曲线之间进行过渡而生成曲面的方法。如果要放样曲面，可以采用下面的操作：

(1) 在一个基准面上绘制放样轮廓草图。

(2) 依次建立另外几个基准面，并在上面依次绘制另外的放样轮廓草图。这几个基准面不一定平行。如有必要，还可以生成引导线来控制放样曲面的形状。

(3) 单击“曲面”工具栏中的“放样曲面”按钮，或选择菜单栏中的“插入”→“曲面”→“放样曲面”命令，系统弹出图 7-10 所示的“曲面-放样”属性对话框。

(4) 依次选择截面草图，其他选项和实体放样里的类似，进行相关设置后，单击按钮，完成放样曲面的生成，如图 7-10 所示。

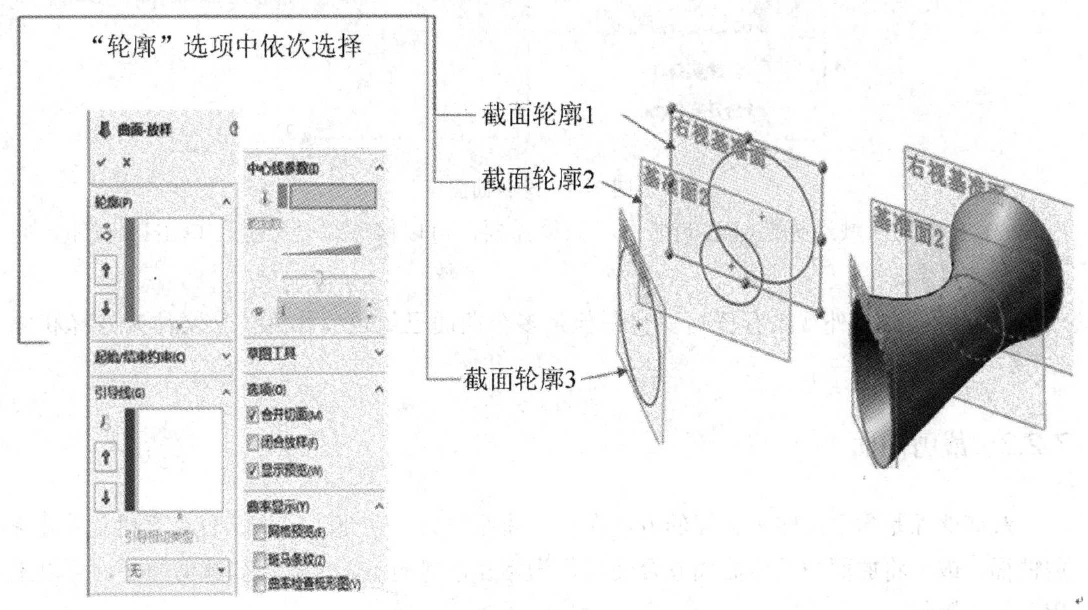

图 7-10　生成放样曲面

7.2 编 辑 曲 面

创建曲面以后，往往需要进一步编辑修改才能满足要求。下面介绍常用的缝合曲面和裁剪曲面这两种曲面编辑修改命令，其他等距曲面、延展曲面、延伸曲面等命令与之类似。

7.2.1 缝合曲面

缝合曲面是将相连的两个或多个曲面连接成一体。缝合后的曲面不影响用于生成它们的曲面。空间曲面经过裁剪、拉伸和圆角等操作后，可以自动缝合，而不需要进行缝合曲面操作。如果要将多个曲面缝合为一个曲面，可以采用下面的操作：

(1) 单击“曲面”工具栏中的“缝合曲面”按钮，或选择菜单栏中的“插入”→“曲面”→“缝合曲面”命令，系统弹出“缝合曲面”属性对话框，如图 7-11 所示。

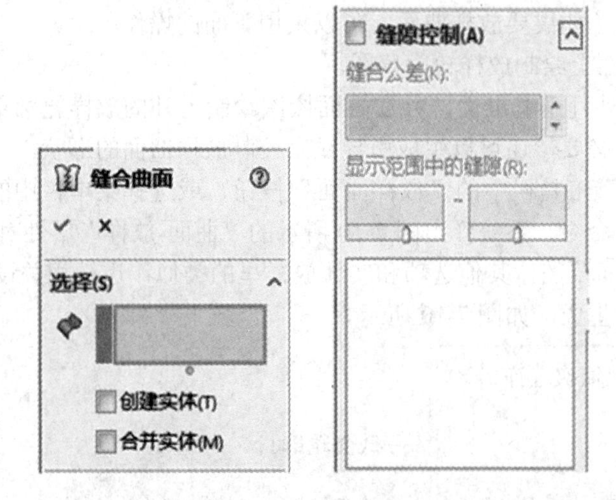

图 7-11 缝合曲面

(2) 在图形区域选择要缝合的曲面，如果需要，可以修改缝合公差，单击✓按钮，完成曲面的缝合。

缝合后的曲面外观没有任何变化，但是多个曲面已经可以作为一个实体来选择和操作了。

7.2.2 裁剪曲面

裁剪曲面是指采用布尔运算的方法在一个曲面与另一个曲面、基准面或草图交叉处修剪曲面，或者将曲面与其他曲面联合使用作为相互修剪的工具。如果要裁剪曲面，可以采用下面的操作：

(1) 打开一个将要裁剪的曲面文件。

(2) 单击“曲面”工具栏中的“裁剪曲面”按钮，或选择菜单栏中的“插入”→“曲面”→“裁剪曲面”命令，系统弹出“裁剪曲面”属性对话框，如图 7-12 所示。

(3) 在“裁剪类型”选项卡中选择裁剪类型。“标准”表示使用曲面作为裁剪工具，在曲面相交处裁剪曲面；“相互”表示将两个曲面作为相互裁剪的工具。

(4) 设置好其他选项，单击✓按钮，完成曲面的缝合。图 7-12 所示为两种裁剪方式的效果。

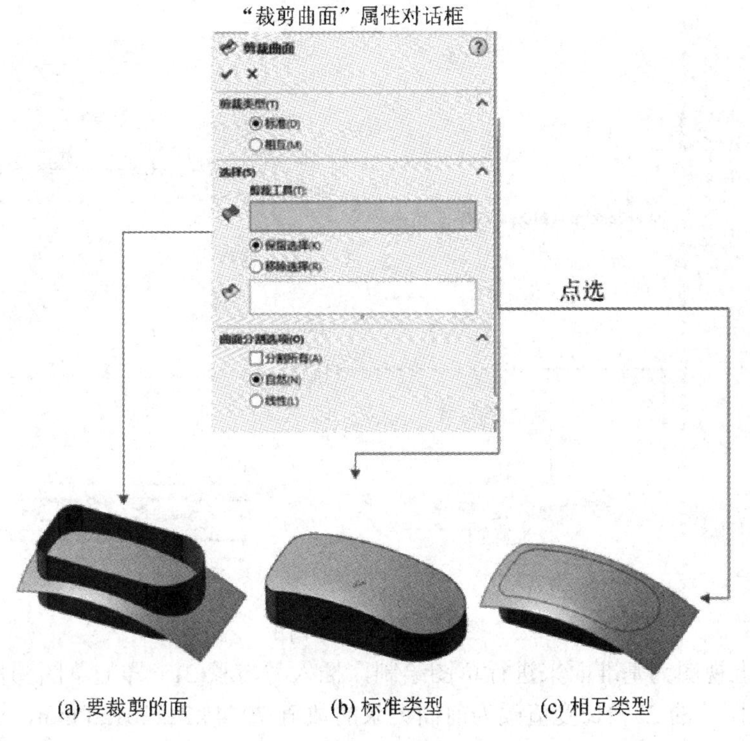

(a) 要裁剪的面　　(b) 标准类型　　(c) 相互类型

图 7-12　裁剪曲面

7.3　专项练习——波音 747 飞机曲面建模

7.3.1　创建机身曲面特征造型参考

创建机身曲面特征的操作步骤如下：

(1) 单击标准工具栏上的“新建”，生成一个新零件，单击特征管理器设计树中的“右视基准面”，在右视基准面上进行草图绘制，过原点绘制一条长 80 000 mm 的水平中心线，完成初始草图 1 绘制，如图 7-13 所示，然后退出草图。

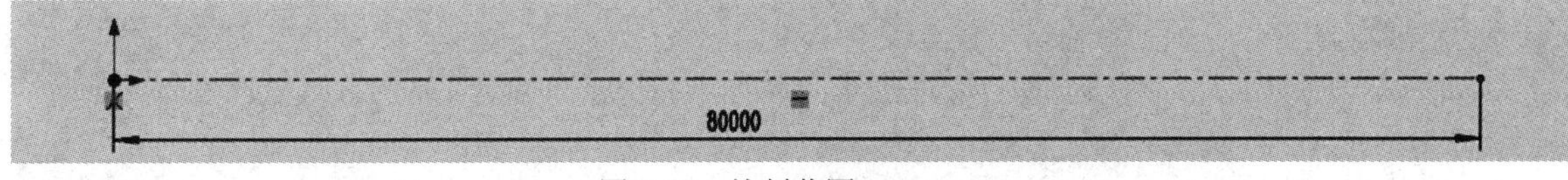

图 7-13　绘制草图 1

(2) 将草图 1 重新命名为“侧视图”，右键点选编辑该草图，然后单击菜单栏中的“工具”→“草图工具”→“草图图片”，单击点选素材图片(可登录出版社网站下载素材)，在原点插入图片，将图片拉大接近中心线长度，用 TXT 文件记录图片 X 轴长度= 79744.24220123 mm，后面绘制草图需要使用这个数值，最后移动图片将坐标原点对准侧视飞机机头的“鼻尖”位置，仔细调整，这样就建立好了侧视图，如图 7-14 所示，完成后退出草图。

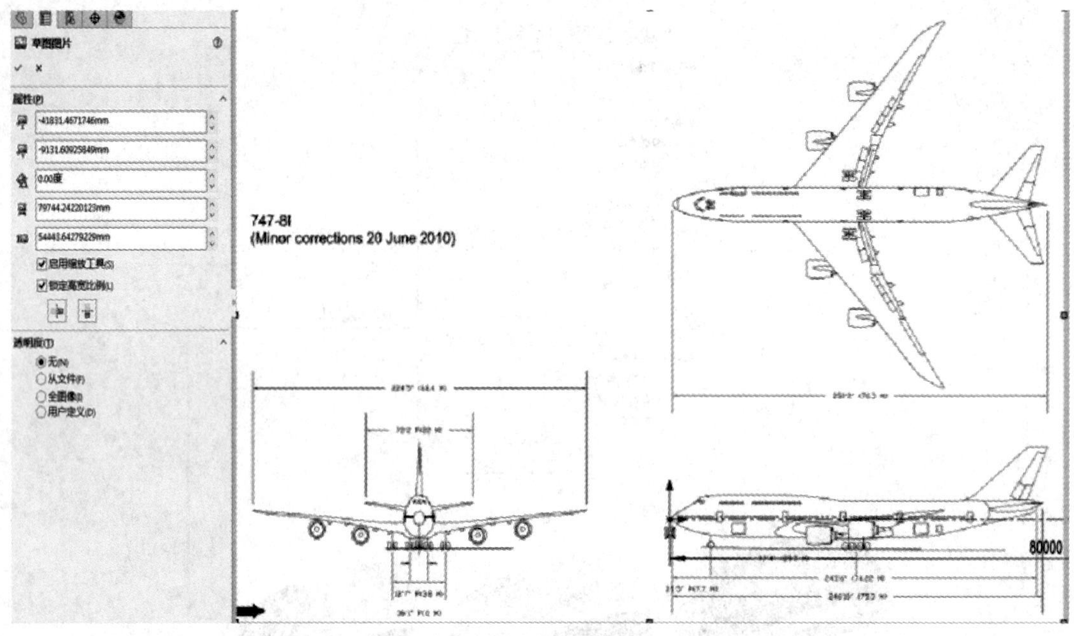

图 7-14　侧视图草图

(3) 选择上视图为基准面来进行草图绘制，插入与步骤(2)一样的草图图片，首先旋转90°，然后把图片的 X 轴长度值改为前面记录的数值 79744.24220123 mm，最后移动图片将坐标原点对准俯视飞机机头的“鼻尖”位置，仔细调整，这样就建立好了俯视图，如图7-15 所示。退出草图，将草图重新命名为“俯视图”。

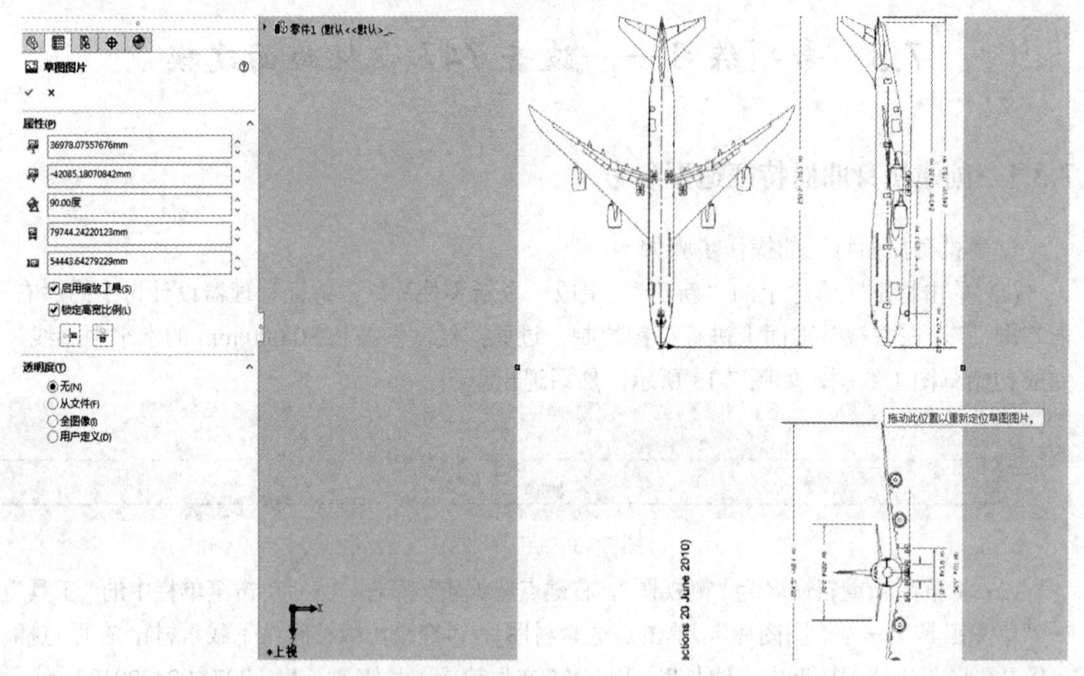

图 7-15　俯视图草图

生成后的侧视图和俯视图等轴测效果如图 7-16 所示，这两幅图片是后面放样轮廓和引导线的精准参考基准，非常重要，缺少它们就很难完成漂亮准确的曲面特征建模。

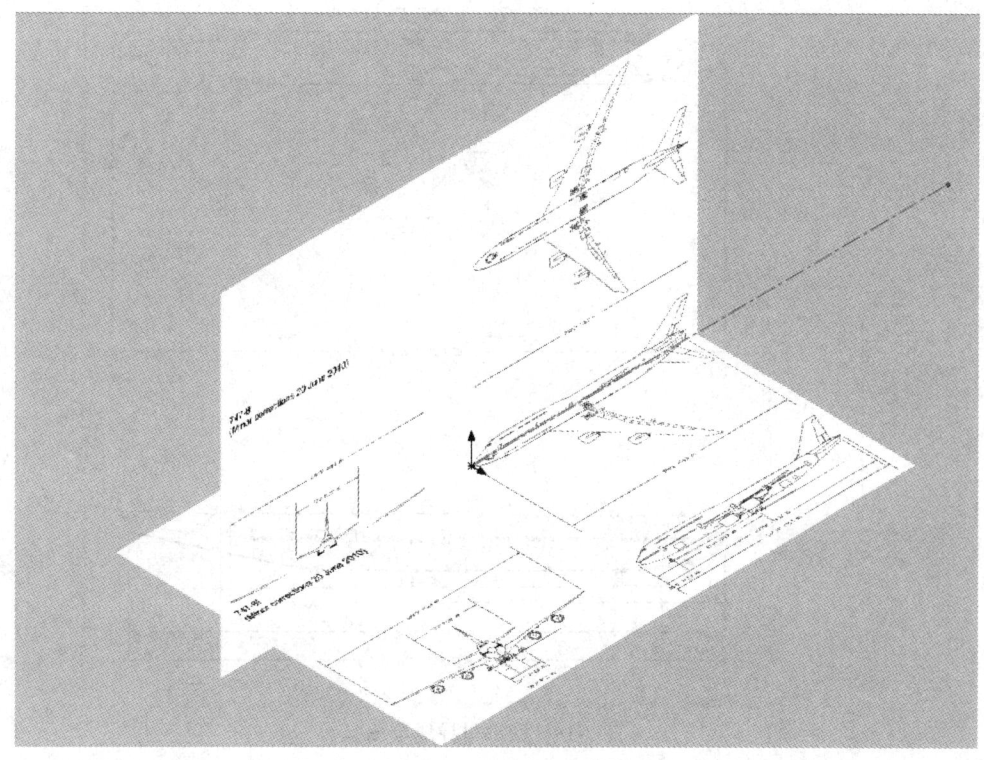

图 7-16　等轴测视图

(4) 选择右视基准面，然后单击“草图”工具栏中的“草图”按钮，进行草图绘制，需要用样条曲线精准绘制飞机顶部的引导线草图轮廓，如图 7-17 所示，然后退出草图，并重新命名草图为“顶部引导线”。注意：绘制草图轮廓时，样条曲线必须是多端绘制而成，各段样条曲线可通过相切关系连接，尽量保证平滑过渡，否则后面放样会变形。

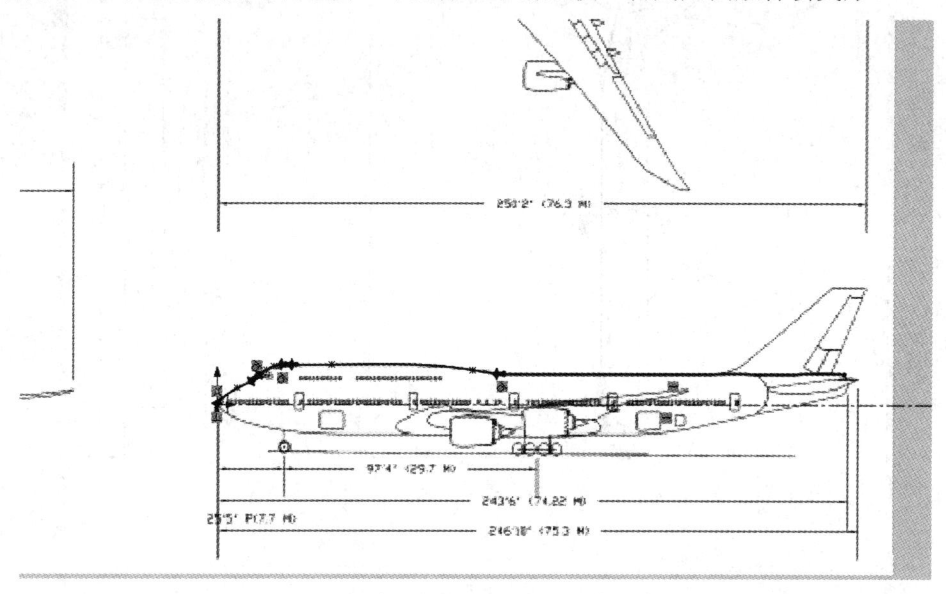

图 7-17　顶部引导线草图

(5) 跟前述步骤类似，可以完成腹部引导线草图绘制，如图 7-18 所示。

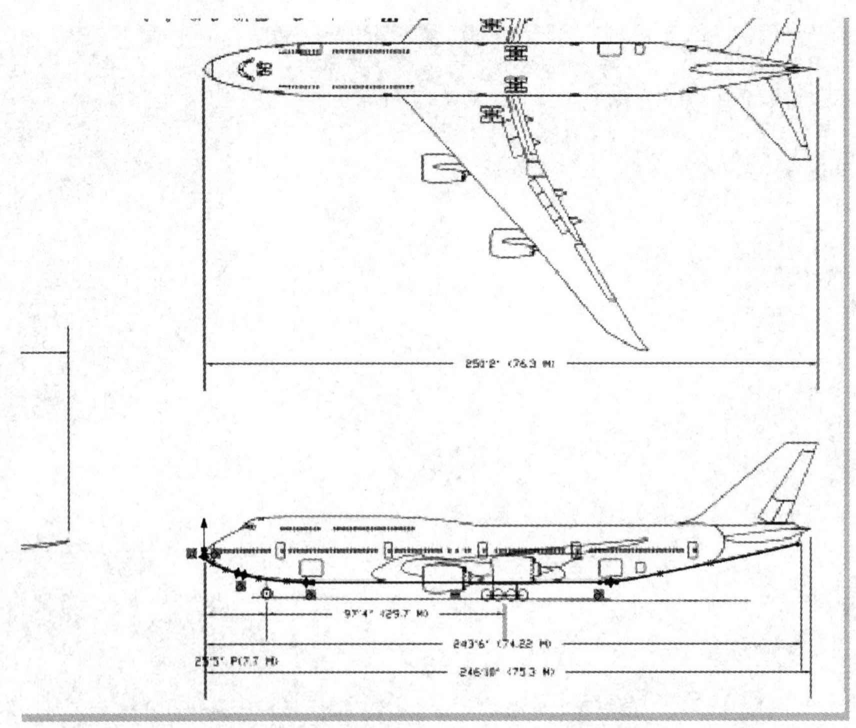

图 7-18 腹部引导线草图

(6) 选择上视图基准面，然后单击“草图”工具栏中的“草图”，进行草图绘制，如同前述的步骤(4)、(5)，分别完成左引导线和右引导线草图绘制。左引导线草图如图 7-19 所示。右引导线草图如图 7-20 所示。

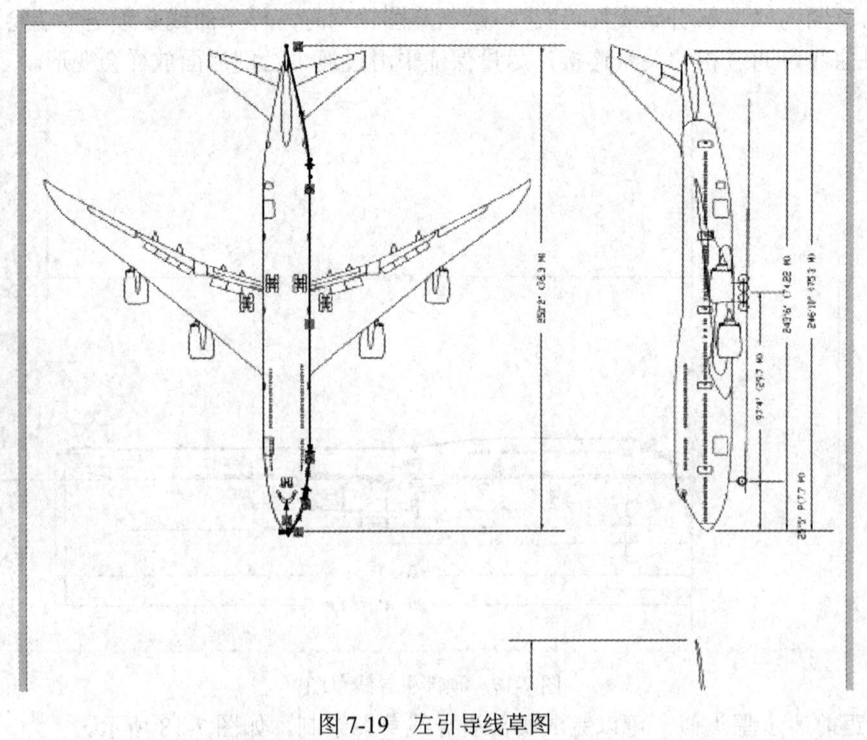

图 7-19 左引导线草图

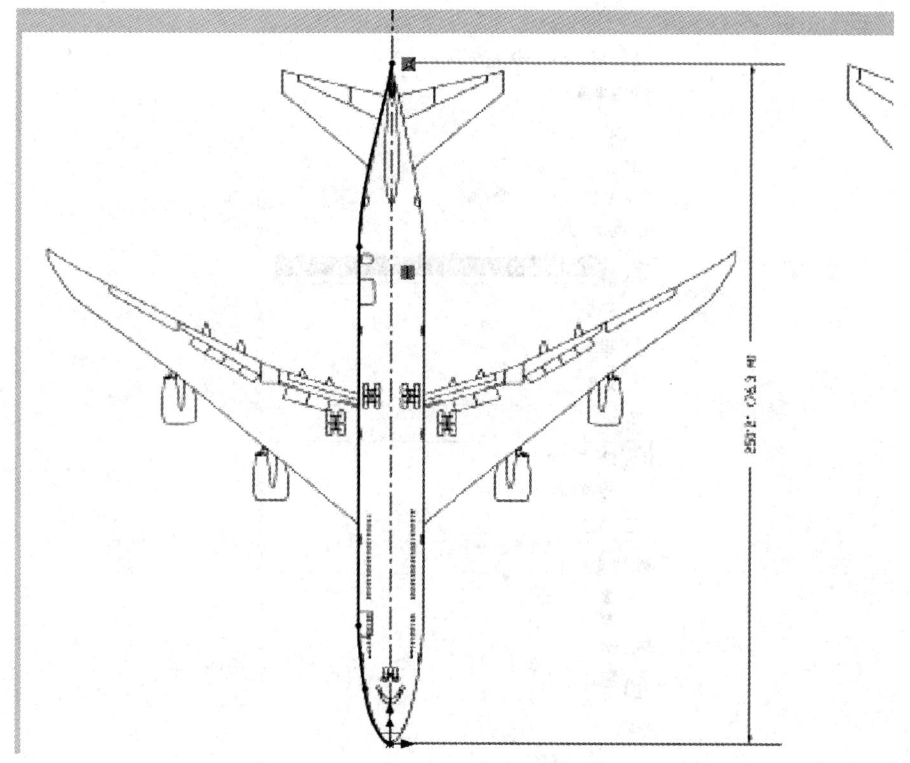

图 7-20　右引导线草图

精确放样要求的引导线草图要求一条一条地分别创建，不能创建在一个草图里面。将俯视图和侧视图隐藏，可以看到创建好的 4 条引导线，如图 7-21 所示。

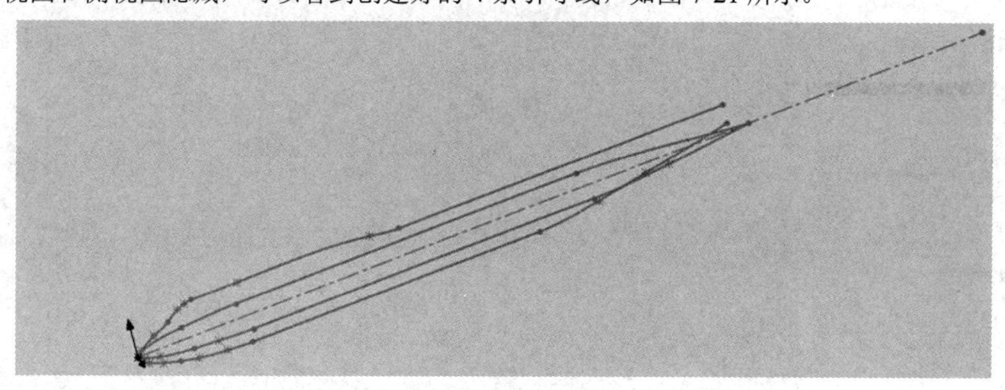

图 7-21　四条引导线

(7) 选择前视图基准面，然后单击“草图”工具栏中的“草图”，进行草图绘制，坐标原点位置绘制一个点即可，完成后退出草图。

(8) 选择前视图基准面，点击“特征”工具栏中的“参考几何体”，选择“基准面”，按图 7-22 所示属性可生成参考基准面 1。

(9) 选择前视图基准面，点击“特征”工具栏中的“参考几何体”，选择“基准面”，点击顶部引导线的关键控制点，将该点作为第二参考，可生成参考基准面 2，如图 7-23 所示。用同样的方法生成基准面 3、4、5、6，共生成 6 个参考基准面，生成后的参考基准面如图 7-24 所示。

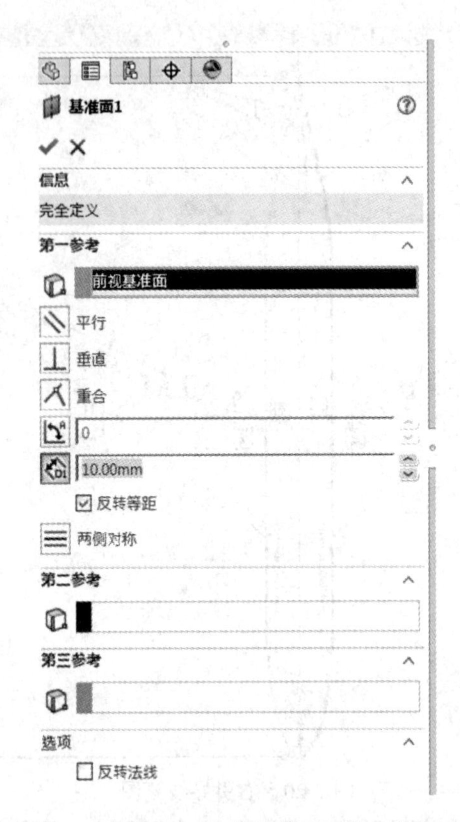

图 7-22　参考基准面属性

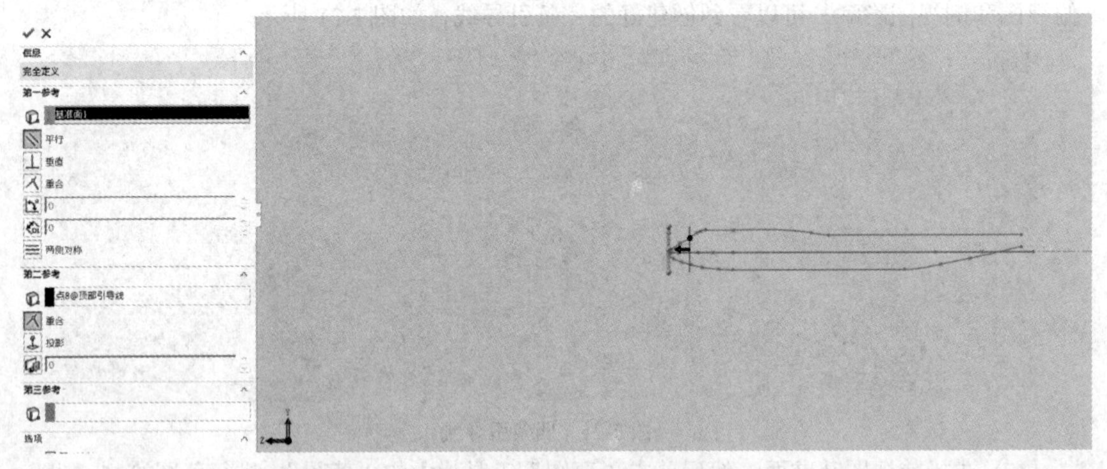

图 7-23　参考基准面 2

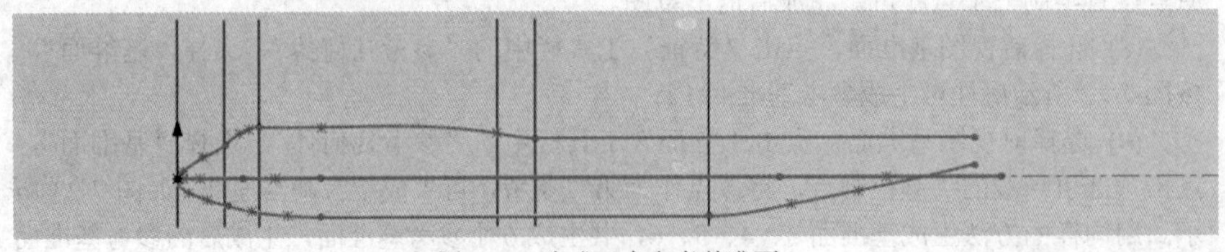

图 7-24　生成 6 个参考基准面

7.3.2　创建机身草图轮廓

创建机身草图轮廓的操作步骤如下：

(1) 单击基准面 1，然后单击“草图”工具栏的“草图”，进行草图绘制。首先用四控制点的样条曲线画一个封闭环，然后，让样条曲线“上”控制点穿透顶部引导线，让样条曲线“右”控制点穿透右引导线，让样条曲线“下”控制点穿透腹部引导线，让样条曲线“左”控制点穿透左引导线，最终生成图 7-25 所示的草图轮廓 1。

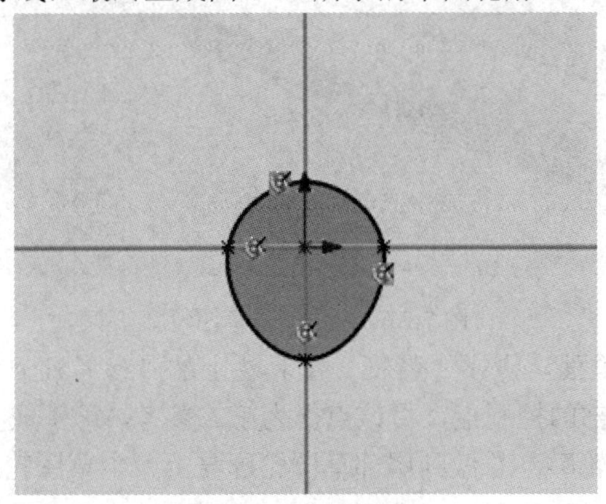

图 7-25　草图轮廓 1

(2) 单击基准面 2，然后单击“草图”工具栏的“草图”，进行草图绘制。首先用四控制点的样条曲线画一个封闭环，然后，让样条曲线“上”控制点穿透顶部引导线，让样条曲线“右”控制点穿透右引导线，让样条曲线“下”控制点穿透腹部引导线，让样条曲线“左”控制点穿透左引导线，最终可以生成图 7-26 所示的草图轮廓 2。

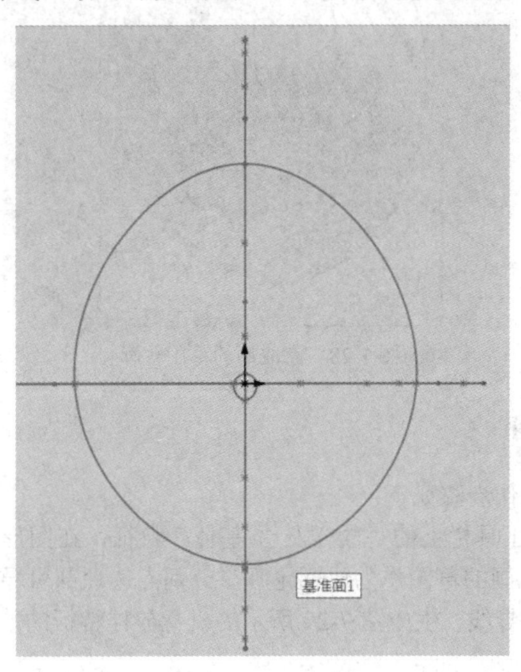

图 7-26　草图轮廓 2

(3) 按照同样步骤，在后面的参考基准面上分别绘制另外 6 个草图轮廓。最后完成的草图轮廓如图 7-27 所示。

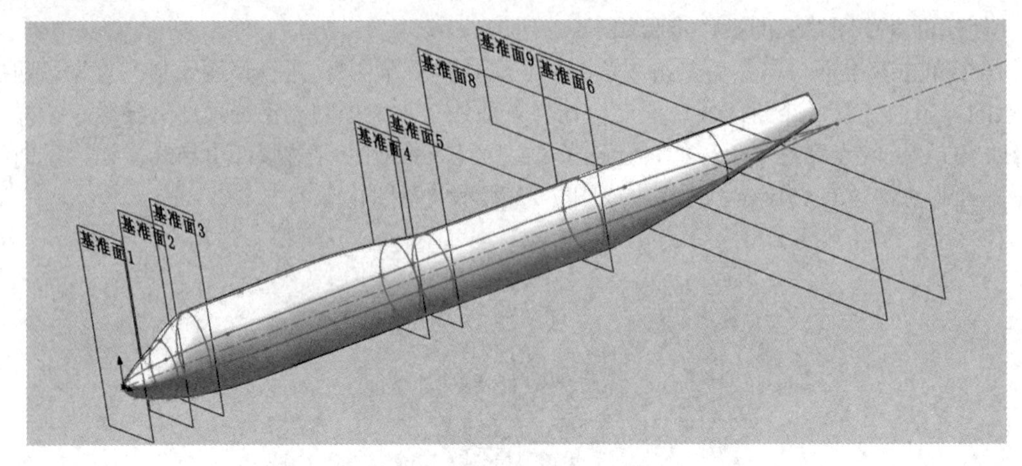

图 7-27 生成其他草图轮廓

(4) 选择前视图基准面，点击“特征”工具栏上的“参考几何体”，选择“基准面”，点击顶部引导线最后尾部的控制点，将该点作为第二参考，可生成参考基准面 10，在该基准面上绘制尾部的草图轮廓，并做到尾部草图轮廓与上一个草图轮廓相似。最后完成的草图轮廓如图 7-28 所示。

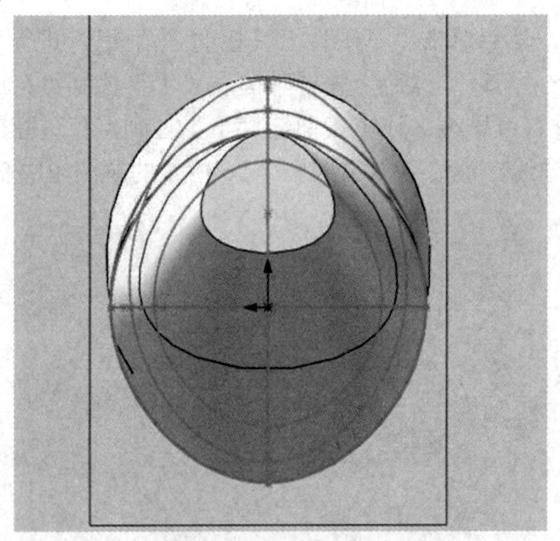

图 7-28 完成后的草图轮廓

7.3.3 创建放样机身

创建放样机身的操作步骤如下：

(1) 单击“特征”工具栏上的“放样凸台/基体”特征，在图形区域中应该选择前视基准面草图和基准面 1 上画的草图作为放样轮廓，分别点选顶部引导线、左引导线、右引导线和腹部引导线四条引导线，生成图 7-29 所示的机身放样特征的放样曲线，包括各个轮廓线和引导线。

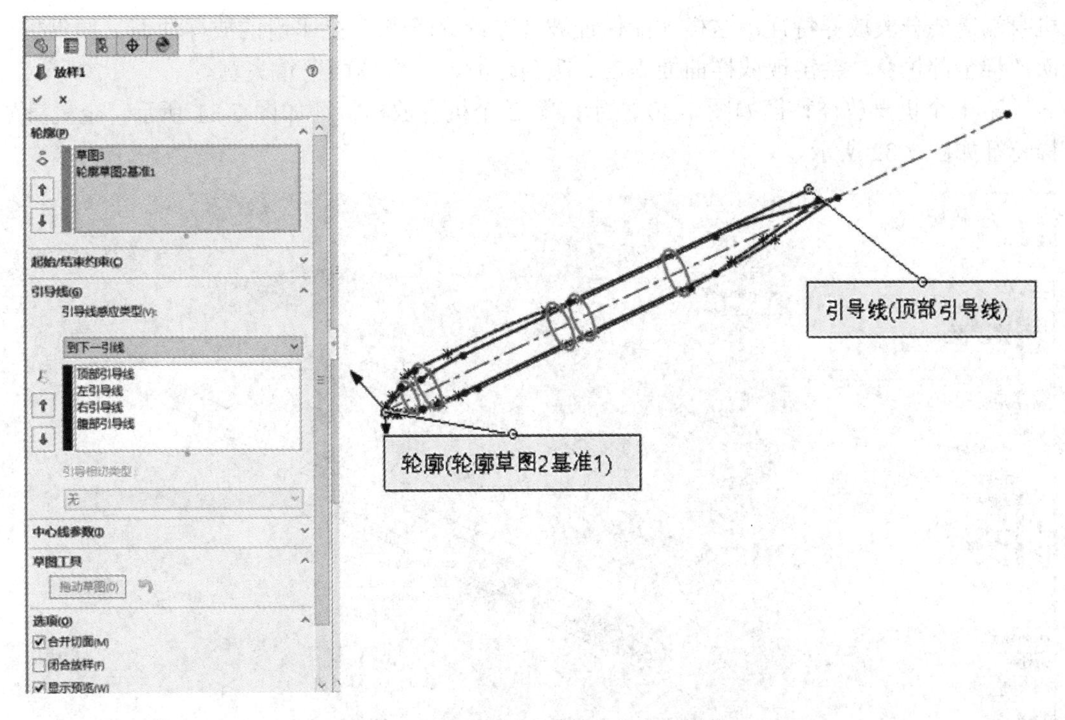

图 7-29　选择放样所需轮廓线和引导线

(2) 单击“特征”工具栏上的“放样凸台/基体”特征，在图形区域中应该选择基准面 1 上画的草图和基准面 2 上画的草图作为放样轮廓，分别点选顶部引导线、左引导线、右引导线和腹部引导线四条引导线，生成如图 7-30 所示的第 1 个机身放样特征。

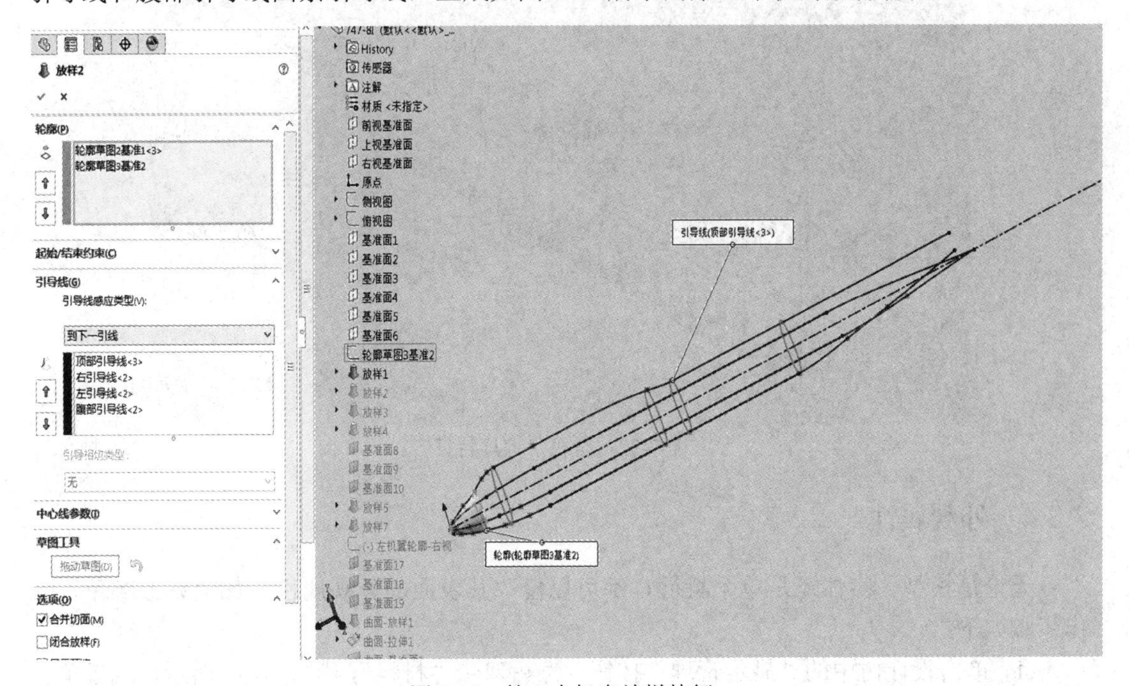

图 7-30　第 1 个机身放样特征

重复上面的步骤，可以继续放样机身第 3 个特征、第 4 个特征和第 5 个特征。注意：

机身端需要分段放样特征，这样才能保证波音 747 的全机身是平滑的放样曲面。如果想 1 次放样全部机身，会出现放样曲面歪曲、尖角过渡，导致曲面严重失真。

第 1 个机身放样特征如图 7-30 所示，第 2 个机身放样特征如图 7-31 所示，全机身放样特征如图 7-32 所示。

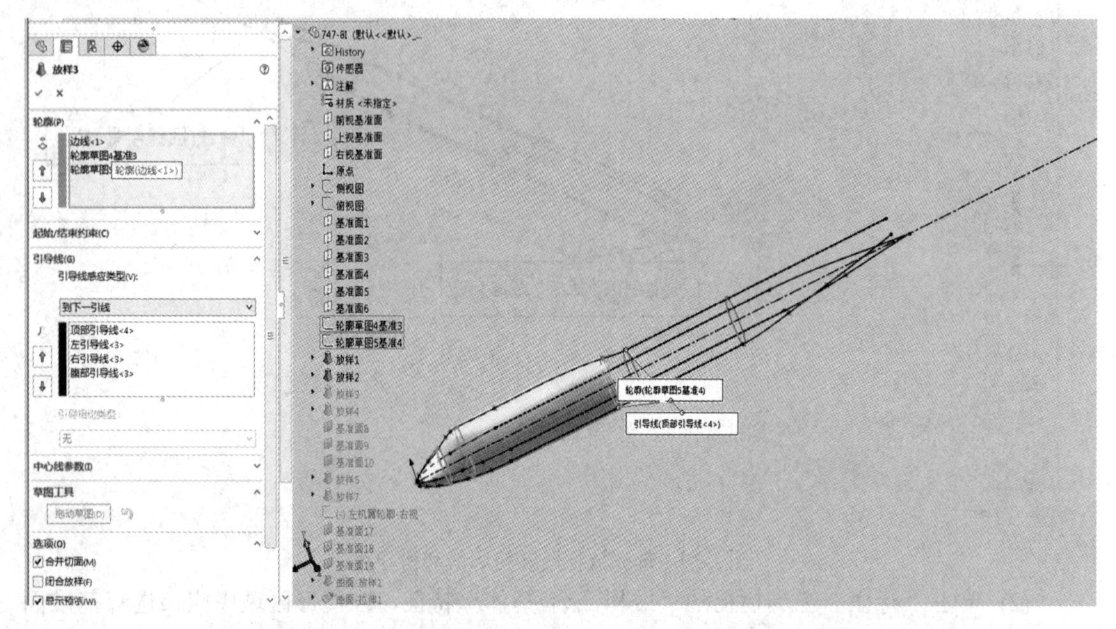

图 7-31 第 2 个机身放样特征

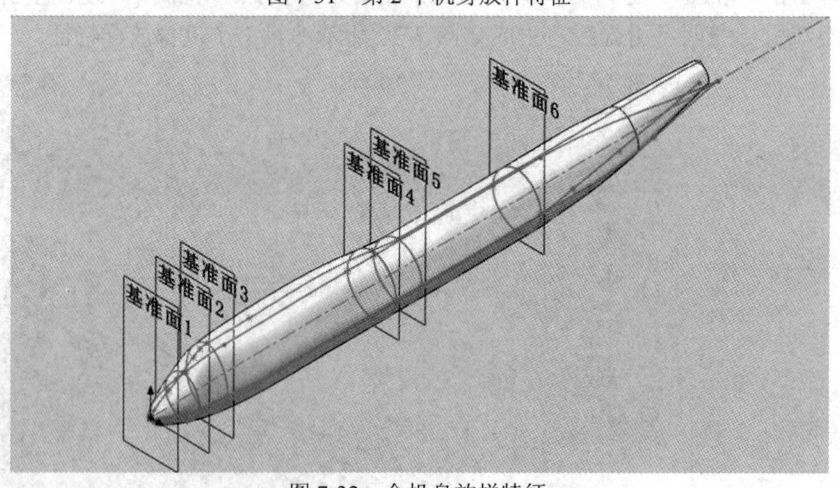

图 7-32 全机身放样特征

7.3.4 外观属性

无论是模型、实体还是单个特征，都可以修改其表面的外观属性。如需修改颜色，操作步骤如下：

(1) 单击设计树中的“显示管理”按钮，然后双击“材料”，如图 7-33 所示，或者单击“前导视图”工具栏中的按钮，系统会弹出“外观”属性对话框。

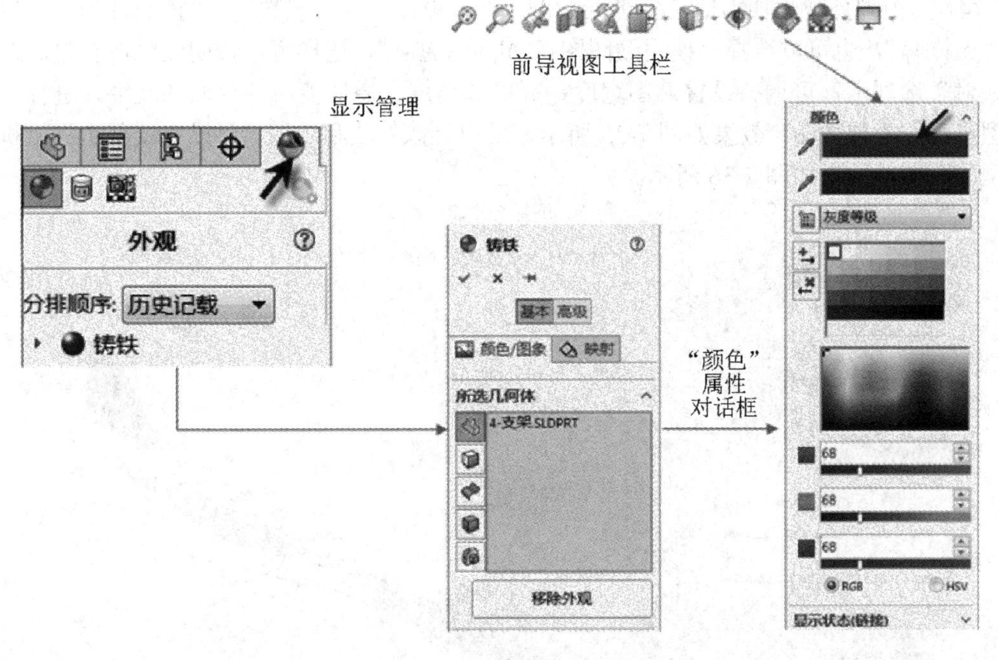

图 7-33　“外观”属性对话框

(2) 在“外观”属性对话框中的“所选几何体”选项卡中，可以分别选择不同的零件、面、实体或特征来修改为不同的颜色。

(3) 单击“颜色”选项卡中的“主要颜色”框，弹出颜色对话框，可以修改实体的颜色。如需对模型外观进行高级设置，可以在屏幕右侧的“外观、布景和贴图”任务窗格中进行设置，可以在左边“贴图”对话框中单击“浏览”，添加本地文件进行贴图，也可从贴图素材库中选择已有素材进行贴图，如图 7-34 所示。

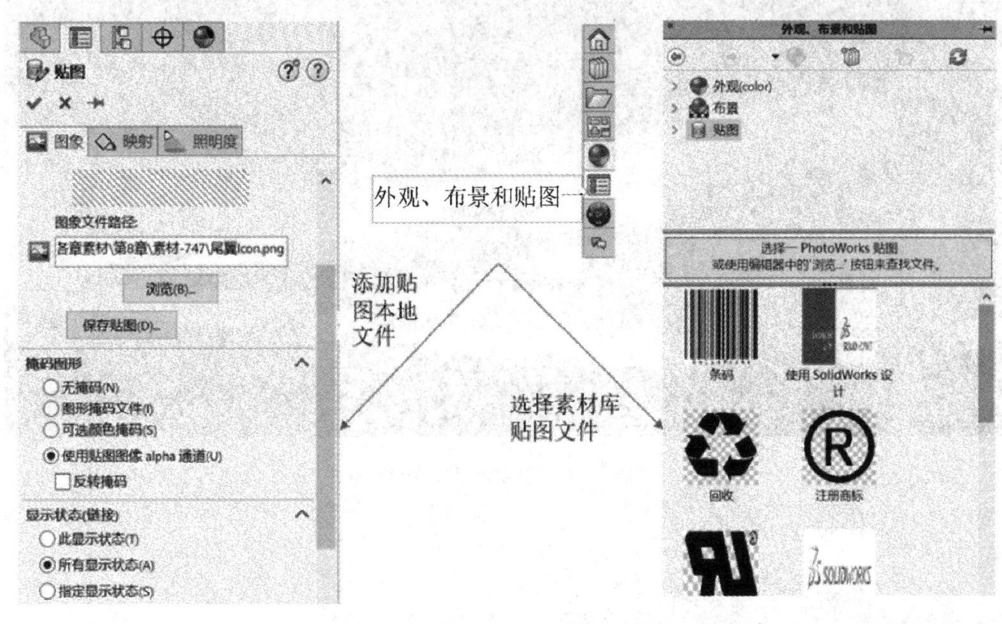

图 7-34　模型外观贴图属性设置

(4) 为模型外观添加本地文件进行贴图。在“贴图”属性设置里，“掩码图形”可以选择“无掩码”，也可以选择“使用贴图图像 alpha 通道”，这样可以透明化贴图背景。选择“映射”选项卡，可调整设置贴图宽度、高度和角度。通过使用外部贴图文件，进行飞机模型尾垂的外观贴图，效果如图 7-35 所示。采用类似方法和步骤，可以完成整个飞机机身模型的贴图，效果如图 7-36 所示。

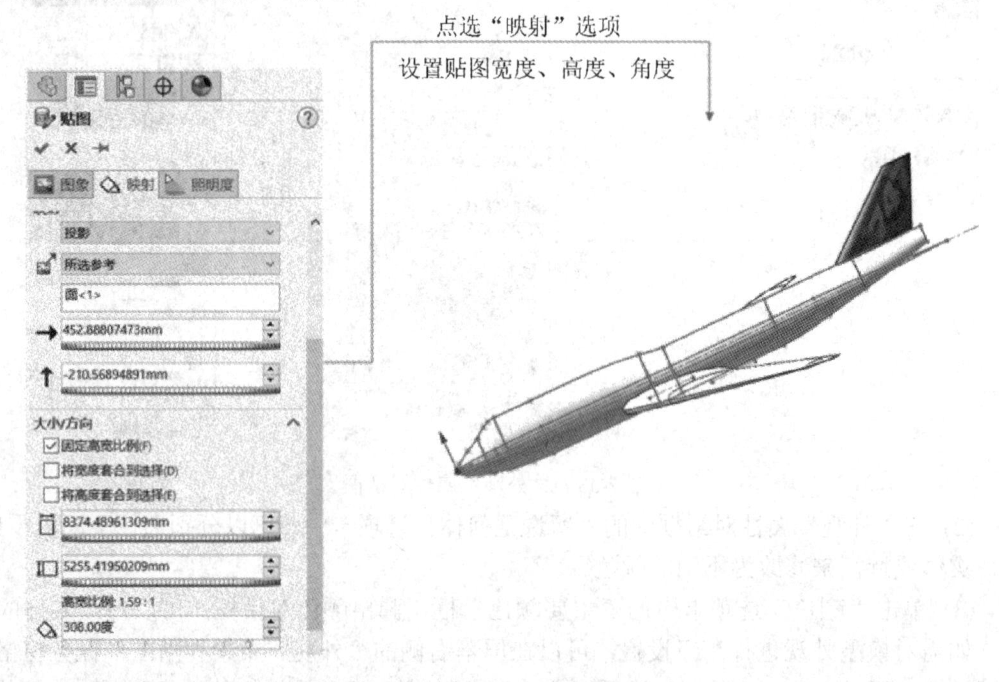

图 7-35 尾垂外观贴图效果

图 7-36 模型的机身贴图

第 8 章　面向工程图的特征建模

绘制零件的平面工程图是从模型设计到生产的一个重要环节。平面工程图是概念产品与现实三维建模之间的一座桥梁，是主要的工程语言。零件、装配体和工程图是相互依存且关联的，三维模型和装配体可以依据工程图而创建，也可以由模型而生成二维工程图，用户对零件或装配体所作的任何更改均会导致工程图文件的相应变更。一般来说，工程图包含几个由三维模型而建立的视图，也可以是由现有的视图建立的视图。

本章知识点与方法路线如图 8-1 所示。本章将通过实例介绍工程图的生成方法和面向工程图的组合体规则建模，涉及设置绘图规范、视图的生成与编辑、尺寸标注、标题栏等内容。规则建模过程中可利用现有的面或者基准面建立新的特征，完成组合体的三维建模，生成有尺寸标注和标题栏的标准工程图。

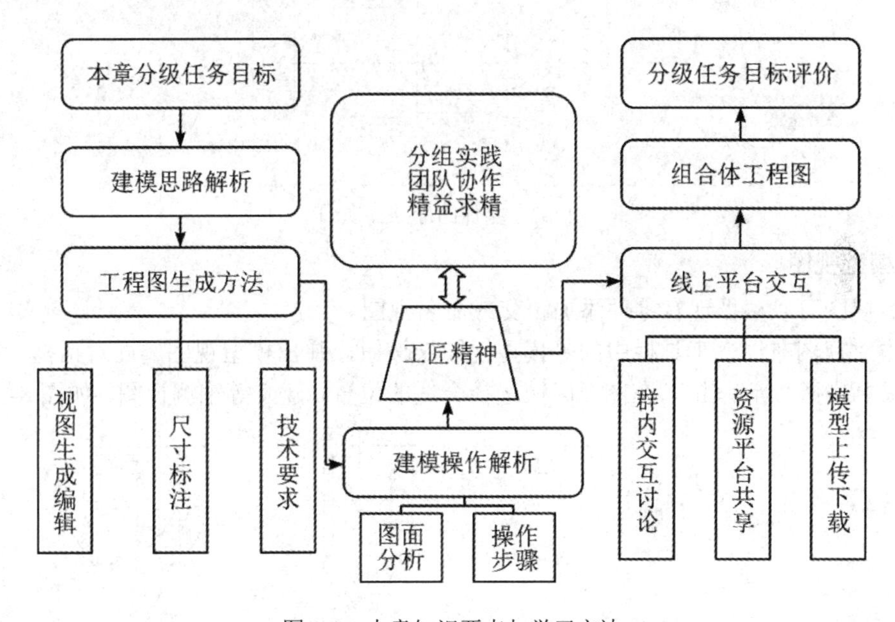

图 8-1　本章知识要点与学习方法

8.1　视图的生成

本节介绍标准视图、模型视图、派生视图等各种视图的生成方法。

8.1.1 标准视图和模型视图

1. 标准视图

标准视图是根据模型的不同方向建立的视图，标准视图依赖于模型的放置位置。标准视图包括标准三视图和模型视图。

利用标准三视图可以为模型同时生成 3 个默认正交的基本视图，即主视图、俯视图和左视图。主视图是模型的前视图，俯视图和左视图分别是模型在相应位置的投影。

在工程图环境中，单击“视图布局”工具栏中的“标准三视图”按钮，通过“属性”对话框选择本地要插入的文件，打开相应的零件模型文件，按照主视图、俯视图和左视图位置建立标准三视图，如图 8-2 所示。

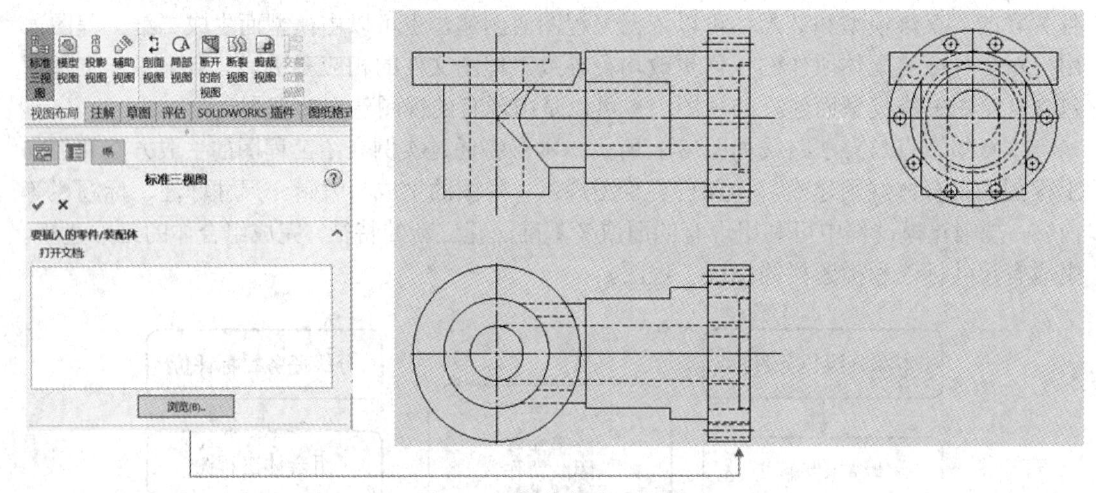

图 8-2 零件的标准三视图

2. 模型视图

模型视图可以根据现有零件添加正交或命名视图。

单击“视图布局”工具栏中的“模型视图”按钮，弹出模型视图属性对话框，在“方向”区域中选择“等轴测”，在图纸区域选择合适的位置，建立等轴测视图，如图 8-3 所示。

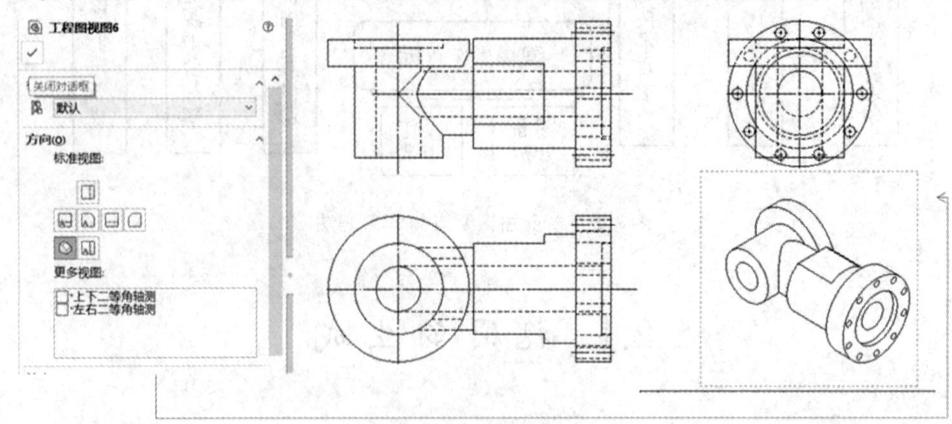

图 8-3 等轴测视图

8.1.2　派生视图

派生视图是由其他视图派生出来的，包括投影视图、局部视图、剖视图等。

1. 投影视图

投影视图是根据已有视图，通过正交投影生成的视图。选择主视图，点击“视图布局”工具栏中的“投影视图”按钮，将鼠标指针移到左视图的左侧单击，作出右视图；再选择主视图，单击“投影视图”按钮，将鼠标指针移到主视图的上方单击，作出仰视图；再选择主视图，单击“投影视图”按钮，将鼠标指针移到左视图的右侧单击，作出后视图。

选择任意一个基本视图，单击“投影视图”按钮，指针向 4 个 45° 角方向移动，单击即可作出不同方向的轴测图。

2. 局部视图

局部视图用来放大显示现有视图某一局部的现状，相当于机械图样国标中的局部放大图。单击“局部视图”按钮，在预建局部视图的部位绘制圆，此时会弹出属性对话框，可以在属性对话框中设置标注文字的内容和大小，以及视图放大比例。将鼠标指针移动至所需位置单击，即可放置局部视图。图 8-4 所示为放大比例为 2∶1 的局部放大视图。

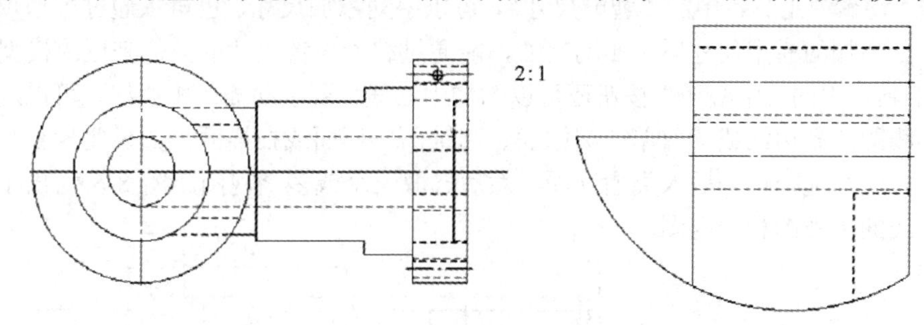

图 8-4　局部放大视图

3. 剖视图

剖视图可以用来表达机体的内部结构，使用该命令可以绘制机械工程图样国标中的全剖视图和半剖视图。

选中俯视图，单击“剖面视图”按钮，将光标移动到俯视图对称面的位置单击，确定全部剖切面 *A*—*A* 的位置，向上拖动鼠标，在俯视图的正上方适当位置单击以确定位置，最终生成如图 8-5 所示的全剖主视图。利用“视图布局”中的其他按钮，可以生成单一剖视图、阶梯剖视图以及旋转剖视图等不同的表达方法。

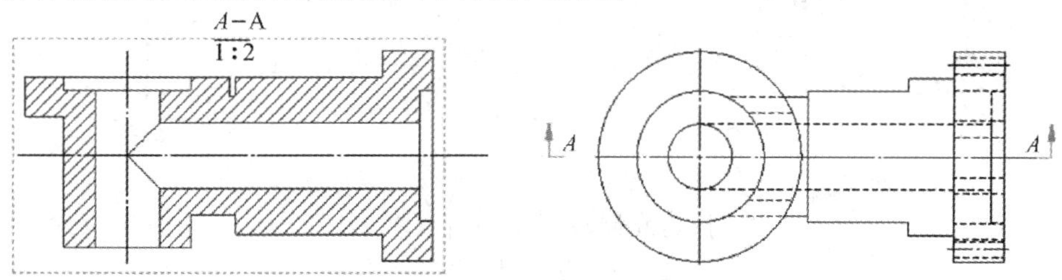

图 8-5　全剖视图

8.2 工程图的尺寸标注

工程图中的尺寸标注是与模型相关联的，而且模型中的变更会反映到工程图中。

通常在生成每个零件特征时即生成尺寸，然后将这些尺寸插入各个工程图视图中。在模型中改变尺寸会更新工程图，在工程图中改变插入的尺寸也会改变模型。

也可以在工程图文件中添加尺寸，但是这些尺寸是参考尺寸，并且是从动尺寸；不能通过编辑参考尺寸的数值来改变模型。然而，当模型的标注尺寸改变时，参考尺寸值也会改变。

8.2.1 标注尺寸

在工程图中标注尺寸，一般先将生成每个零件特征时的尺寸插入到各个视图中，然后通过编辑、添加尺寸，使标注的尺寸达到正确、完整、清晰和合理的要求。标注尺寸时，可先对零件体进行形体分析，选定长度、宽度、高度三个方向的尺寸基准。本节只简单介绍最常用的使用方法。

单击“注解”工具栏中的“智能尺寸”，可以手动添加尺寸，也可以通过模型项目自动添加尺寸，添加的模型尺寸属于驱动尺寸，能通过编辑参考尺寸的数值来更改模型。通过“注解”工具栏中的“中心线”按钮还可以添加中心线，要手动插入中心线，可以选择需要标注中心线的两条边线或选取单一圆柱面、圆锥面、环面或扫描面；如果要为整个视图自动插入中心线，选择自动插入类型选项，然后选取一个或多个视图。图 8-6 给出了添加尺寸和中心线的主视图和俯视图。

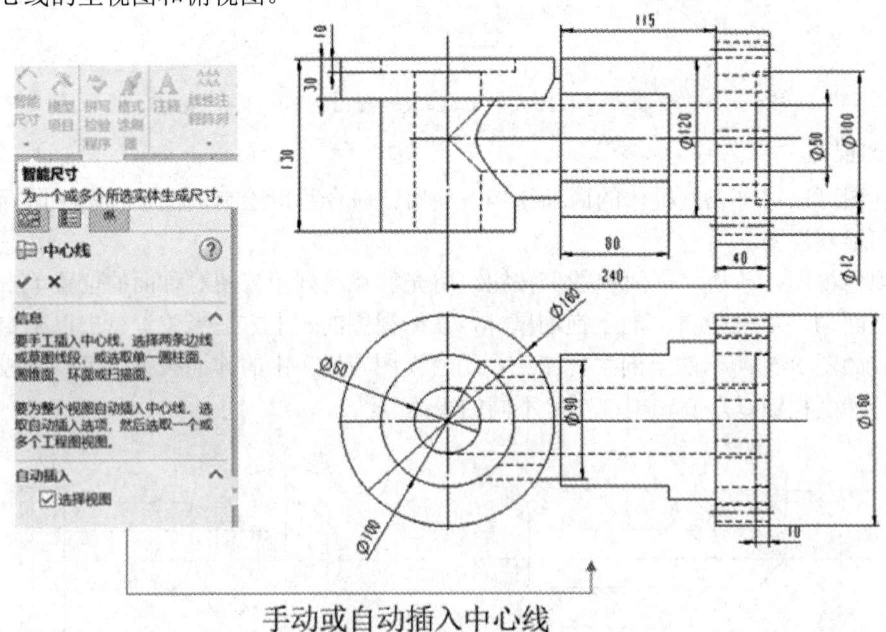

图 8-6 添加尺寸和中心线

8.2.2　技术要求

工程图中与制造过程相关的标示符号都是工程图注释，包括文本注释、表面粗糙度、几何公差等。

1. 文本注释

利用文本注释，可以在工程图中的任意位置添加文本，如添加工程图中的技术要求等内容。单击“注释”按钮，在空白区域输入文字，可以完成技术要求的添加，或者标题栏内容的添加，如图 8-7 所示。

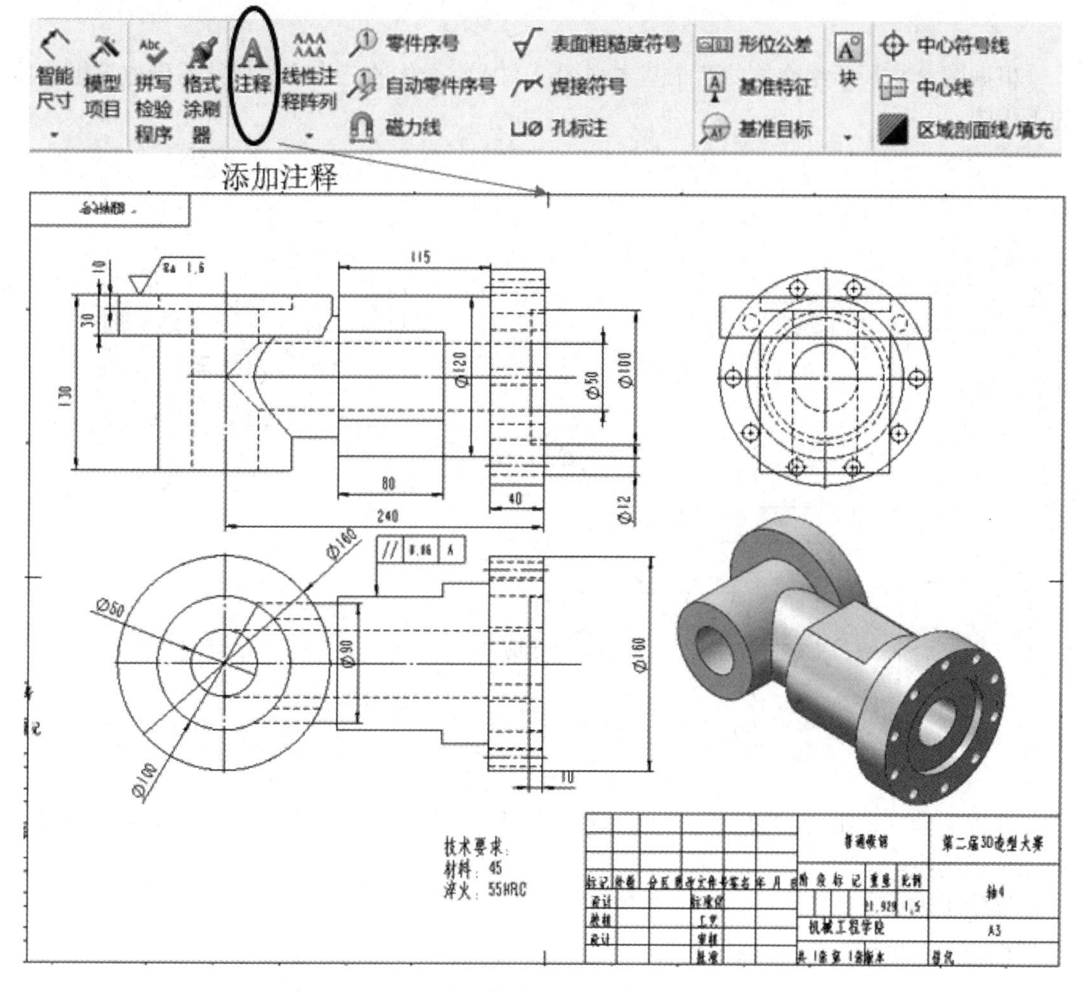

图 8-7　尺寸和技术要求添加完成的工程图

2. 表面粗糙度

表面粗糙度表示零件表面加工的程度，可以按照国标的要求设定零件表面的粗糙度，包括基本符号、去除材料、不去除材料等。在表面粗糙度属性对话框中，可以输入粗糙度值 Ra 1.6，如图 8-7 所示。此时移动鼠标靠近需标注的表面，粗糙度符号会根据表面位置自动调整角度，完成标注。

3. 几何公差

在工程图中可以添加几何公差，包括设定几何公差的代号、公差值、原则等内容，同时可以为同一要素生成不同的公差。

单击“形位公差”按钮，在其属性对话框中，可以设置引线样式、形位公差符号，可以设置公差值及基准等内容，在图纸区域单击放置形位公差，如果需要添加其他形位公差，可以继续添加，实例如图 8-7 中的形位公差所示。

8.3 专项练习——组合体造型

根据图 8-8 所示组合体的两个基本视图，完成组合体的三维建模，然后创建该组合体的工程图。

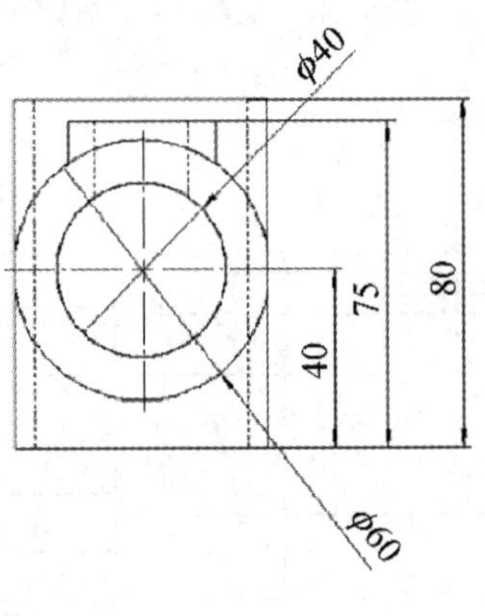

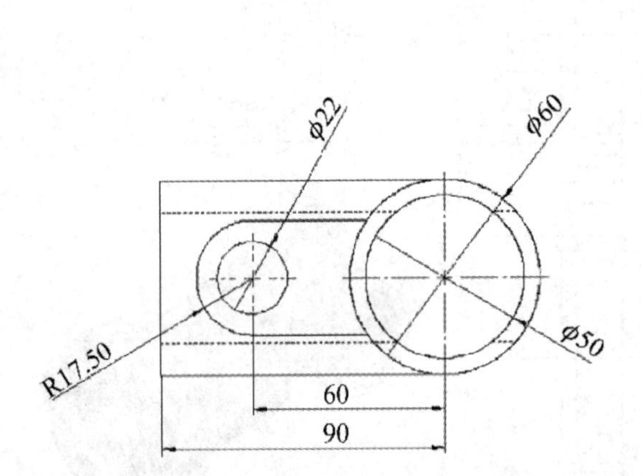

图 8-8 组合体的两个基本视图

要求：建立该组合体的三维模型；建立主视图；建立模型视图，完成基本视图的尺寸标注和标题栏。

操作步骤如下。

步骤 1，新建凸台-拉伸 1 特征。

(1) 单击标准工具栏上的“新建”，生成一个新零件，用右键单击特征管理器设计树中的“上视基准面”，然后选择“显示”。在选定上视基准面的情况下，单击“草图”工具栏中的按钮进行草图绘制，在上视基准面上绘制如图 8-9 所示的草图 1，完成后退出草图。

(2) 单击“特征”工具栏中的“伸凸台/基体”按钮，拉伸给定深度设定为 80 mm，生成如图 8-10 所示凸台-拉伸 1 特征。

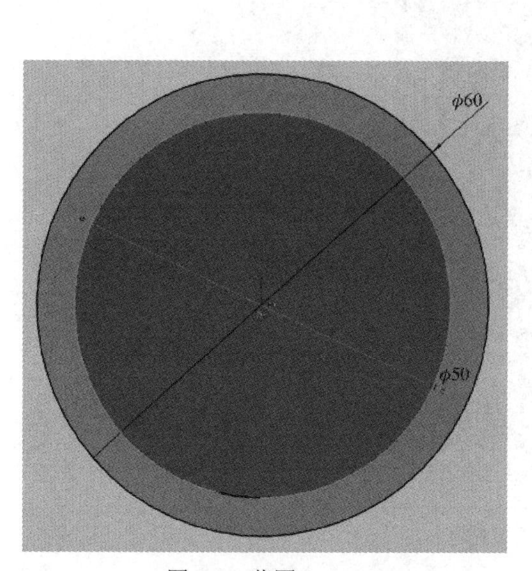

图 8-9　草图 1

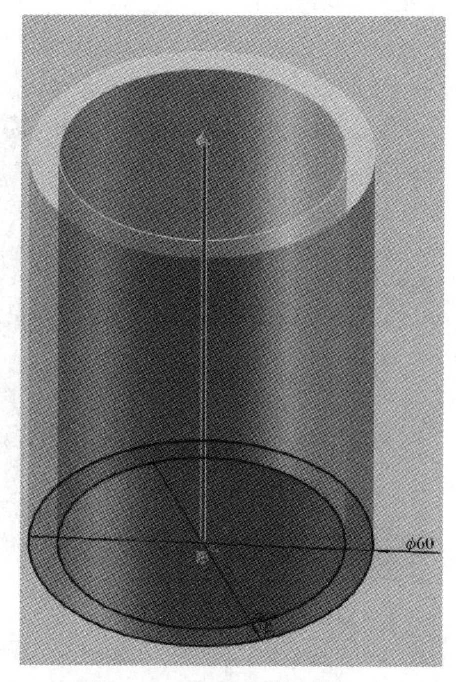

图 8-10　凸台-拉伸 1 特征

(3) 选前视基准面，生成与前视基准面平行且距离为 90 mm 的参考基准面 1，如图 8-11 所示。

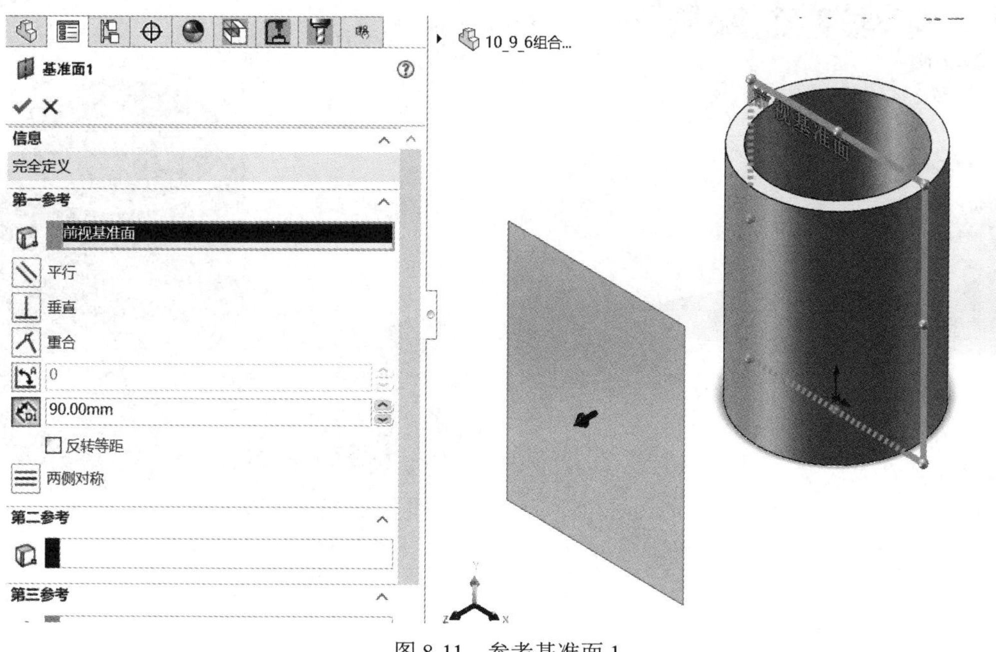

图 8-11　参考基准面 1

步骤 2，创建凸台-拉伸 2 特征。

(1) 在选定参考基准面 1 的情况下，单击草图面板进行草图绘制，在参考基准面 1 上绘制如图 8-12 所示的草图 2，完成后退出草图。

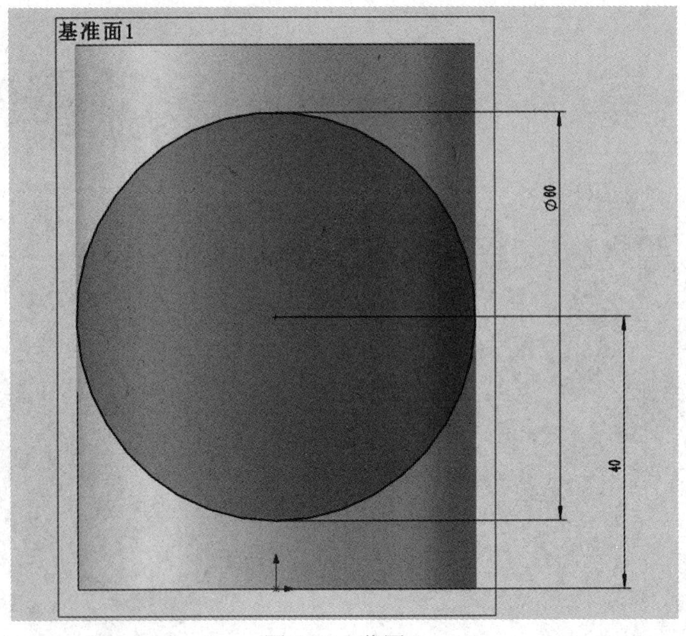

图 8-12 草图 2

(2) 单击“特征”工具栏中的“拉伸凸台/基体”按钮，方向选择“成形到下一面”，生成如图 8-13 所示凸台-拉伸特征 2。

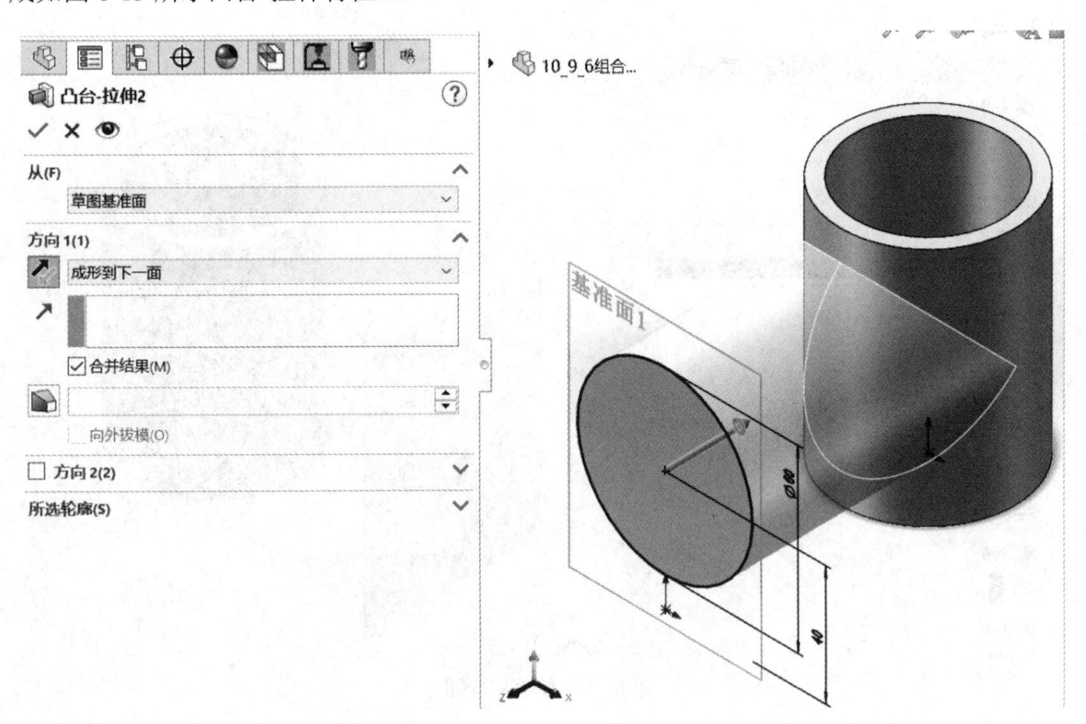

图 8-13 凸台-拉伸 2 特征

(3) 点选端面，右击选择“草图绘制”，在端面绘制ϕ40 mm 的中心孔，进行拉伸切除特征的操作，特征属性设置如图 8-14 所示。

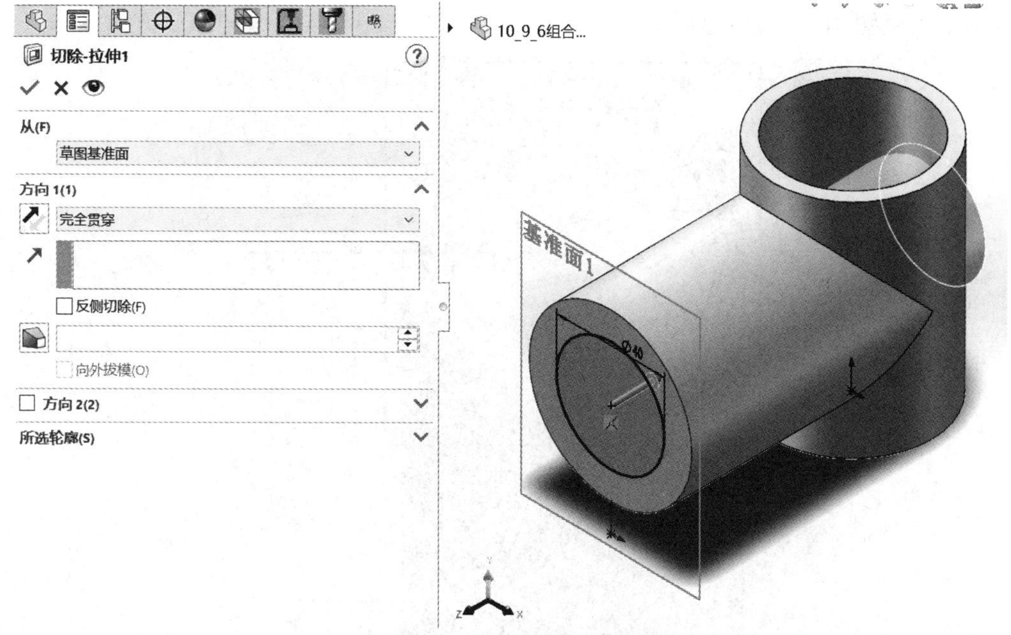

图 8-14　拉伸切除孔特征

(4) 点选凸台-拉伸 1 特征的下底面，生成与该平面平行且距离为 75 mm 的参考基准面 2，如图 8-15 所示。

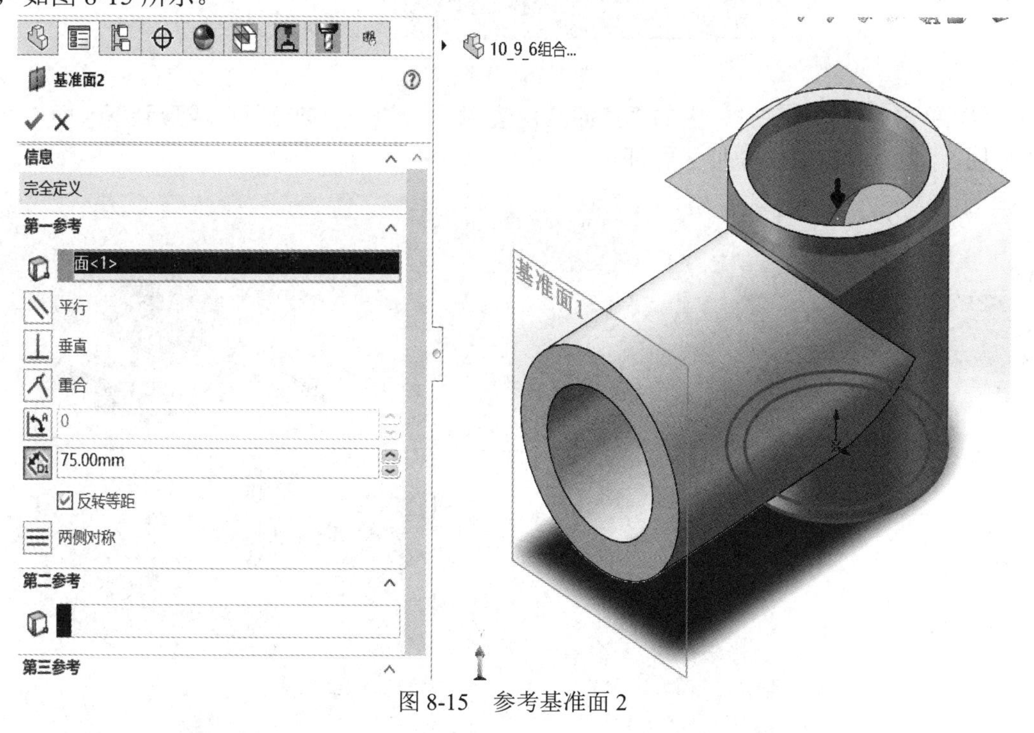

图 8-15　参考基准面 2

步骤 3，创建凸台-拉伸 3 特征。

(1) 在选定上个步骤参考基准面 2 的情况下，单击“草图”工具栏中的按钮进行草图绘制，点选“转换实体引用”，选择大圆边线，通过裁剪，在参考基准面 2 上绘制出如图

8-16 所示的草图 3，完成后退出草图。

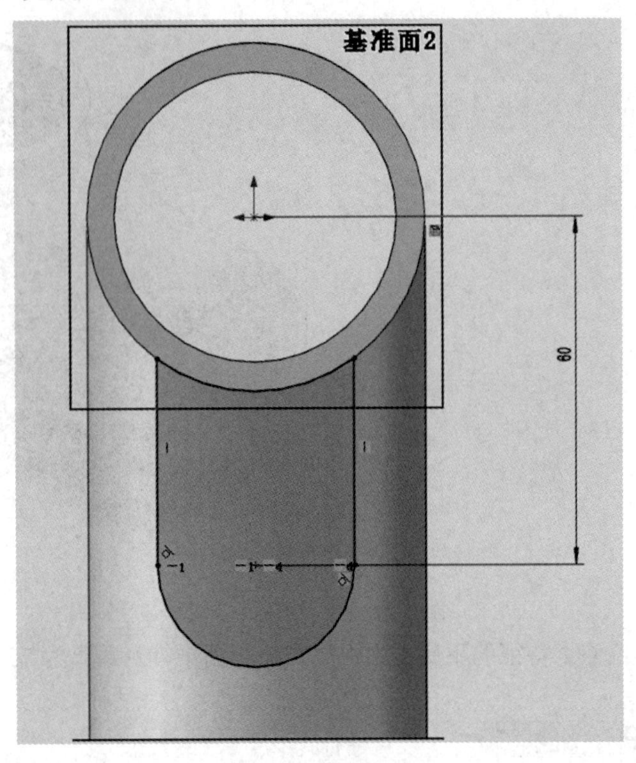

图 8-16　草图 3

(2) 单击“特征”工具栏中的“拉伸凸台/基体”按钮，方向选择“成形到下一面”，生成如图 8-17 所示的凸台-拉伸 3 特征。

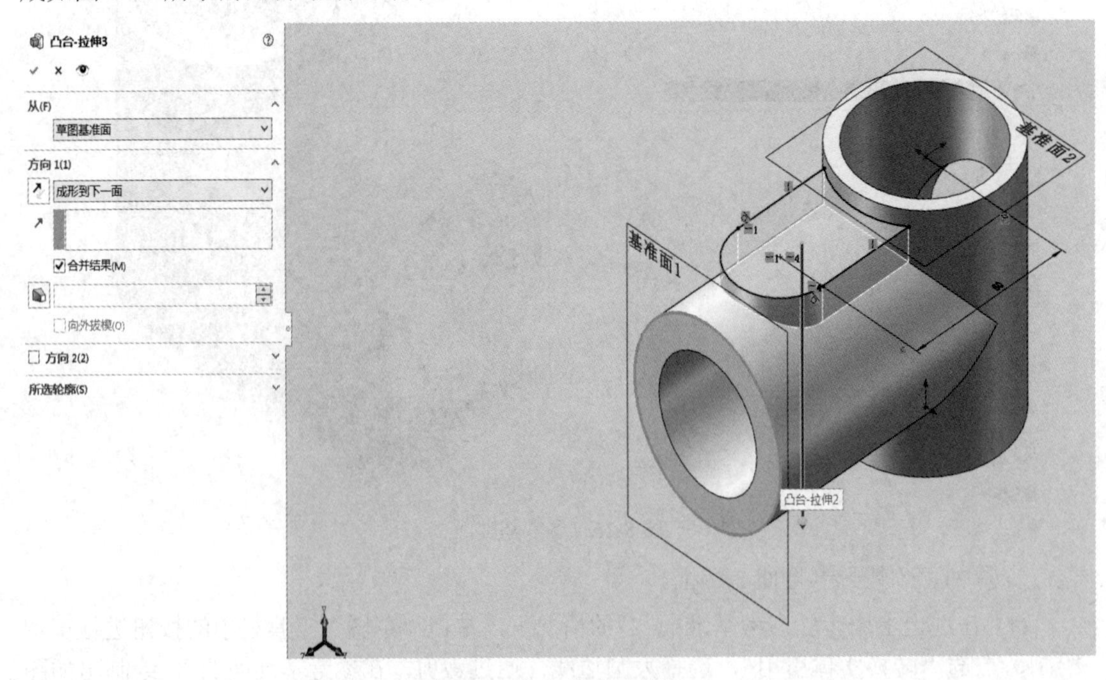

图 8-17　凸台-拉伸 3 特征

(3) 点选凸台-拉伸 3 特征的上表面，右击选择“草图绘制”，在上表面绘制ϕ22 mm 的中心孔，孔深 30 mm，进行拉伸切除特征的操作，特征属性设置如图 8-18 所示，即可完成该组合体的三维建模。

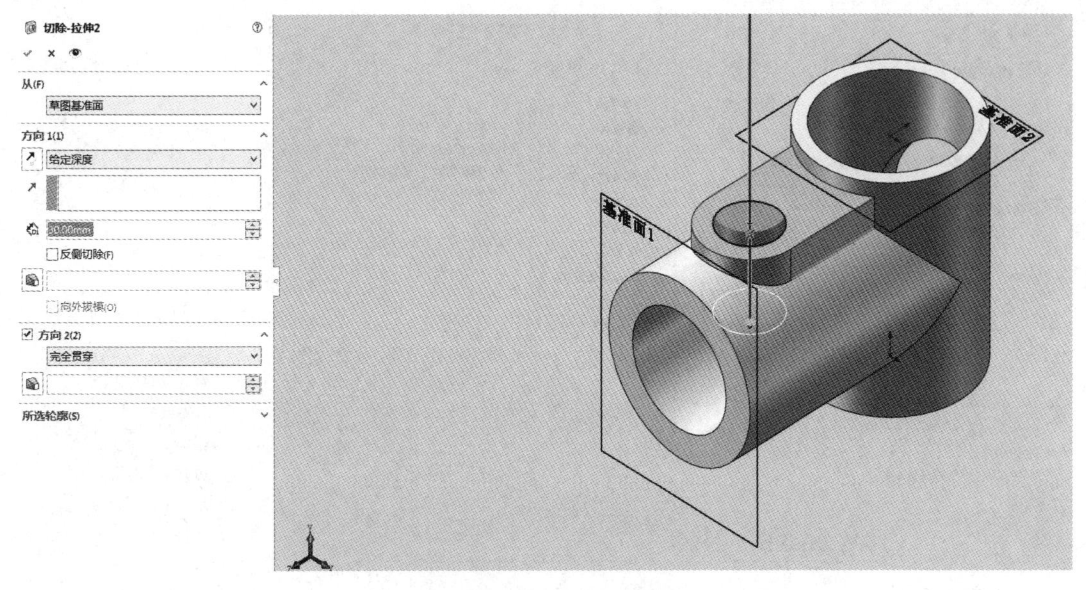

图 8-18　组合体的三维模型

步骤 4，建立基本视图。

(1) 单击“新建”按钮，弹出“新建 SOLIDWORKS 文件”对话框，其中的 gb_a3 图标表示选择符合国标的 A3 图幅的工程图模板来创建工程图，如图 8-19 所示。

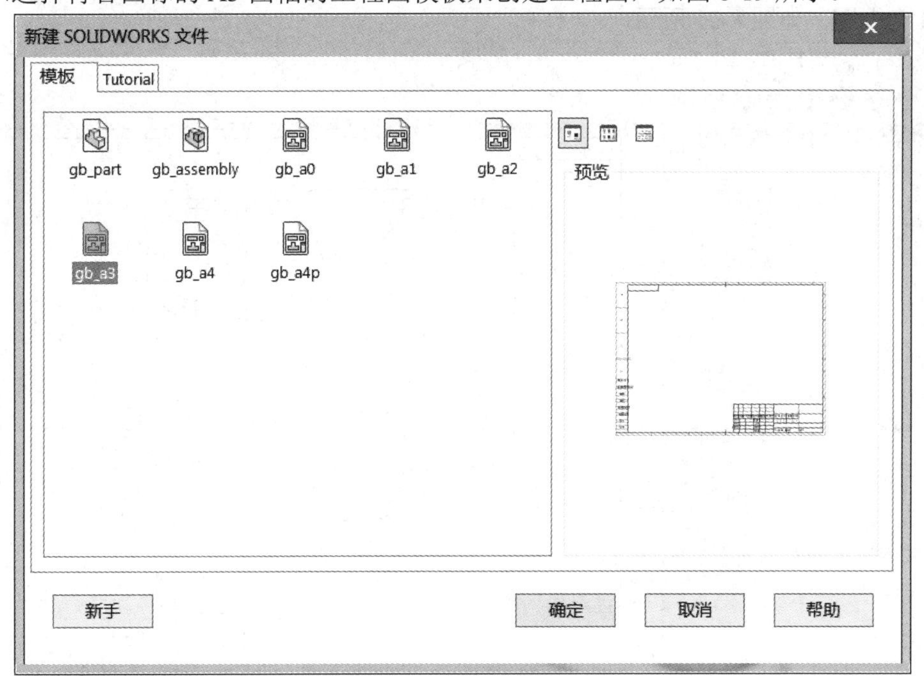

图 8-19　选择工程图模板

(2) 单击“gb-a3”，再单击“确定”按钮，进入工程图界面，如图 8-20 所示，确保要插入的零件为前面所创建的组合体模型。

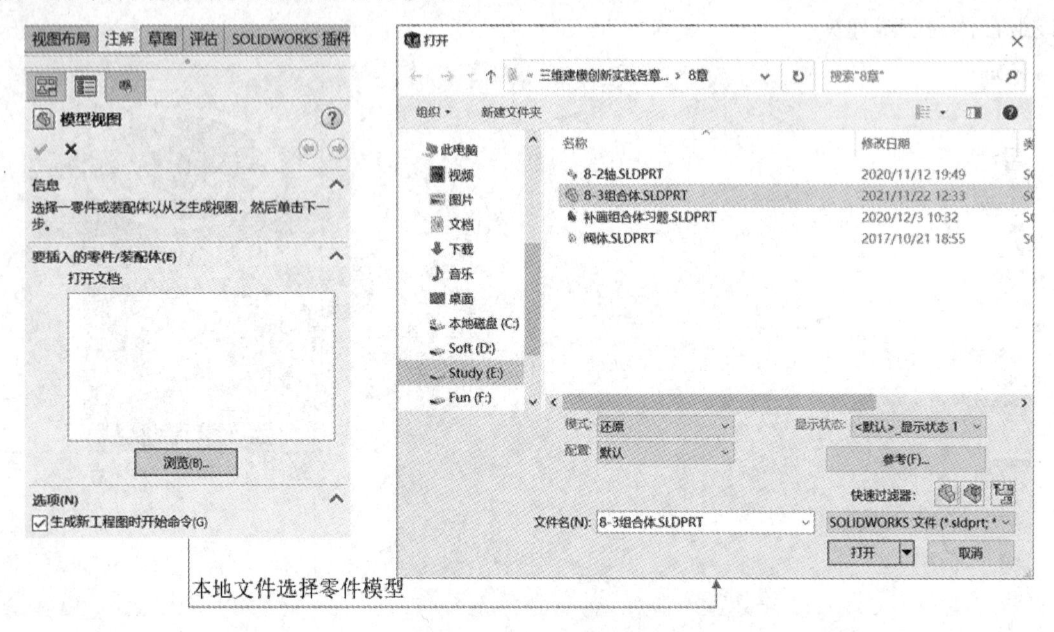

图 8-20　选择零件模型

(3) 单击“视图布局”工具栏中的“模型视图”按钮，在图纸区域选择任意视图，弹出模型视图属性对话框，比例自定义设置为 1∶1，生成基本三视图。然后选择“等轴测”，在图纸区域的右下角单击左键，建立等轴测模型视图。总共生成组合体三视图和等轴测视图共 4 个视图，如图 8-21 所示。

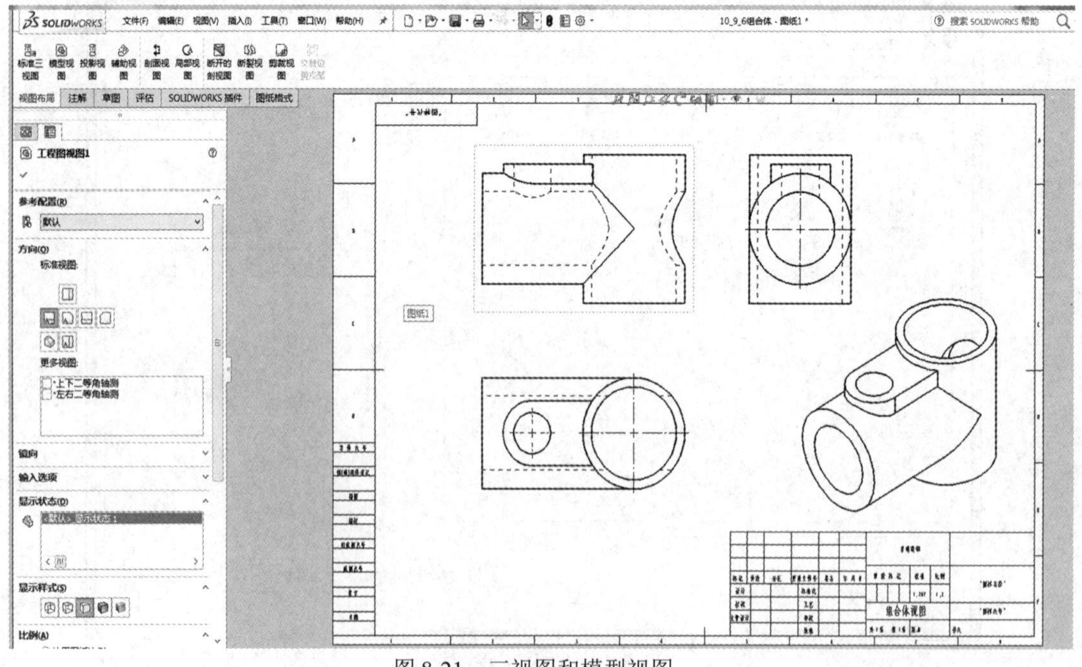

图 8-21　三视图和模型视图

注意：右键单击任意视图，在弹出的快捷菜单中选择“缩放/平移/旋转”，单击“旋转视图”命令，可以将模型视图绕其中心点转动任意角度。

步骤 5，添加中心线。

单击“注解”工具栏中的“中心线”按钮，系统弹出“中心线”属性对话框，可以手动选择需要标注中心线的两条边线或选取单一圆柱面、圆锥面、环面或扫描面，为视图左上角的拱形平台添加中心线，然后选择模型视图的其他中心线，手动拖到适当长度，如图 8-22 所示。

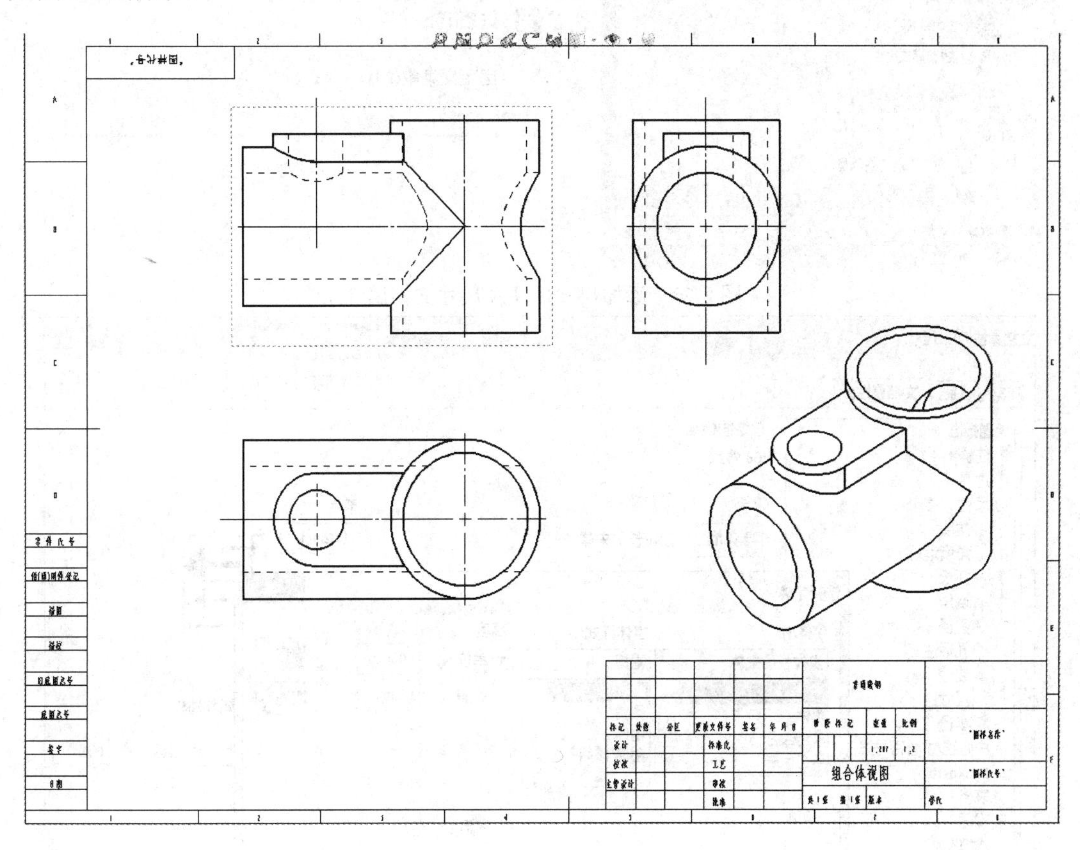

图 8-22　添加中心线

步骤 6，标注尺寸，生成工程图。

(1) 单击“注解”工具栏中的“智能尺寸”，来添加尺寸，点选两边、两点或圆等几何元素可完成尺寸标注。

如果尺寸显示的数字太小，可以单击菜单栏中的“工具”→“选项”，如图 8-23 所示，在弹出的对话框中单击“文档属性”，然后单击“尺寸”→“字体”，可以设置字体的高度，如图 8-24 所示。

(2) 在标题栏中添加名称、比例等文本注释，保存组合体工程图文件，文件的扩展名为相应的工程图扩展名，不同于模型文件扩展名，生成的工程图如图 8-25 所示。

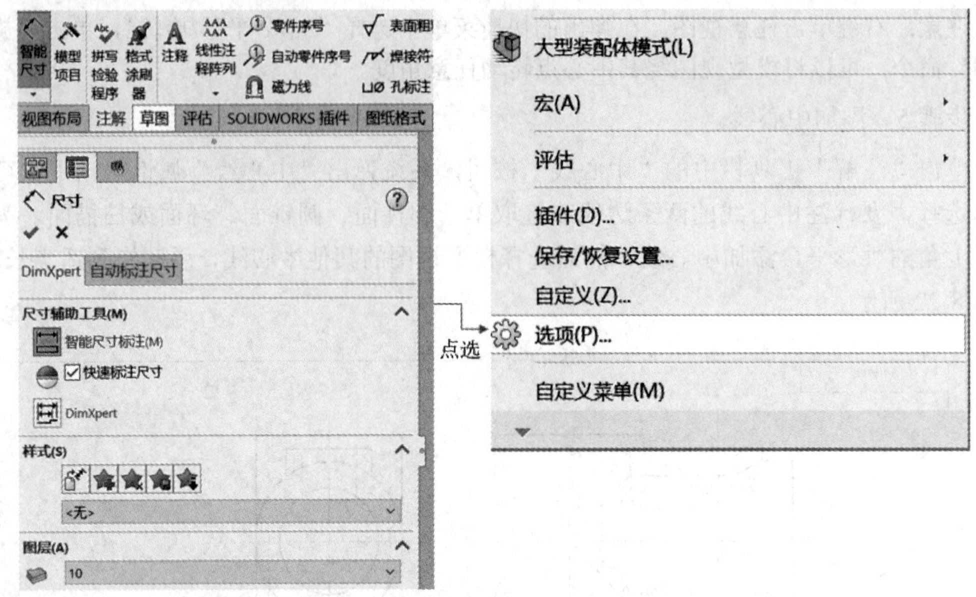

图 8-23 添加尺寸标注及尺寸文档属性

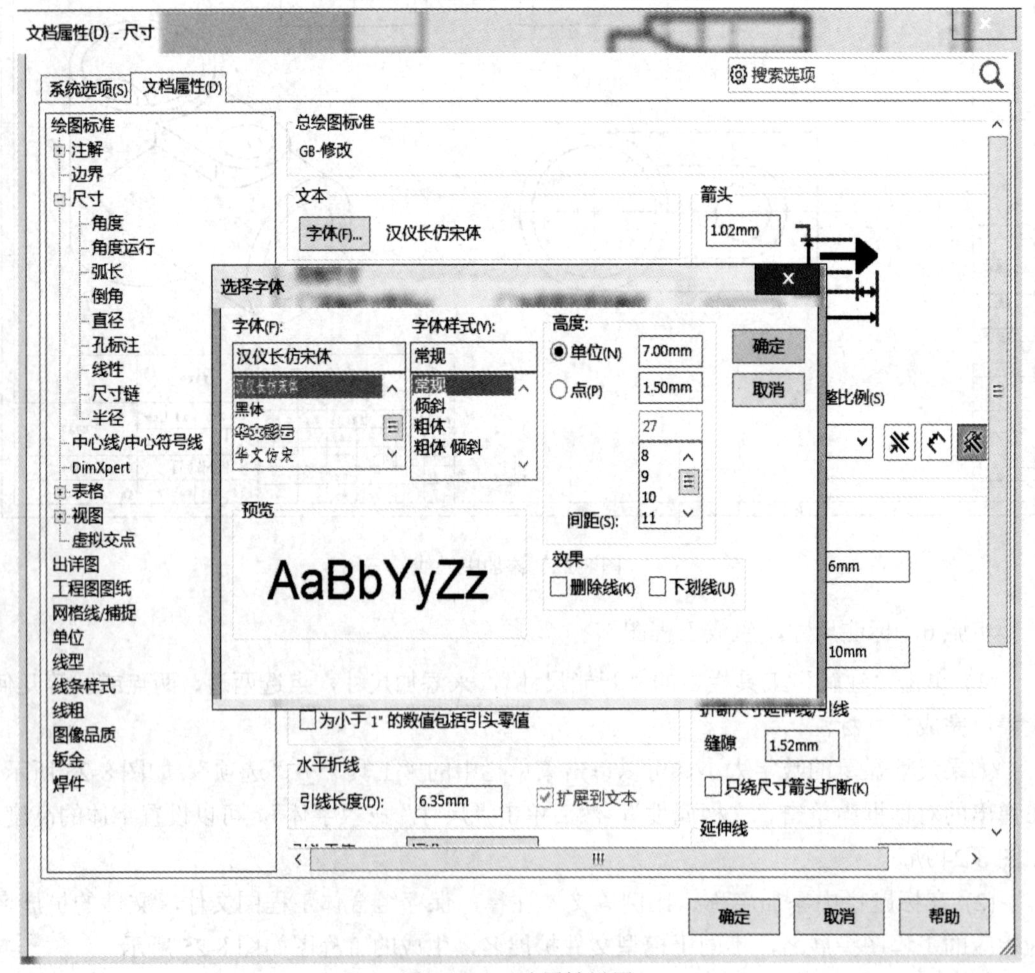

图 8-24 尺寸属性设置

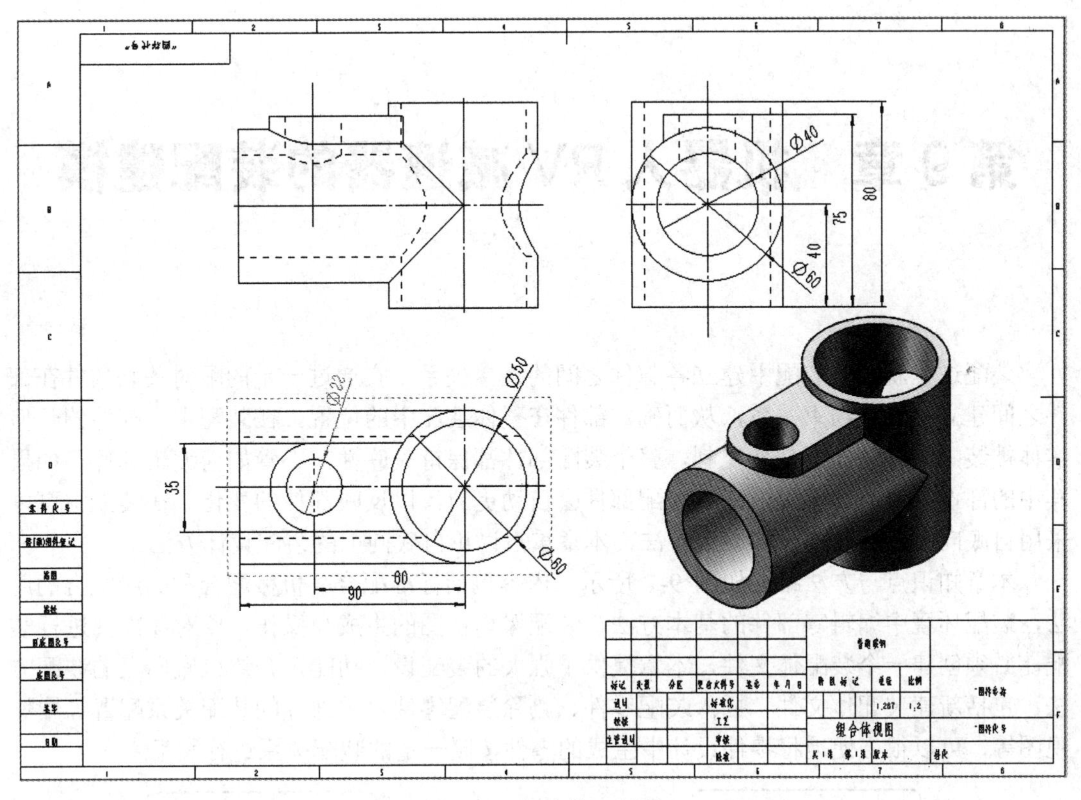

图 8-25　组合体工程图

第 9 章　机器人 RV 减速器的装配建模

装配过程就是在装配中建立各部件之间的连接关系。它通过一定的配对关联条件在部件之间建立相应的约束关系，从而确定部件在整体装配中的位置。在装配中，部件的几何实体被装配引用，而不是被复制，整个装配部件都保持关联性，不管如何编辑部件，如果其中的部件被修改，则引用它的装配部件会自动更新，以反映部件的变化。在装配中可以采用自底向上或自顶向下的装配方法，本章重点讨论自底向上的装配设计方法。

本章知识点与方法路线如图 9-1 所示。内容包括标准配合、机械配合和高级配合的用法，装配环境中编辑零部件的基本方法，装配爆炸视图的生成与操作。要对零部件进行装配，必须创建一个装配体文件，本章提供了强大的装配设计功能，介绍自底向上的装配方法，包括新建装配体文件、插入装配零件、删除装配零件、零部件的装配关系配置、爆炸视图等，可以很方便地将零件设计中生成的零件按照一定的装配关系进行装配。

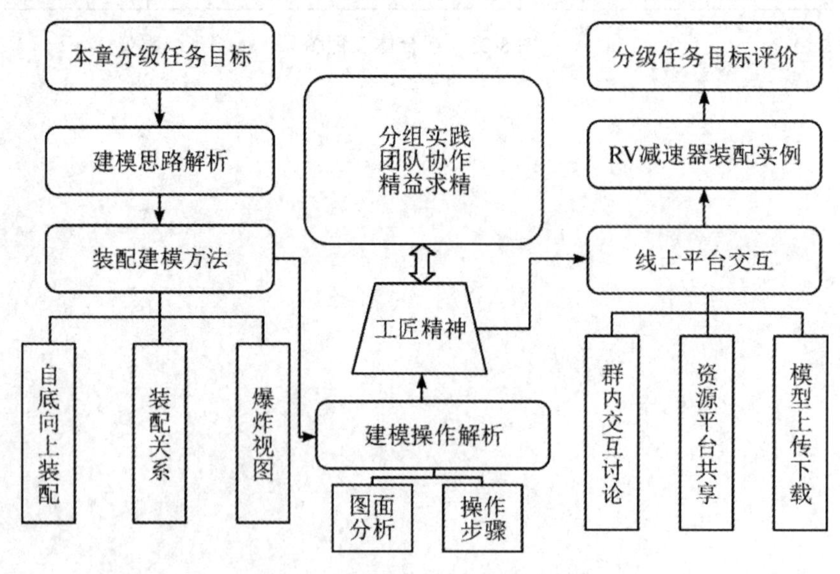

图 9-1　本章知识要点与学习方法

9.1　RV 减速器简介

RV(Rot-Vector)减速器也称为行星减速器或行星齿轮减速器，是一种常用的机械传动装置，用于降低旋转运动的速度并增加扭矩输出。它由多个行星齿轮组成，通常包括一个中心太阳齿轮、多个行星齿轮和一个外部环齿轮，如图 9-2 所示。

图 9-2　RV 减速器装配体

RV 减速器具有紧凑的结构、高扭矩传递能力、高精度和高效率，被广泛应用于多个行业和领域，特别是需要高扭矩和准确运动控制的应用，例如工业机械、机器人、自动化设备和航空航天领域等。

工业机器人成本结构大致如下：本体 22%、伺服系统 25%、减速器 38%、控制系统 10%、其他 5%。工业机器人三大核心零部件：减速器、伺服电机和控制器是制约中国机器人产业的主要瓶颈，约占到机器人成本的 70%。目前机器人减速器市场处于高度垄断状态，尚处于普及期的国产减速器无法实现全面进口替代。机器人减速器分为两种，安装在机座、大臂、肩膀等重负载位置的 RV 减速器和安装在小臂、腕部或手部等轻负载位置的谐波减速器。RV 减速器被日本纳博特斯克所(纳博特斯克)垄断，占全球市场份额的 60%。谐波减速器市场中日本 Harmonic(哈默纳科)占绝对优势。

9.2　自底向上装配方法

零件的装配涉及一些新术语，分别介绍如下。

1. 装配

一个装配是多个零部件或子装配的引用实体的集合。任何一个装配是一个包含零部件对象的文件。

2. 零部件

零部件是装配中引用的模型文件，它可以是零件也可以是一个由其他零件组成的子装配。需要注意的是，零件是被装配件引用，而并没有被复制，如果删除了零件的模型文件，装配体将无法检索到零件。

3. 子装配

子装配本身也是装配，它拥有零件构成装配关系，而在高一级装配中的表现为零件。子装配是一个相对的概念，任何一个装配可在更高级的装配中用作子装配。例如汽车发动机是装配，但同时也可作为汽车装配中的零件。

4. 激活零件

激活零件是指用户当前进行编辑或建立的几何体零件。当装配中的零件被激活时，即可对此零件进行修改，同时显示装配中的其他零件以便作为参考。当装配本身被激活时，可以对装配进行编辑。

装配体、子装配和零件之间的相互关系如图 9-3 所示。

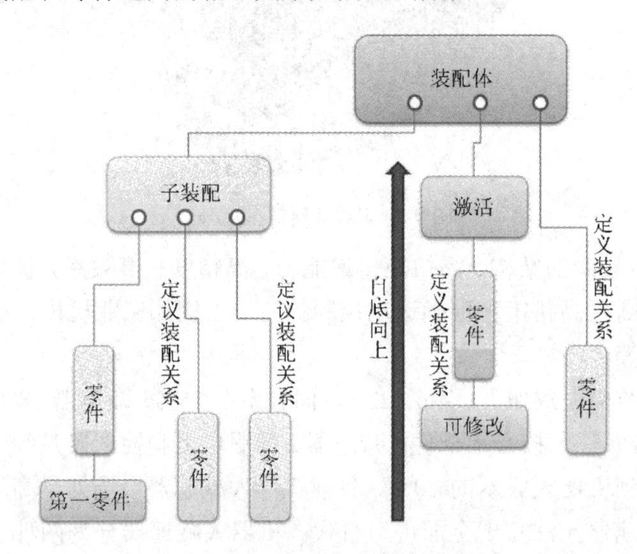

图 9-3　自底向上的装配方法示意图

在自底向上零件装配方法中，将装配体的主体第一零件调入设计窗口，默认情况下，装配体中的第一个零件为固定状态，即该零件在空间中不允许移动。一般来说，第一个零件在装配体中的固定位置应该是“零件的原点和装配体的原点重合，使三个对应的基准面相互重合”，这给处理其他零件和配合关系带来了很大的便利。其他的零件与被固定的零件添加配合关系，从而约束了其他零件的自由度。

9.3　装配设计的基本操作

装配设计是将各种零件模型插入装配体文件中，利用配合方式来限制各个零件的相对位置，使其构成一个部件。

在现实的工业生产中，机器或部件都是零件按照一定的装配关系和技术要求装配而成的。在进行零件装配时，首先应合理地选择第一个装配零件，第一个装配零件应满足如下

两个条件：

(1) 该零件是整个装配模型中最为关键的零件；

(2) 用户在以后的工作中不会删除该零件。

零件之间的装配关系也可形成零件之间的父子关系。在装配过程中，已存在的零件称为父零件，与父零件相装配的后来的零件称为子零件。子零件可以单独删除，父零件则不行，删除父零件时，与之相关联的所有子零件将一起被删除，因此删除第一个零件就删除了整个装配模型。

进入装配体文件设计环境的最常用方法是：单击菜单栏中的“文件” →“新建”命令，在弹出的“新建 SOLIDWORKS 文件”对话框中选择“装配体”模板，单击“高级”按钮，从模板库中选择国标装配体模板文件，确认后即可新建一个装配体文件，如图 9-4 所示。

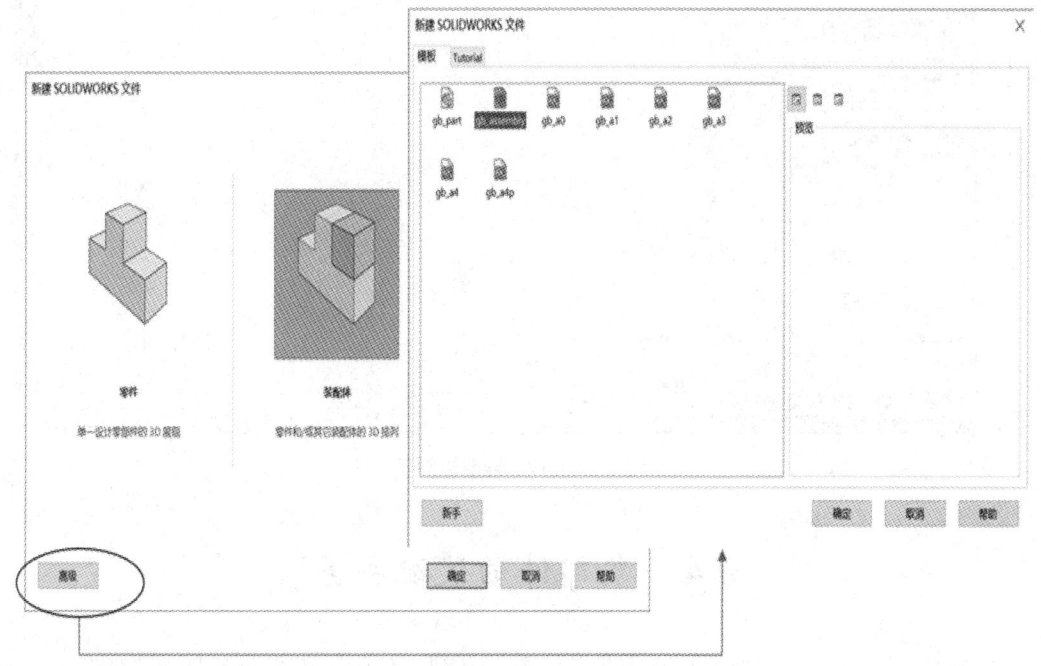

图 9-4　新建装配体

零件在装配三维空间中具有 6 个自由度，分别为：X 轴向的移动和绕 X 轴的旋转；Y 轴向的移动和绕 Y 轴的旋转；Z 轴向的移动和绕 Z 轴的旋转。因此，零件在装配体中是否可以运动以及如何运动，取决于零件在装配体中自由度被约束的情况。

装配体设计界面同样具有菜单栏、工具面板、设计树、控制区和零部件显示区，如图 9-5 所示。在装配体设计界面中的“开始装配体”属性管理器中，单击“要插入的零件/装配体”选项组中的“浏览”按钮，在弹出的“打开”对话框中，点选一个零件作为装配体的第一个基准零件，然后在零部件显示区合适位置单击以放置零件。然后调整视图为等轴测，即可得到插入零件后的装配设计界面。

装配体设计界面与零件的设计界面基本相同，在零件环境中，选择菜单栏中的“文件”→“从零件制作装配体”命令，也可切换到装配环境。

图 9-5 插入装配体零件

9.4 零部件的装配关系

装配关系综合反映了零件装配的各种情况，装配零件的过程实际就是定义零件与零件之间装配关系的过程。

9.4.1 标准配合

单击“装配体”工具栏中的“插入零部件”按钮，调入一个与第一个零件模型有装配关系的零件，在合适的位置单击以放置零件，单击“装配体”面板中的“配合”按钮，系统会弹出配合属性对话框。其中有用于添加标准配合、高级配合和机械配合的选项。

在零件之间作配合关系时，最常用的就是标准配合工具。标准配合使用过程中最为简单，同时可靠性也很高。标准配合里面重合、相切和同轴心是比较常见的，必须熟练掌握。“标准配合”选项卡中的参数应用最为广泛，该选项卡中提供了表 9-1 所示的几种配合类型。

表 9-1　标准配合类型

图标	名称	说　　明
	重合	将所选面、边线及基准面定位(相互组合或与单一顶点组合)，使其共享同一个无限基准面。定位两个顶点使它们彼此接触
	平行	使所选的配合实体相互平行
	垂直	使所选配合实体以彼此间呈 90° 角度放置
	相切	使所选配合实体以彼此间相切放置(至少有一选项必选为圆柱面、圆锥面或球面)
	同轴心	使所选配合实体放置于共享同一中心线的位置
	锁定	保持两个零件之间的相对位置和方向
	距离	使所选配合实体以彼此间指定的距离放置
	角度	使所选配合实体以彼此间指定的角度放置
	同向对齐	与所选面正交的向量指向同一方向
	反向对齐	与所选面正交的向量指向相反方向

9.4.2　高级配合

高级配合用于建立特定需求的配合关系，配合类型如表 9-2 所示。

表 9-2　高级配合类型

图标	名称	说　　明
	轮廓中心	将矩形和圆形轮廓相互中心对齐，并完全定义组件
	对称	强制使两个零件各自选中面相对于零部件的基准面或平面或者装配体的基准面对称，如图 9-6 所示
	宽度	使零部件位于凹槽宽度内的中心，如图 9-7 所示
	路径配合	使零部件上所选的点约束到路径，如图 9-8 所示
	线性/线性耦合	在一个零部件的平移和另一个零部件的平移之间建立几何关系，如图 9-9 所示
	距离	允许零部件在距离配合的一定数值范围内移动
	角度	允许零部件在角度配合的一定数值范围内移动

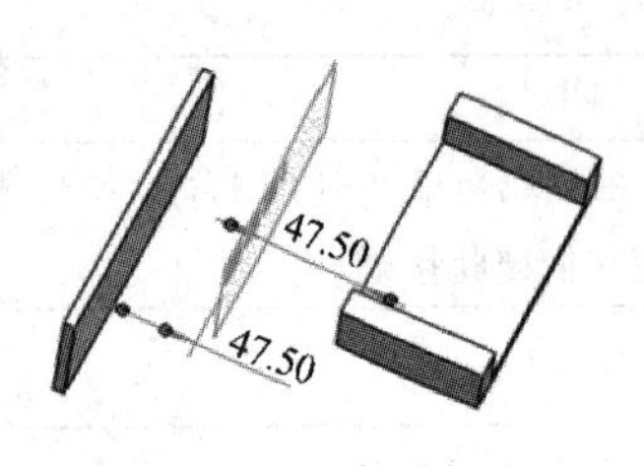

图 9-6 对称配合

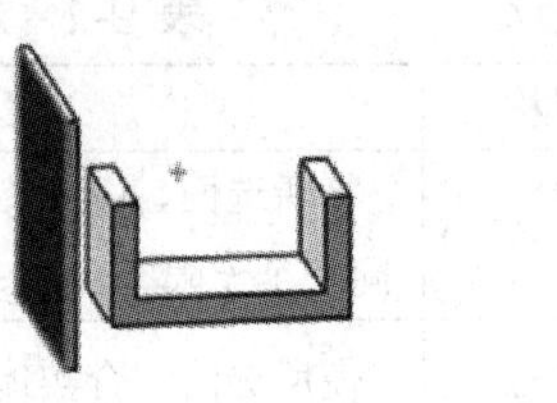
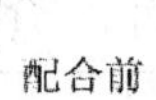

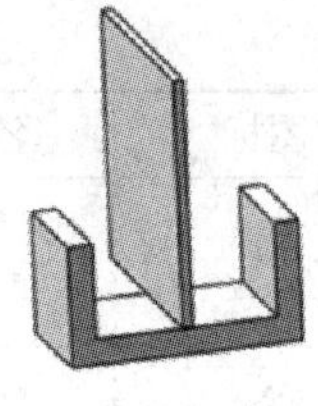

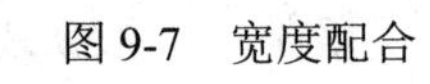
图 9-7 宽度配合

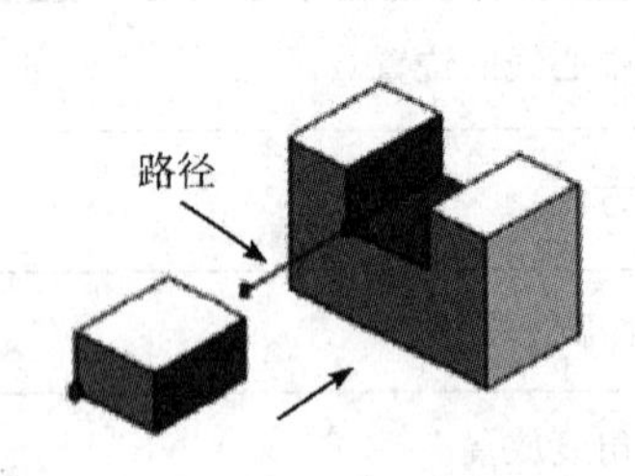

图 9-8 路径配合

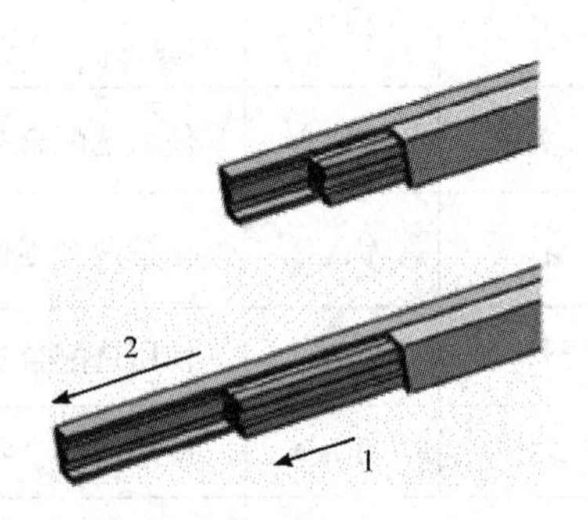

图 9-9 线性/线性耦合配合

9.4.3 机械配合

在“机械配合”选项卡中提供了 7 种用于机械零部件装配的配合类型，如表 9-3 所示。

表 9-3 机械配合类型

图标	名称	说 明
	凸轮	是一个相切或重合配合类型，它允许将圆柱、基准面或点与一系列相切的拉伸曲面相配合
	槽口	将螺栓或槽口运动限制在槽口孔内
	铰链	将两个零部件之间的移动限制在一定的旋转范围内，其效果相当于同时添加同心配合和重合配合
	齿轮	强迫两个零部件绕所选轴相对旋转，齿轮配合的有效旋转轴包括圆柱面、圆锥面、轴和线性边线
	齿条小齿轮	通过齿条和小齿轮配合，齿条的线性平移会引起另一个零部件(小齿轮)作圆周旋转
	螺旋	将两个零部件约束为同心，并在一个零部件的旋转和另一个零部件的平移之间添加几何关系
	万向节	一个输出轴绕自身轴的旋转是由另一个输入轴绕其轴的旋转驱动

下面以齿轮配合为例说明如何实现机械配合。

新建装配体文件，从零件资源库中插入基板零件文件，作为装配体的第一个零件，单击后放置在装配图形的适当区域。单击“设计库”图标，如果“设计库”图标没有显示在图形窗口中，右击空白工具条区域，勾选“任务窗格”即可调出“设计库”图标。然后从 Toolbox 中选择“ANSI Metric”→“动力传动”→“齿轮”→“正齿轮”标准零件，拖出两个标准正齿轮到图形区域中，一大一小两个标准齿轮的属性参数如表 9-4 所示，将它们分别输入齿轮属性管理界面，具体设置如图 9-10 所示。

表 9-4　齿 轮 参 数　　　　单位：mm

齿轮类型	模数	齿数	分度圆直径	齿顶圆直径	标称轴直径	中心距
大齿轮	2	40	80	84	10	60
小齿轮	2	20	40	44	10	60

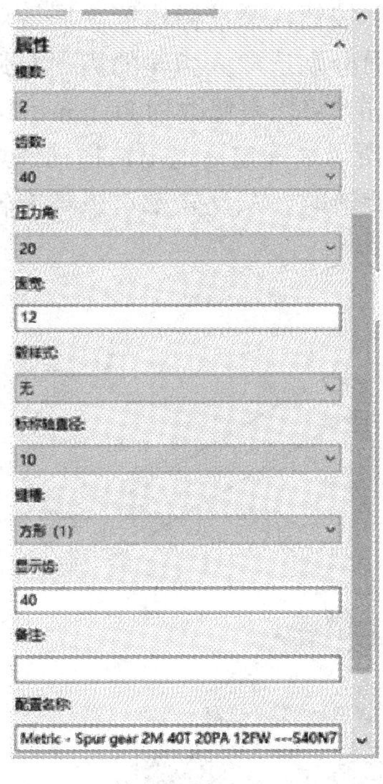

大齿轮

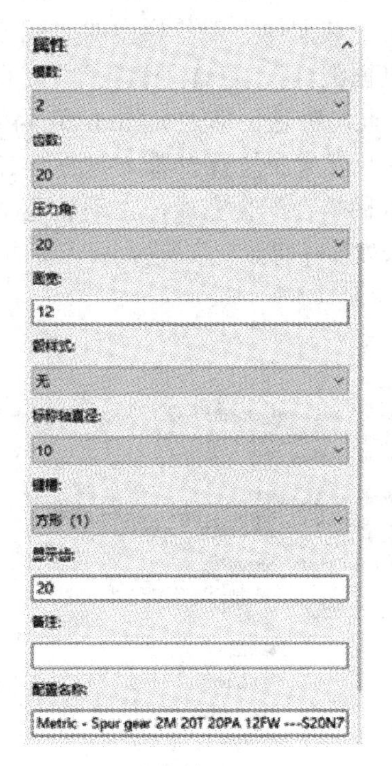

小齿轮

图 9-10　齿轮属性设置

将两个标准正齿轮放置在基板零件的旁边，单击“装配体”工具栏上的“配合”按钮，出现配合属性管理器，在配合属性中完成两个齿轮轴与基板零件两轴的同轴/同心配合，以及齿轮端面与基板零件轴端面距离为 10 mm 的距离配合，如图 9-11 所示。

上面的几何关系标准配合完成后，并没有实现两个齿轮的啮合配合，如果拖动旋转大齿轮，可以看到不能带动从动小齿轮，同理旋转小齿轮也是不能带动大齿轮的，因为这两个零件之间没有形成啮合配合。

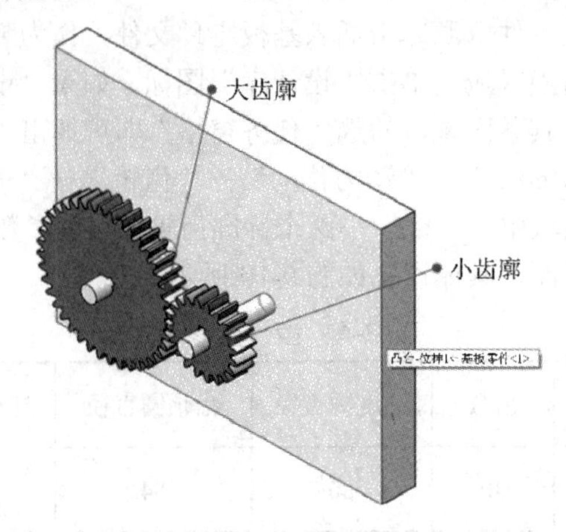

图 9-11 几何关系标准配合

按住 Shift 键，选择如图 9-11 所示的两条齿廓线，并使得它们相切。确认相切后，右击该相切配合，点选“压缩”，将该相切配合进行压缩，使得大小齿轮处于啮合的初始相切位置。单击“装配体”工具栏中的“配合”按钮，系统弹出配合属性对话框，在对话框中点选“机械配合”，点选“齿轮”，配合面分别选取大齿轮的齿顶圆弧面和小齿轮的齿顶圆弧面，此时齿轮比率为 84 mm 和 44 mm，将比率修改为 80 mm 和 40 mm，分别按照分度圆直径尺寸大小进行设置，如图 9-12 所示。确定后退出，拖动任意一个齿轮，可以发现齿轮机械啮合配合完成，主动轮驱动旋转时，从动轮都可以被旋转带动起来，并且齿轮轮廓未发生干涉。

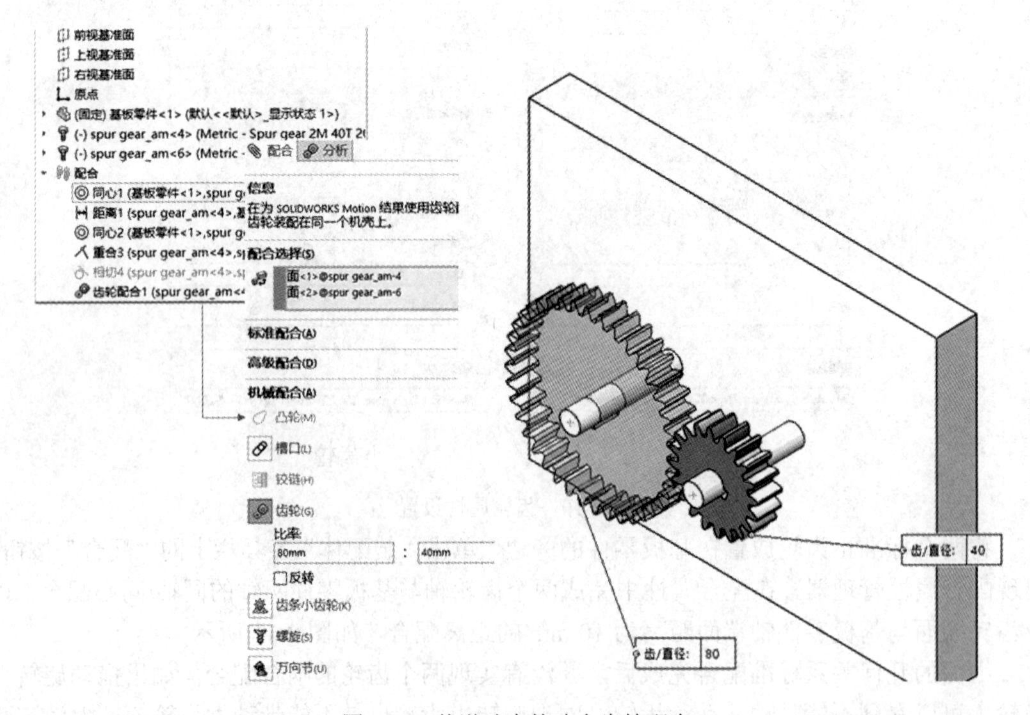

图 9-12 传递动力的啮合齿轮配合

9.5　专项练习——RV 减速器装配设计

RV 减速器由一个行星齿轮减速机的前级和一个摆线针轮减速机的后级组成，RV 减速器结构紧凑、传动比大，在一定条件下具有自锁功能，是最常用的减速机之一，而且振动小、噪声低、能耗低。本节以 RV 减速器的装配为例来说明整个装配过程。

9.5.1　导入零件

进入装配体设计模块，系统弹出“开始装配体”属性对话框，单击“浏览”按钮，导入第一个零件“针齿轮”，如图 9-13 所示。

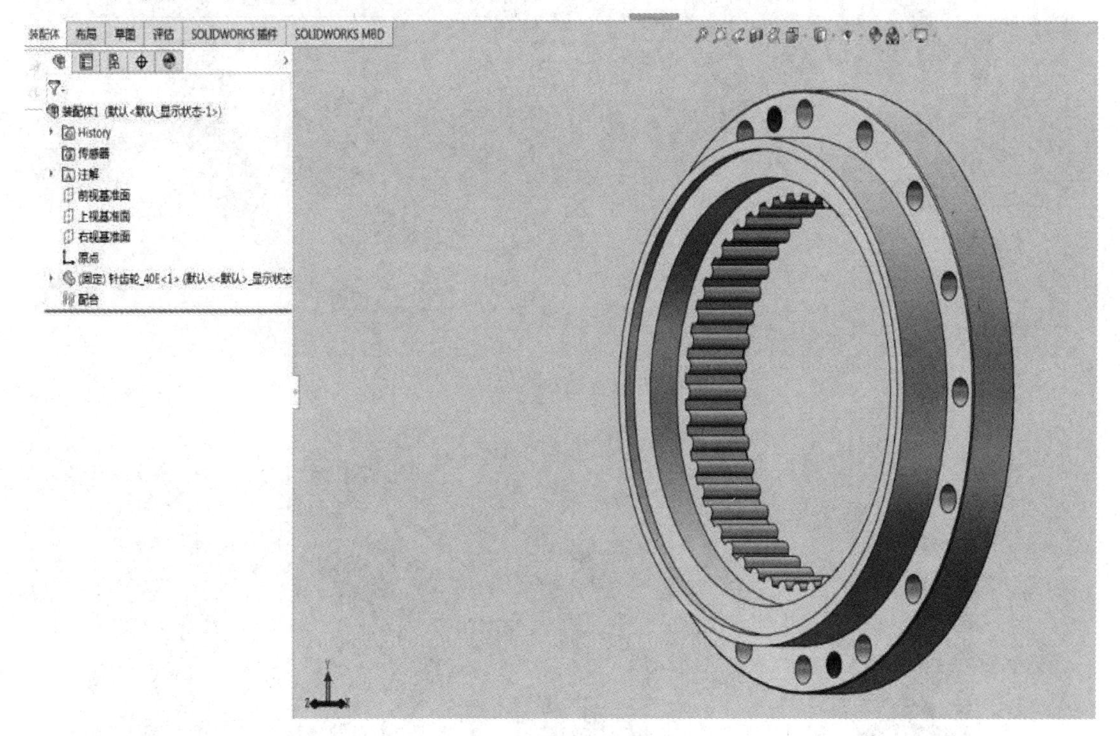

图 9-13　导入第一个零件

单击“装配体”工具栏中的“插入零部件”按钮，调入第二个零件“输出盘 1”，在合适的位置单击可以放置该零件，如图 9-14 所示。

单击“装配体”工具栏中的“配合”按钮，系统弹出同心属性对话框，分别选择针齿轮的内圆柱面 1 和输出盘 1 的外圆柱面 2，实现同轴心配合，另外选择针齿轮的平面 3 和输出盘 1 的平面 4，点击“重合”，实现两面的重合配合，如图 9-15 所示。

完成同轴心和重合两个配合后的装配体如图 9-16 所示。

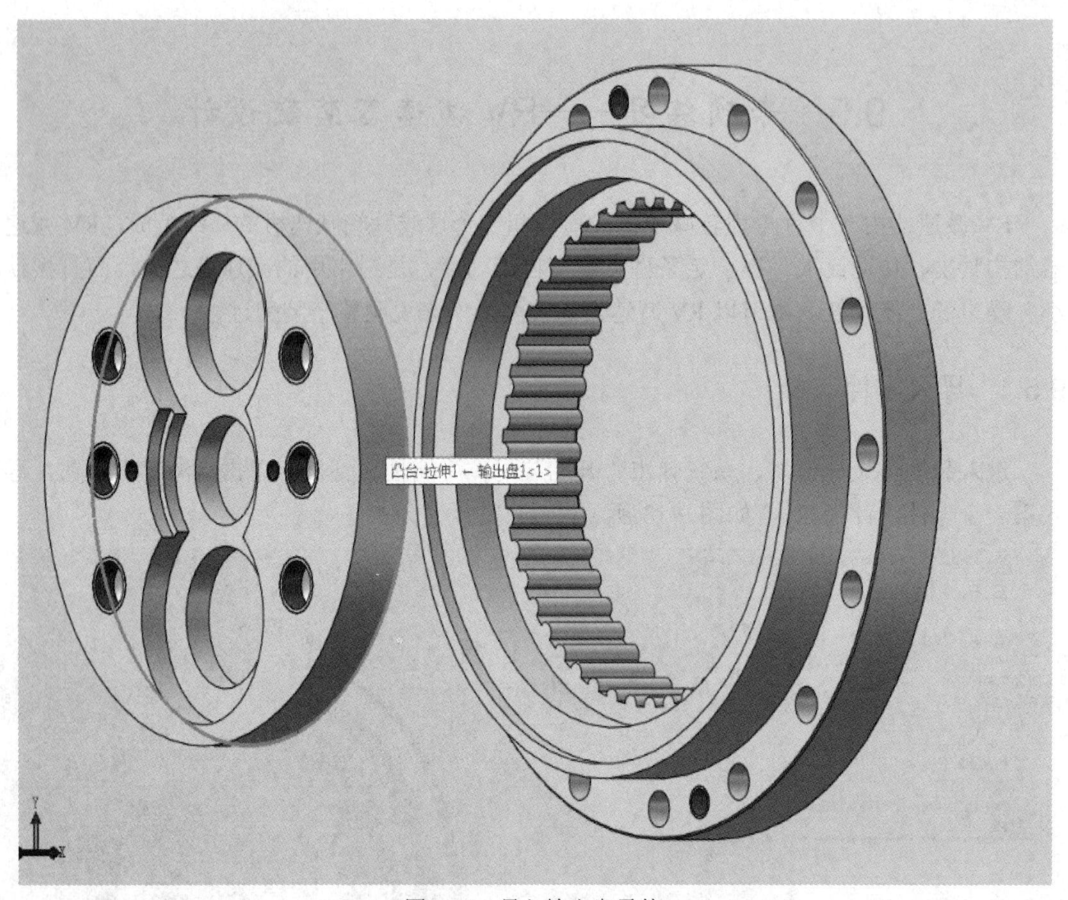

图 9-14　导入输出盘零件

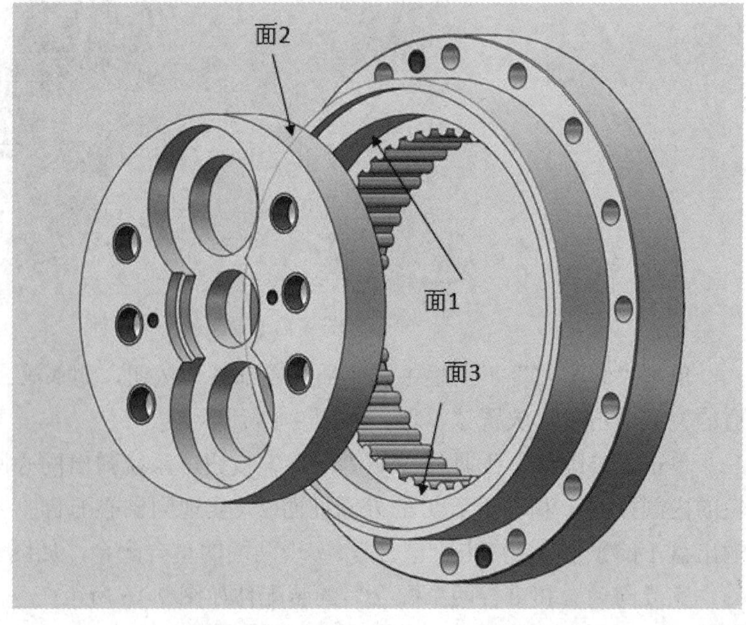

图 9-15　同轴心配合选择

图 9-16　配合输出盘后的装配体

9.5.2　齿轮机械配合

单击“装配体”工具栏中的“插入零部件”按钮，调入第三个零件“行星齿轮 2”，在合适的位置单击可以放置该零件，如图 9-17 所示。

图 9-17　调入行星齿轮 2

单击“装配体”工具栏中的“配合”按钮，系统弹出配合属性对话框，分别选择行星齿轮 2 的齿顶圆弧面 1 和针齿轮的行星轮孔面 2 进行同轴心配合，然后选择针齿轮的行星孔面 3 和行星齿轮 2 的面 4，点击“重合”，实现两面的重合配合，如图 9-18 所示。

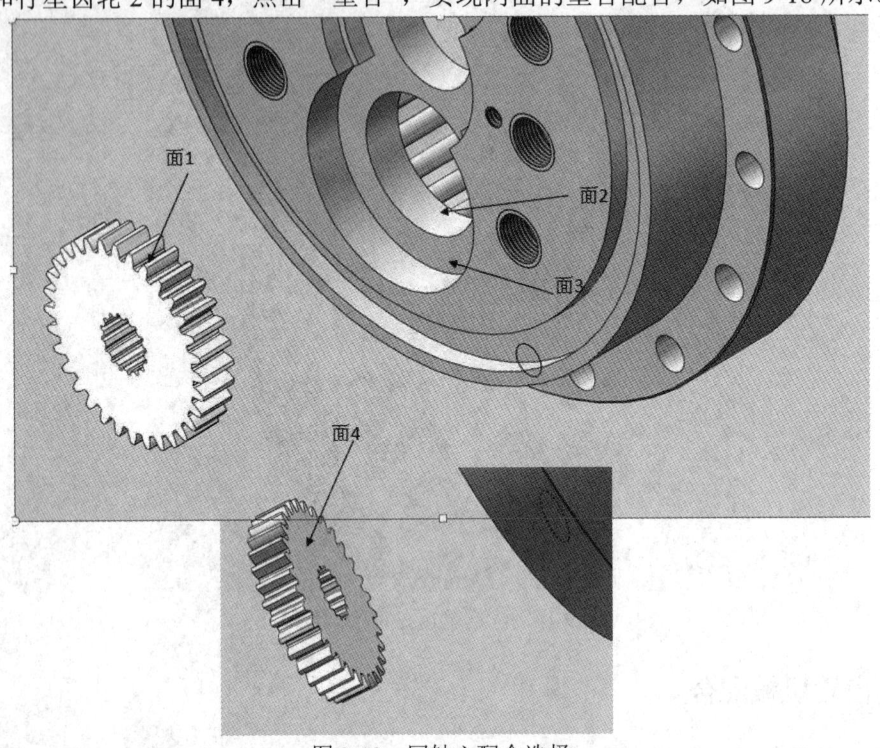

图 9-18 同轴心配合选择

完成同轴心和重合两个配合后的装配体如图 9-19 所示。

图 9-19 配合行星齿轮 2 后的装配体

单击“装配体”工具栏中的“插入零部件”按钮，调入第四个零件“花键输入轴”，在合适的位置单击可以放置该零件，点击“旋转零部件”，将花键输入轴旋转到如图 9-20 所示位置。

图 9-20　调入花键输入轴

单击“装配体”工具栏中的“配合”按钮，系统弹出配合属性对话框，分别选择花键输入轴的圆柱面 1 和针齿轮的行星轮孔面 2 进行同轴心配合。然后选择花键轴左端面 3 和行星齿轮 2 的端面 4，点击“重合”，实现两面的重合配合，如图 9-21 所示。

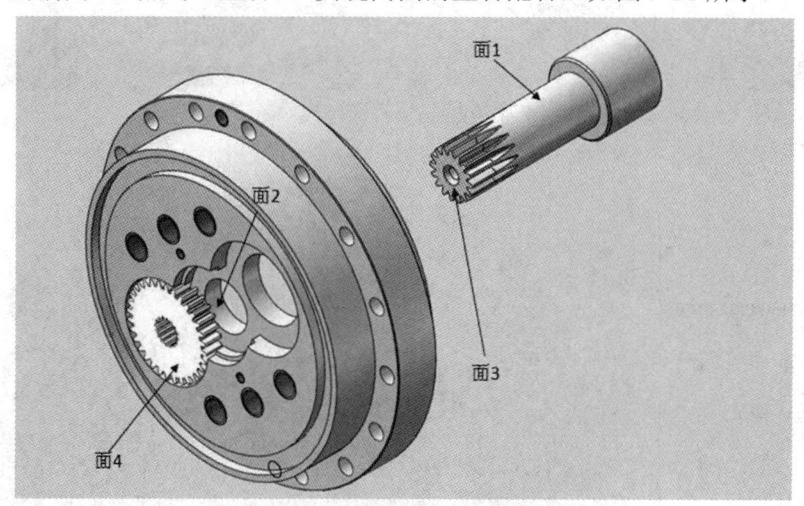

图 9-21　同轴心配合花键输入轴

完成同轴心和重合两个配合后的装配体如图 9-22 所示。

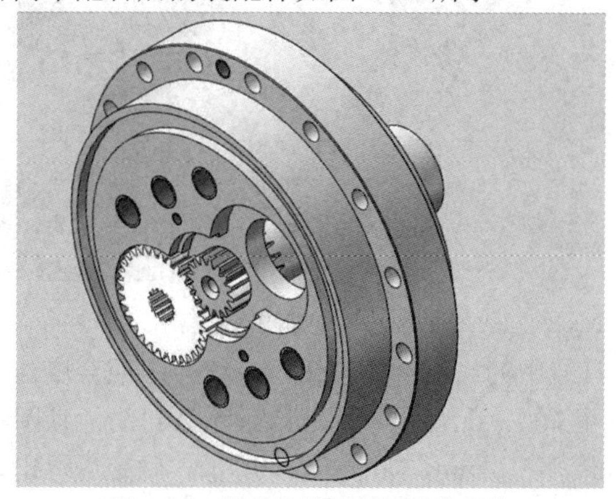

图 9-22　装配花键输入轴的装配体

上面的几何关系配合完成后，并没有实现花键轴和行星齿轮的啮合配合，如果旋转花键输入轴，可以看到不能带动行星齿轮，同理旋转行星齿轮也是不能带动花键轴的，因为这两个零件之间没有形成啮合配合。按住 Shift 键，选择如图 9-23 所示的两条齿廓线，并使得它们相切。确认相切后，右击该相切配合，点选“压缩”，将该相切配合进行压缩，使得花键输入轴和行星齿轮处于啮合的初始相切位置，如图 9-24 所示。

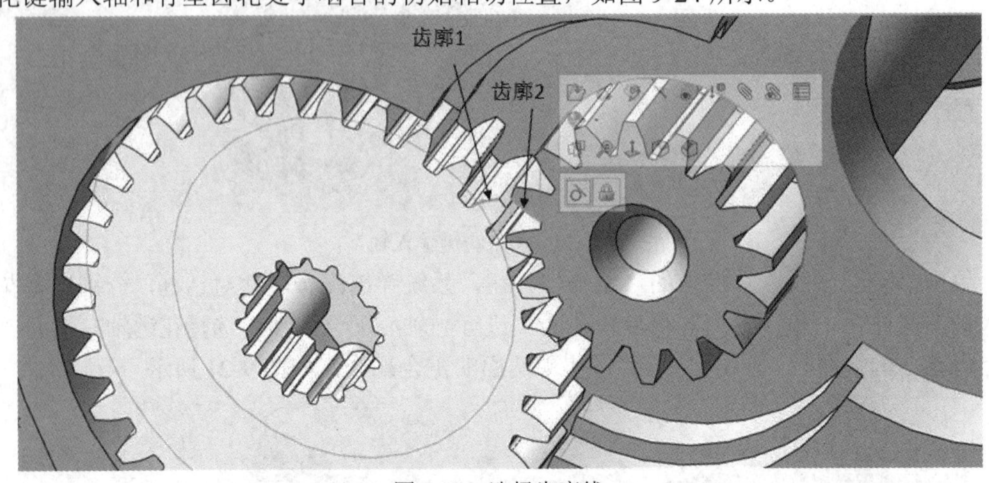

图 9-23 选择齿廓线

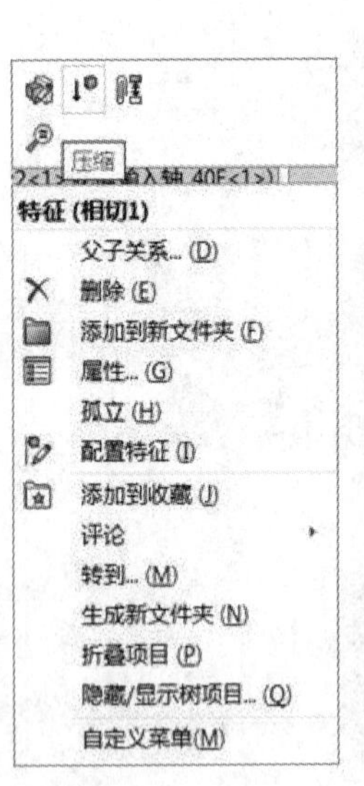

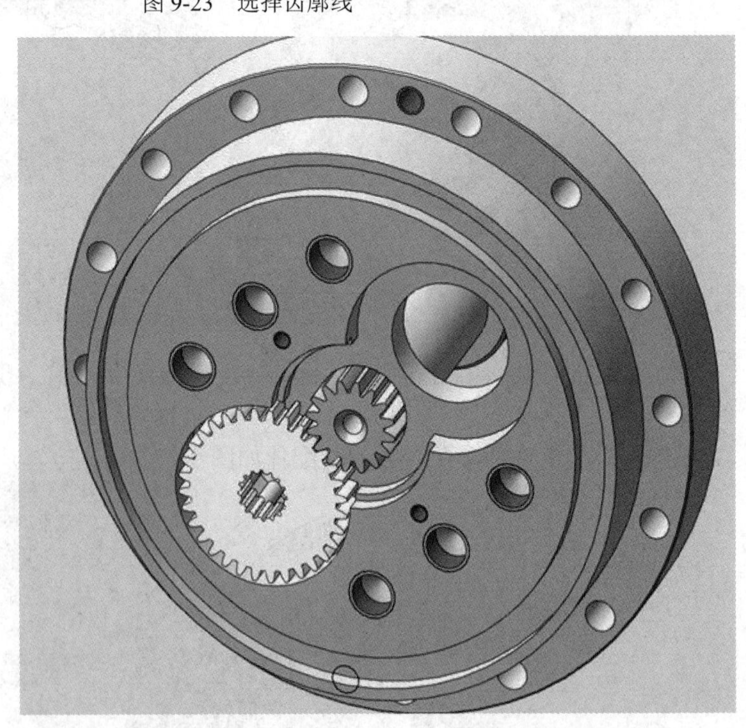

图 9-24 压缩相切配合

单击“装配体”工具栏中的“配合”按钮，系统弹出配合属性对话框，在对话框中点选“机械配合”，点选“齿轮”，配合面分别选取行星齿轮的齿顶圆弧面和花键的齿顶圆弧面，并将比率设为 32 mm 和 16 mm，如图 9-25 所示。确定后退出，拖动任意主动轮，可以发现齿轮机械啮合配合完成，从动轮都可以被旋转带动起来，并且齿轮轮廓未发生干涉。

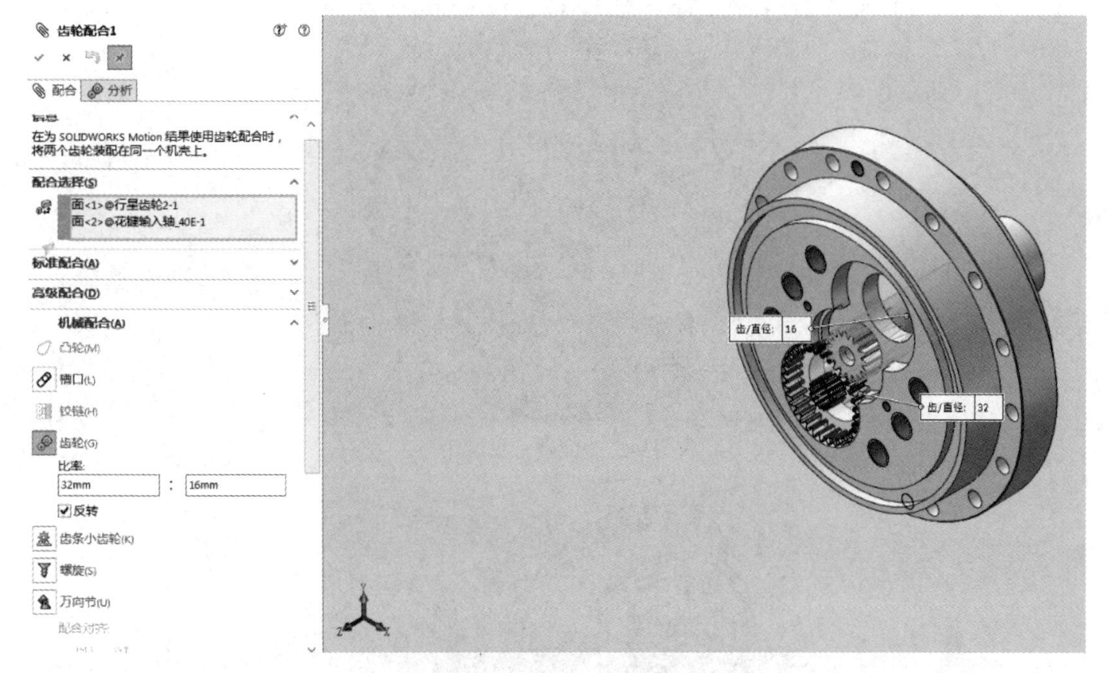

图 9-25　设置齿轮配合

单击“装配体”工具栏中的“插入零部件”按钮，再次调入“行星齿轮 2”作为第五个零件，在合适的位置单击可以放置该零件，如图 9-26 所示。

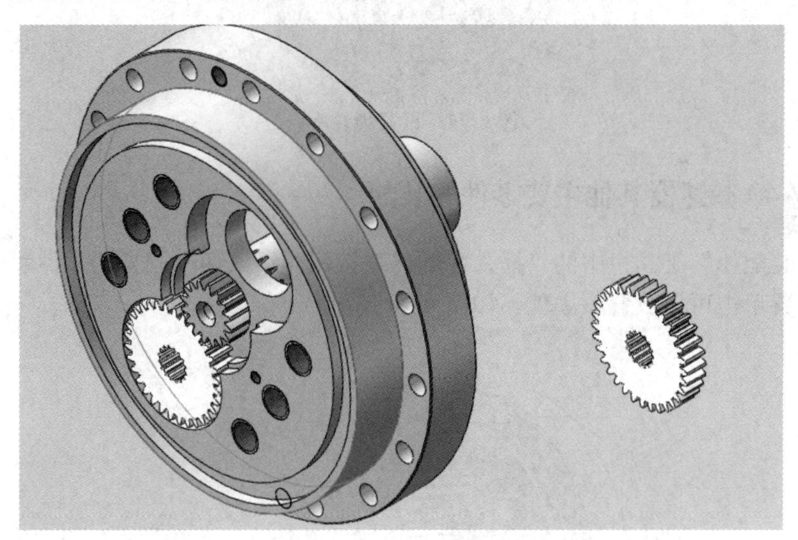

图 9-26　调入行星齿轮

单击“装配体”工具栏中的“配合”按钮，系统弹出配合属性对话框，按照前文中的步骤进行零部件装配，完成行星齿轮和针齿轮的配合，如图 9-27 所示。

单击“装配体”工具栏中的“配合”按钮，系统弹出配合属性对话框，点选“机械配合”，同理按照前文所述步骤，完成另外一个行星齿轮和花键输入轴的齿轮机械配合，配合完成后的样子如图 9-28 所示。如果旋转拖动花键输入轴，可以发现它能够同时带动两个行星齿轮，并且准确啮合，不会发生齿型干涉。

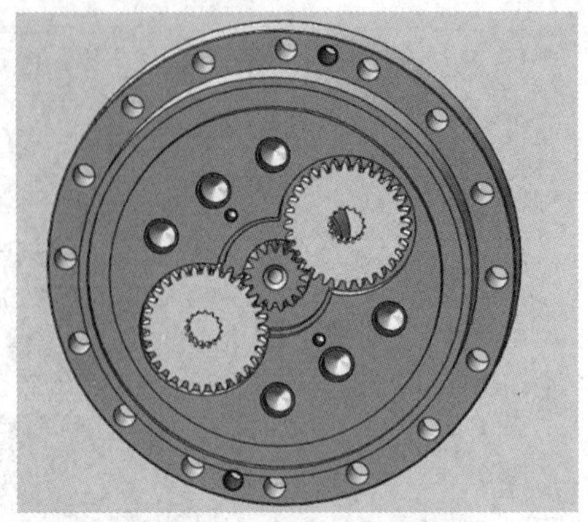

图 9-27 配合行星齿轮

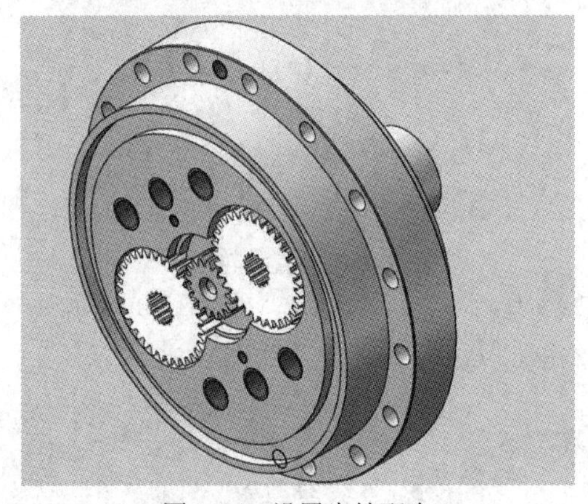

图 9-28 设置齿轮配合

9.5.3 RV-40 减速器其他主要零件的装配

单击“装配体”工具栏中的“插入零部件”按钮，调入两个同样的零件“曲柄轴 1”，在合适的位置单击可以放置该零件，如图 9-29 所示。

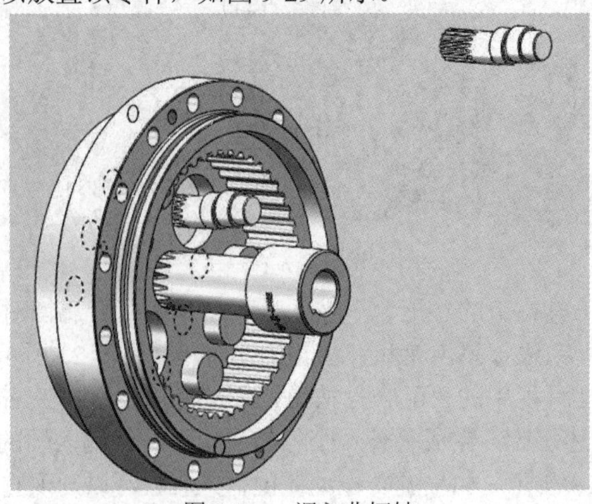

图 9-29 调入曲柄轴

单击“装配体”工具栏中的“配合”按钮，系统弹出配合属性对话框，点选行星齿轮槽线中点和曲柄轴花键齿型线的中点，使得两个中点重合配合；再如同前述步骤那样，将曲柄轴曲面和行星齿轮槽面进行同轴心配合，如图 9-30 所示。

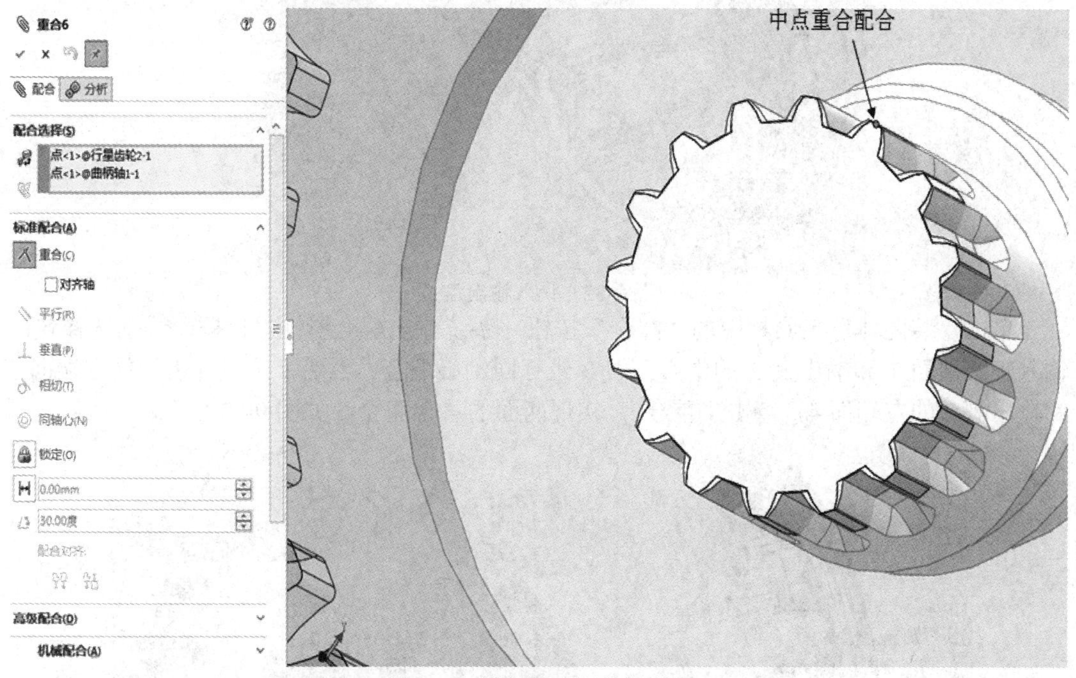

图 9-30　曲柄轴和行星轮配合

单击“装配体”工具栏中的“配合”按钮，系统弹出配合属性对话框，如前述步骤一样，继续完成第 2 根曲柄轴与行星齿轮的花键配合，如图 9-31 所示。

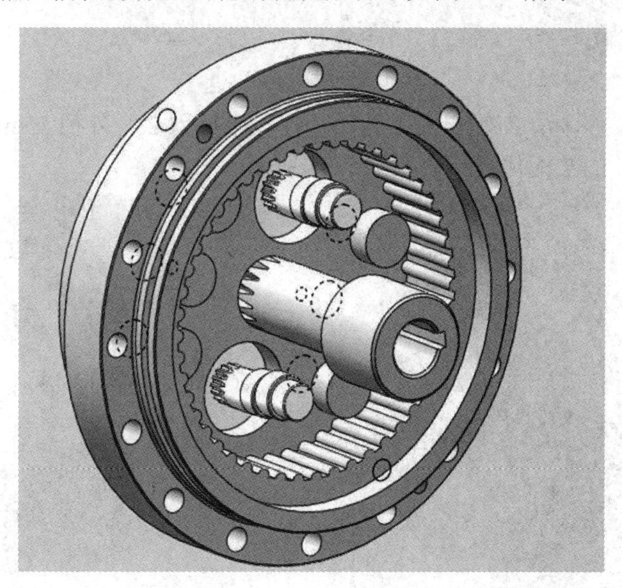

图 9-31　调入另一曲柄轴

单击“装配体”工具栏中的“插入零部件”按钮，调入零件“输出盘 2”，在合适的位置单击可以放置该零件，如图 9-32 所示。

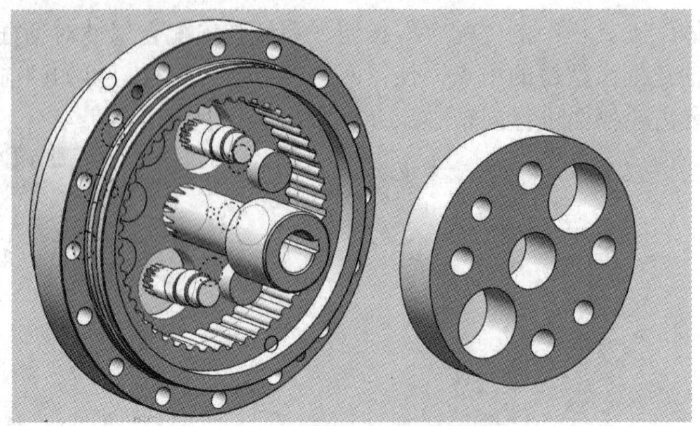

图 9-32　调入输出盘 2

单击“装配体”工具栏中的“配合”按钮，系统弹出配合属性对话框，分别选择花键输入轴圆柱面 1 和输出盘 2 的中心孔面 2 进行同轴心配合。然后，选择针齿轮的右端面 3 和输出盘 2 的左端面 4，点击“重合”，实现两面的重合配合，如图 9-33 所示。

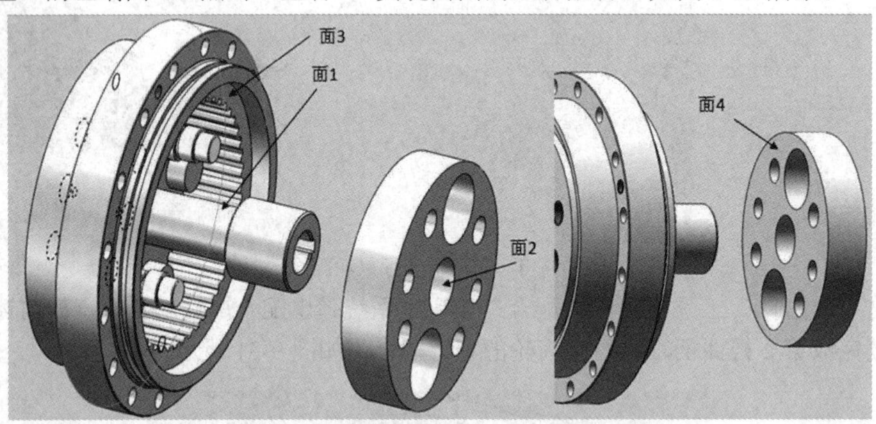

图 9-33　配合输出盘

单击“设计库”图标，在输出盘 2 的两个柱孔中插入 2 个外径 35 mm 的标准角接触轴承，可完成 RV-40E 的装配体设计，如图 9-34 所示。

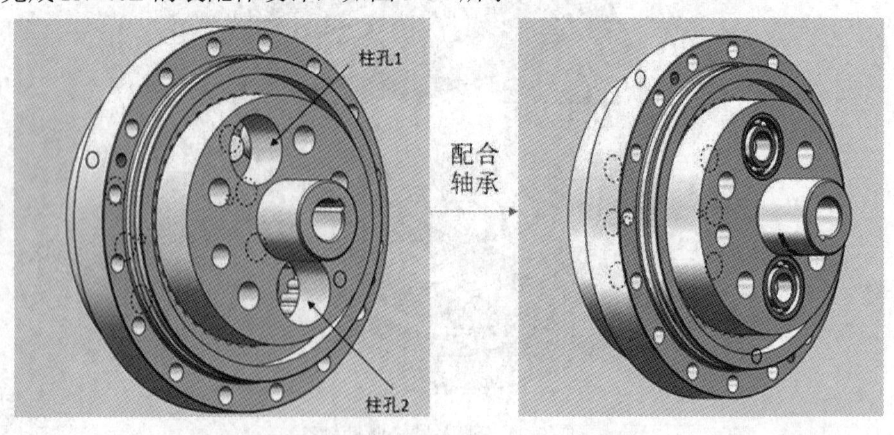

图 9-34　配合轴承后的 RV-40E 装配体

第 10 章　协作机器人的装配建模

协作机器人主要应用于汽车零部件、电子制造等行业。这是因为汽车等行业自动化水平较高，但一些工艺相对繁琐且工序灵活的工段仍需要人工去完成。协作机器人凭借其灵活、柔性等特点能够很好地替代人在诸如汽车生产中的螺丝锁附、电子产品生产中的电路板搬运测试等工艺环节中的工作。除此之外，协作机器人在半导体、汽车整车、医疗用品等工业行业的应用也有较为稳定的增长。

本章知识点与方法路线如图 10-1 所示。在现实的协作机器人装配设计过程中，机器或部件都是由零件按照一定的装配关系和技术要求装配而成的。通过本章内容的学习，要求掌握装配环境中零部件的基本操作方法，掌握零件与零件之间装配关系的定义与编辑，主要包括重合、平行、垂直、相切、同轴心和距离等标准配合关系；属性编辑不仅针对整个模型，还包括对模型中的实体和组成实体的特征进行编辑，包括材质属性、外观属性、特征参数修改等方面的内容。在装配中可以采用自底向上或自顶向下的装配方法。本章重点讨论自底向上的装配设计方法。

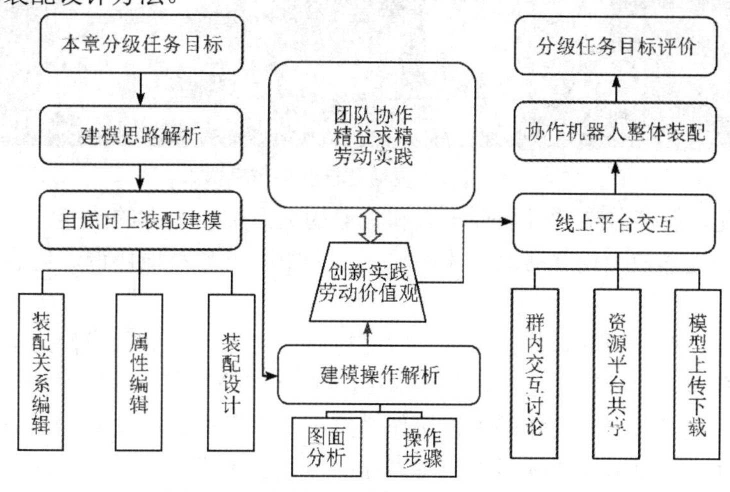

图 10-1　本章知识要点及学习方法

10.1　人机协作的背景和现状

智能制造的发展离不开机器人。发展智能机器人是打造智能制造装备平台、提升制造过程自动化和智能化水平的必经之路 。

1959年，美国人制造出世界上第一台工业机器人，此后，机器人在工业领域逐渐普及开来。随着科技的不断进步，特别是工业3.0时代的到来，广泛采用工业机器人的自动化生产线已成为制造业的核心装备。

在智能制造时代，为了应对消费者日益增长的定制化产品的需求，智能工厂需要在有限空间内，充分利用现有资源，建设灵活、安全、可快速变化的智能生产线，为适应新产品的生产，更换生产线，缩短产品制造时间，需要灵活快速的生产单元来满足这些需求，并提高制造企业产能和效率，降低成本。因此，智能机器人会成为智能制造系统中最重要的硬件设备。某种意义上说，智能机器人的全面升级，是新一轮工业革命的重要内容。但在某些产品领域与生产线上，人力操作仍不可或缺，比如装配高精度的零部件、对灵活性要求较高的密集劳动等。在这些场合人机协作机器人将发挥越来越大的作用 。

所谓的人机协作，即是由机器人从事精度与重复性高的作业流程，而工人在其辅助下进行创意性工作。人机协作机器人的使用，使企业的生产布线和配置获得了更大的弹性空间，也提高了产品良品率。灵活便携的协作机器人如图10-2所示。人机协作的方式可以是人与机器分工协作，也可以是人与机器一起工作 。

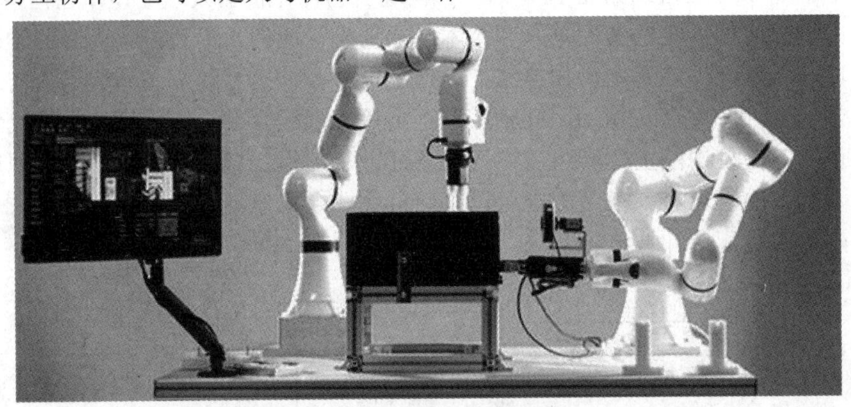

图10-2　灵活便携的协作机器人

不仅如此，智能制造的发展要求人和机器的关系发生更大的改变。人和机器必须能够相互理解、相互感知、相互帮助，才能够在一个空间里紧密地协调，自然地交互并保障彼此的安全。

在制造业转型升级的时代洪流中，智能机器人将越来越深入我们的工作与生活。如果忽视了智能机器人的研发与推广，整个《中国制造2025》发展战略可能会从根基上动摇。而人和设备、机器在一起工作的人机协作模式，可以提高企业效率、加强质量控制、增强生产的灵活性，可以减少物流线的成本，让制造企业更靠近市场。机器人是智能制造的支撑设备，而人机协作将成为下一代机器人的本质特征 。

10.2　协作机器人的发展概况

未来的智能工厂是人与机器和谐共处所缔造的，这就要求机器人能够与人一同协作，并与人类共同完成不同的任务。这既包括完成传统的“人干不了的、人不想干的、人干不好的”任务，又包括能够减轻人类劳动强度、提高人类生存质量的复杂任务。正因如此，人机协作可被看作新型工业机器人的必有属性。

人机协作给未来工厂的工业生产和制造带来了根本性的变革，具有决定性的重要优势，概述如下：

(1) 生产过程中的灵活性最大。

(2) 承接以前无法实现自动化且不符合人体工学的手动工序，减轻了员工负担。

(3) 降低了受伤和感染危险(例如使用专用的人机协作型夹持器)。

(4) 高质量完成重复性的流程，无需根据类型或工件进行再投资。

(5) 采用内置的传感系统，提高生产率和设备复杂程度。

基于人机协作的优点，顺应市场需求、更加灵活的协作型机器人成为一种承担组装和提取工作的可行性方案。它可以把人和机器人各自的优势发挥到极致，让机器人更好地和工人配合，能够适应更广泛的工作挑战。

协作机器人的主要特点有：

(1) 轻量化，使机器人更易于控制，提高安全性。

(2) 友好性，保证机器人的表面和关节是光滑且平整的，无尖锐的转角或者易夹伤操作人员的缝隙。

(3) 具有感知能力，能感知周围的环境，并根据环境的变化改变自身的动作行为。

(4) 人机协作具有敏感的力反馈特性，当达到已设定的力时会立即停止，在风险评估后可不需要安装保护栏，使人和机器人能协同工作。

(5) 编程方便，对于一些普通操作者和非技术背景的人员来说，都非常容易进行编程与调试。

10.3　FANUC Robot CRX-10iA 机器人简介

FANUC Robot CRX-10iA 是一款有着友好流线型外观的轻型协同作业机器人，总体模型如图 10-3 所示。协作机器人具有安全性高、柔性灵活、与人协作等特性，对制造企业有极大的吸引力，他们将协作机器人引入生产线中，来实现更智能、柔性的制造流程。FANUC 协作机器人的出现，扫除了人机协作的障碍，它既能与人类并肩协同工作，又可确保周边区域安全无虞。无论是汽车轮胎组装、机床工件搬运还是电子产品装配，FANUC 协作机器人系列都能轻松拿下。

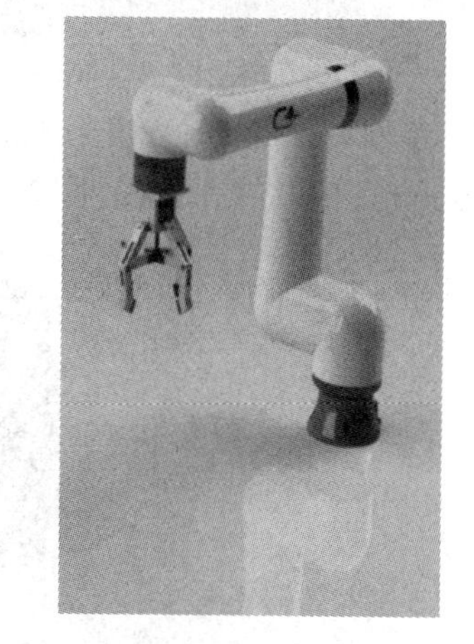

图 10-3　FANUC Robot CRX-10iA 总体模型

FANUC Robot CRX-10iA 结构较简单，机械臂自身运行功耗低，质量轻，紧凑，易于安装。我们以电动机为动力源来实现机械臂的运动与机械爪的抓取等动作，选用 PLC 系统来控制驱动电路。机器人外壳主体选用成本低廉且经久耐用的塑料作为制作材料，同时也降低了机器人自身的负载，节省了一部分能耗。

该机械臂为六自由度机械臂，从底座开始编号(J1～J6)。机械臂总体可分为四段，外形均为柱状。底座和J1轴提供*Y*轴的角度旋转，其余三大部分形成连杆机构，可以使爪部以任何姿态达到有效范围的任何预定位置。

该机械臂外壳材料为白色轻型塑料，显得更为干净可靠，外观采用较有科技感的曲面设计，在同轴旋转的接缝处添加了红色的环形作为标识，可以增加美观度。J4轴上印有红色的LOGO标识。底座材料为拥有厚重感的黑色塑料。

第一段(底座、J1)总长为245 mm，如图10-4所示。底座最粗处为底部，直径为190 mm，最细处为与J1轴连接处，直径为160 mm；J1轴最宽处为与J2轴连接的中心轴线处，直径为180 mm。

第二段(J2)总长为540 mm，如图10-5所示。与J1轴连接的中心轴线处直径为180 mm，与J3轴连接的中心轴线处直径为160 mm，全轴最细处直径为150 mm。

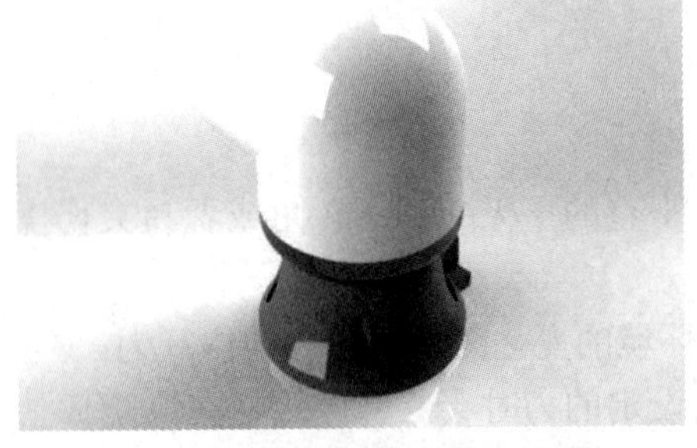

图10-4 机械臂第一段三维图

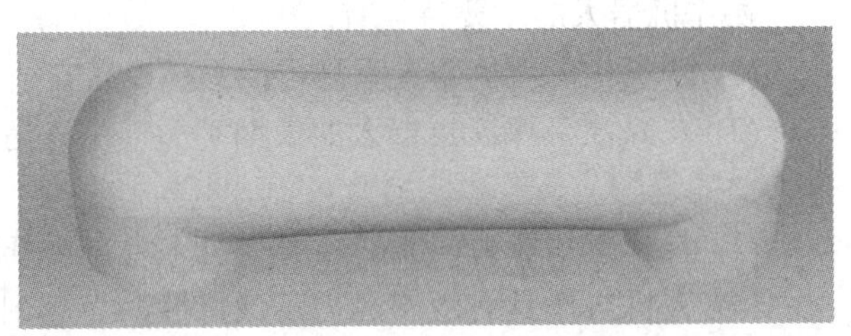

图10-5 机械臂第二段三维图

第三段(J3、J4)总长为540 mm，如图10-6所示。与J2轴连接的中心轴线处直径为160 mm，与J5轴连接的中心轴线处直径为140 mm，全轴最细处直径为130 mm。

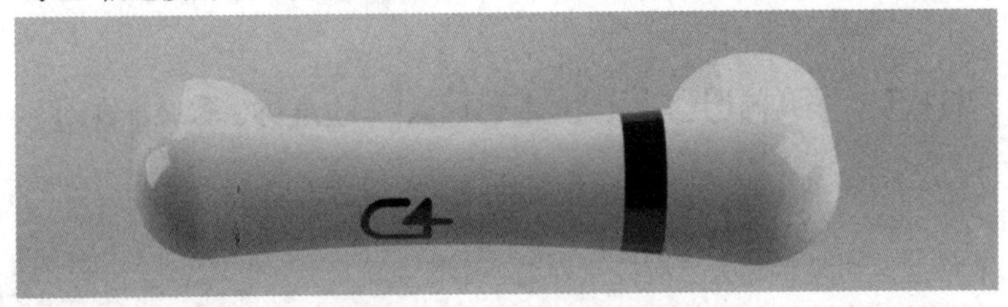

图10-6 机械臂第三段三维图

第四段(J5、J6)总长为160 mm，如图10-7所示。与J4轴连接的中心轴线处直径为140 mm，J6法兰盘直径为120 mm。J6法兰盘可接机械爪或焊枪等。

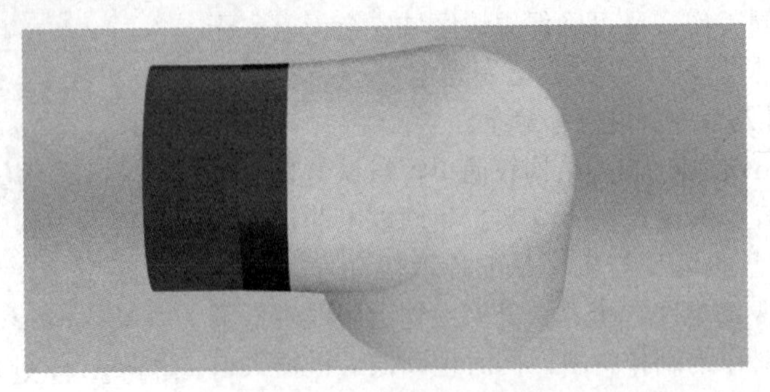

图10-7 机械臂第四段三维图

机械臂可达半径为 1240 mm。手腕部可搬运的质量达 10 kg，协同模式最高速度可达 1000 mm/s，高速模式最高速度可达 2000 mm/s，其工作范围如图 10-8 所示。

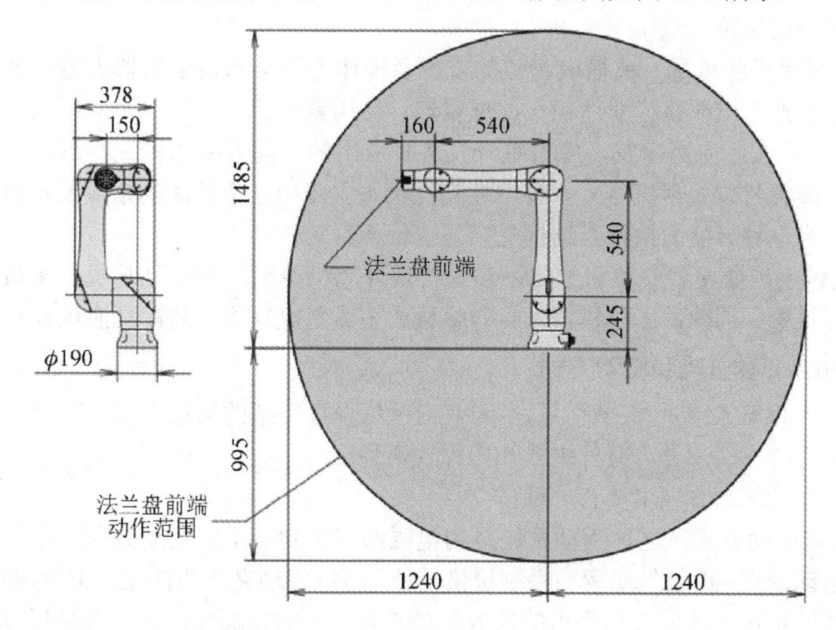

图 10-8　机械臂工作范围示意图

机械臂驱动电机均布置在前轴上(如 J1、J2 间的旋转驱动电机布置在 J1 轴里)，电机与减速器均用螺钉一起固定在机械臂外壳上。减速器输出轴直接连接驱动齿轮。

同轴旋转处(底座和 J1、J3 和 J4、J5 和 J6)采用差动轮传动，太阳轮与伺服电机连接，齿圈与从动轴固定。其他旋转处采用直齿圆锥齿轮传动，驱动齿轮与伺服电机连接，从动齿轮与从动轴固定。

为了保证轴之间的旋转，满足耐用性、可靠性、精准性以及机身整体的轻量化考量，在各个机械轴之间的连接处采用陶瓷轴承支撑。

10.4　协作机器人的装配设计

10.4.1　机械手爪

1. 机械手爪的设计要求

机器人手爪即机械手爪是可以实现类似人手功能的机器人部件，是用来握持工件或工具的重要执行机构之一，既是一个主动感知工作环境信息的感知器和最后执行器，又是一个高度集成的具有感知功能和智能化的机电系统。衡量一个机械手爪设计水平的重要标志是：抓取可靠，控制简单，环境适应性好，自适应性强，能够实现可靠、快速、精确的抓取。

在设计机械手爪时，应注意以下问题：

(1) 机械手爪是根据机器人作业要求来设计的。机械臂配备不同的机械手爪可以应用于不同的场所。因此，根据作业的需要和人们的想象力而创造的新的机械手爪，将不断扩大机器人的应用领域。

(2) 机械手爪的重量、被抓取物体的重量及操作力的总和决定机器人容许的负荷力，因此，要求机器人末端执行器体积小、重量轻、结构紧凑。

(3) 从工业实际应用出发，应着重开发各种专用的、高效率的机械手爪，加之以手爪的快速更换装置，以实现机器人多种作业功能。不主张用一个万能的末端执行器去完成多种作业，因为这种万能的执行器结构复杂且造价昂贵。

(4) 机械手爪要便于安装和维修，易于实现计算机控制。实行计算机控制最方便的是电气式执行机构，因此，工业机器人执行机构的主流是电气式，其次是液压式和气压式。

2. 机械手爪的分类和驱动方式

一般工业机器人手爪(机械手爪)多为双指手爪。按手指的运动方式，可分为回转型和移动型；按夹持方式来分，有外夹式和内撑式两种。

机械手爪的驱动方式主要有三种：

(1) 气动驱动方式。这种驱动系统是用电磁阀来控制手爪的运动方向，用气流调节阀来调节其运动速度。由于气动驱动系统价格较低，所以气动夹持器在工业中应用较为普遍。另外，气体的可压缩性使气动手爪的抓取运动具有一定的柔顺性，这一点是抓取动作十分需要的。气动驱动方式的缺点是稳定性较差，位置控制和速度控制精度不高，且噪声往往较大。

(2) 电动驱动方式。电动驱动手爪应用也较为广泛。这种手爪一般采用直流伺服电机或步进电机，并需要减速器以获得足够大的驱动力和力矩。电动驱动方式可实现手爪的力与位置控制，但是，这种驱动方式不能用于有防爆要求的场合，因为电机有可能产生火花和发热。

(3) 液压驱动方式。液压驱动系统传动刚度大，可实现连续位置控制。缺点是液压元件修复较复杂，且需要有较高的技术水平，传动效率也比较低。

3. 机械手爪的典型结构及装配设计

机械手爪用来握持工件或工具，是重要的执行机构之一。根据机器人所握持工件的形状不同，机械手爪的结构形式可分为多种类型，主要包括楔块杠杆式、滑槽式、连杆杠杆式、齿轮齿条式和平行杠杆式等。

(1) 楔块杠杆式手爪。这种手爪利用楔块与杠杆来实现手爪的松、开，以实现抓取工件。

(2) 滑槽式手爪。当活塞向前运动时，滑槽通过销子推动手爪合并，产生夹紧动作和夹紧力，当活塞向后运动时，手爪松开。这种手爪开合行程较大，适合抓取大小不同的物体。

(3) 连杆杠杆式手爪。在活塞的推力下，连杆和杠杆使手爪产生夹紧(放松)运动，由于杠杆对力的放大作用，这种手爪有可能产生较大的夹紧力。通常与弹簧联合使用。

(4) 齿轮齿条式手爪。这种手爪通过活塞推动齿条，齿条带动齿轮旋转，产生手爪的夹紧与松开动作。

(5) 平行杠杆式手爪。这种手爪采用平行四边形机构，因此不需要导轨就可以保证手爪的两手指保持平行运动，比带有导轨的平行移动手爪的摩擦力要小很多。

结合具体的工作情况，协作机器人的手爪装配设计可采用连杆杠杆式的 4 指手爪。用电动驱动方式驱动活塞往复移动，通过活塞杆使手爪张开或闭合。手指的最小开度由加工工件的直径来调定。本设计按照工件的直径为 50 mm 来设计。机械手爪三维结构形式如图 10-9 所示。

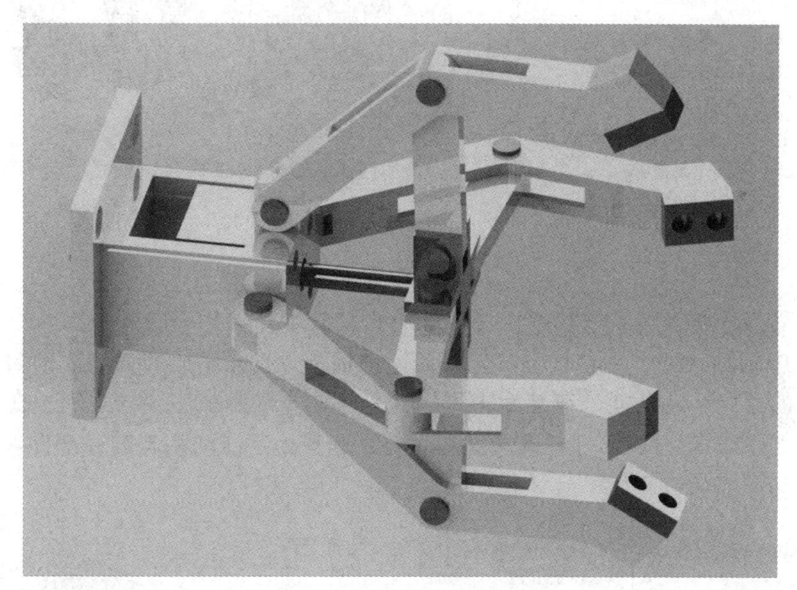

图 10-9　机械手爪三维结构形式

10.4.2　零部件的操作方法

在零部件的装配过程中，当装配多个相同的零部件时，使用阵列或镜像功能可以避免多次插入零部件的重复操作。使用移动或旋转功能可以平移或旋转零部件。

零部件阵列的操作方法可以分为线性零部件阵列和圆周零部件阵列两种。线性阵列方法可以生成零部件的线性阵列，操作步骤主要为两步：首先，采用重合和同心配合，将两个零件装配在一起：然后，点选出线性零部件的线性阵列属性对话框，在属性对话框中分别指定线性阵列的方向 1、方向 2，以及各方向的间距、实例数，选择要阵列的零部件，点击确认后即可完成线性阵列零部件的操作。

圆周阵列方法可以生成零部件的圆周阵列，与线性阵列方法类似，操作步骤主要也分为两步：首先，采用重合和同心配合，将两个零件装配在一起：然后，点选出零部件的圆周阵列属性对话框，在属性对话框中分别指定圆周阵列的阵列轴、角度和实例数（阵列数），以及要阵列的零部件，点击确认后即可生成零部件的圆周阵列。

当固定的参考零部件为对称结构时，可以使用镜像零部件的命令来生成新的零部件。操作步骤主要为两步：首先，在装配体环境中导入一个零件，选择“装配体”面板中的“镜像零部件”，打开其属性对话框；然后，选择镜像基准面、要镜像的零部件，确认后即可生成镜像零部件。示例如图 10-10 所示。

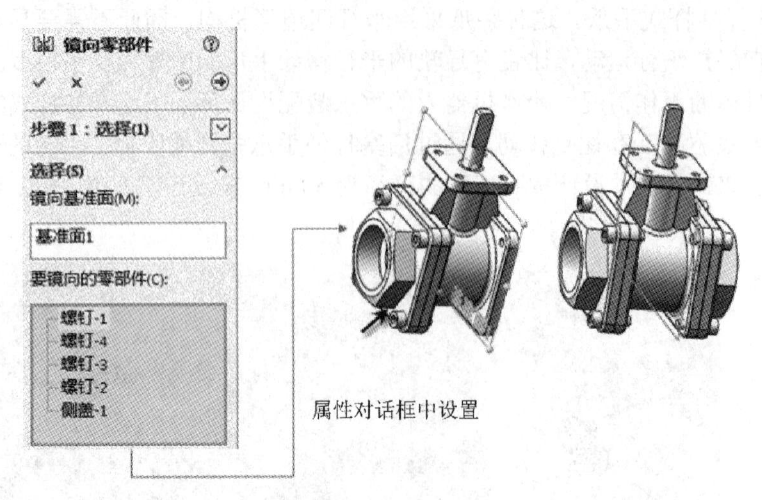

图 10-10 镜像零部件

利用移动零件和旋转零件功能，可以任意移动处于浮动状态的零件（即不完全约束），如图 10-11 中的轴就处于浮动状态。如果该零件被部分约束，则在被约束的自由度方向上是无法运动的。利用此功能，在装配中可以检查哪些零件是被完全约束的。在“装配体”面板中点选“移动零部件”，打开其属性对话框。选择处于浮动状态的零部件，按住鼠标左键，即可移动零部件。

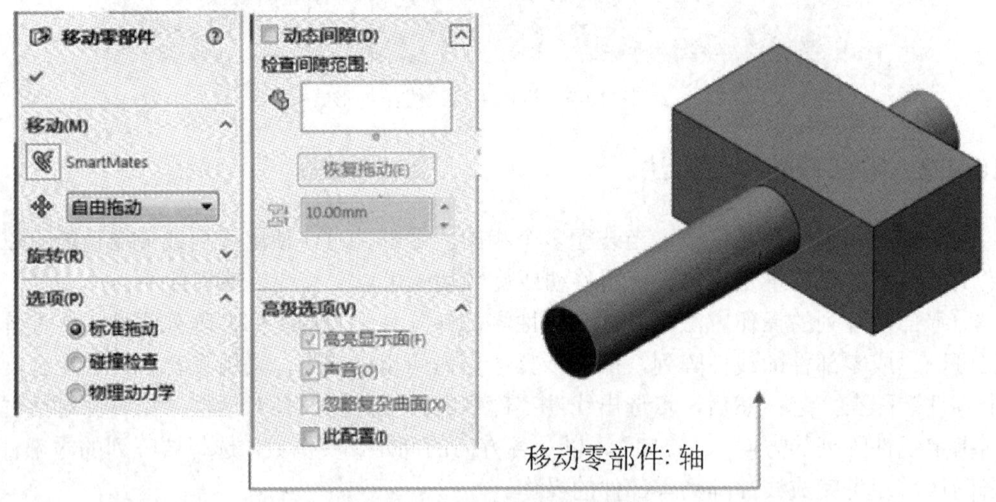

图 10-11 浮动状态的零部件

10.4.3 协作机器人的整体装配

在下面的装配设计实例中，将使用已创建的协作机器人的各个素材零件，完成它的整体装配体建模。

步骤 1，添加第一个固定零件底座模型。

单击标准工具栏上的“新建”按钮，出现“新建 SOLIDWORKS 文件”对话框，选择 gb_assembly 图标，单击“确定”按钮进入装配体窗口。进入装配体设计模块，系统弹出“开始装配体”属性对话框，单击“浏览”按钮，调入第一个零件“底座 1”。将鼠标移动到特征管理器，在设计树中展开特征，点击视图窗口插入第一个固定零件，如图 10-12 所示。

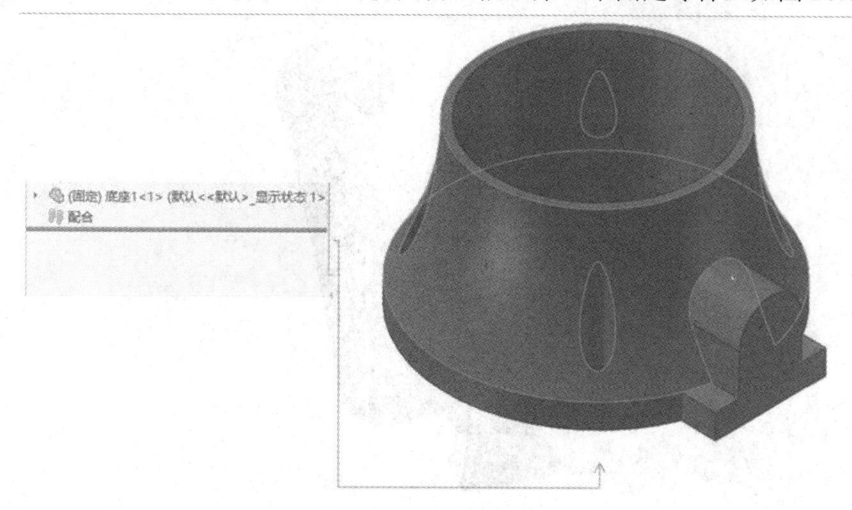

图 10-12　第一个固定零件

步骤 2，在底座中装配电机和 J1 零件。

单击“装配体”工具栏中的“插入零部件”打开属性管理器，找到要插入的零件“motor”，在合适的位置单击以放置零件，然后单击“配合”按钮，完成电机和底座“同心”轴孔的配合，并且完成底座上表面和电机轴端平面的“重合”配合。然后，再次单击“插入零部件”打开属性管理器，找到要插入的零件“J1”，完成底座的上表面与 J1 轴的下表面的“重合”，如图 10-13 所示。

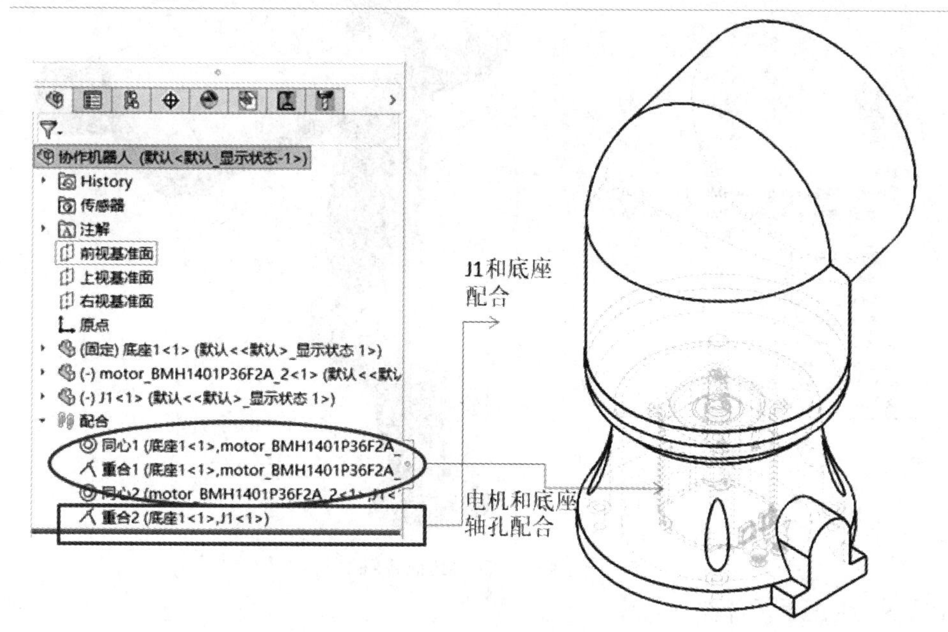

图 10-13　底座中装配电机和 J1 零件

步骤 3，装配 J2 零件。

单击“插入零部件”打开属性管理器，找到要插入的零件“J2”，在合适的位置单击以放置零件，然后单击“配合”按钮，完成 J1 和 J2 零件的“重合”同轴配合，同时重合两轴的回转边线，如图 10-14 所示。

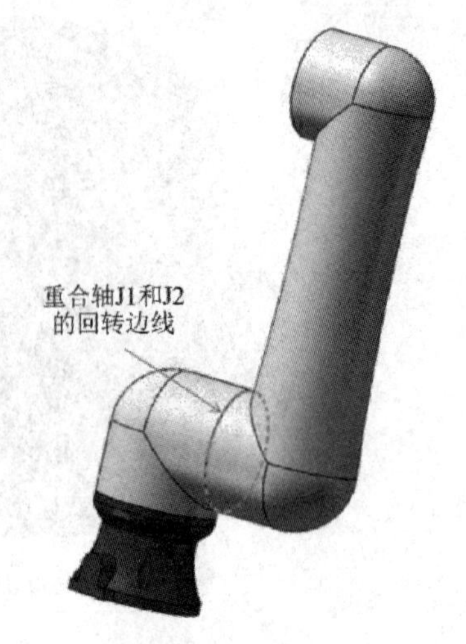

图 10-14　装配 J2 零件

步骤 4，采用类似方法装配其他各轴零件。

单击“插入零部件”打开属性管理器，找到要插入的零件“J3”“J4”“J5”“J6”，在合适的位置单击以放置零件，然后单击“配合”按钮，完成 J3～J6 零件的“重合”或“同心”同轴配合，同时重合两轴的回转边线，配合关系如图 10-15 所示。

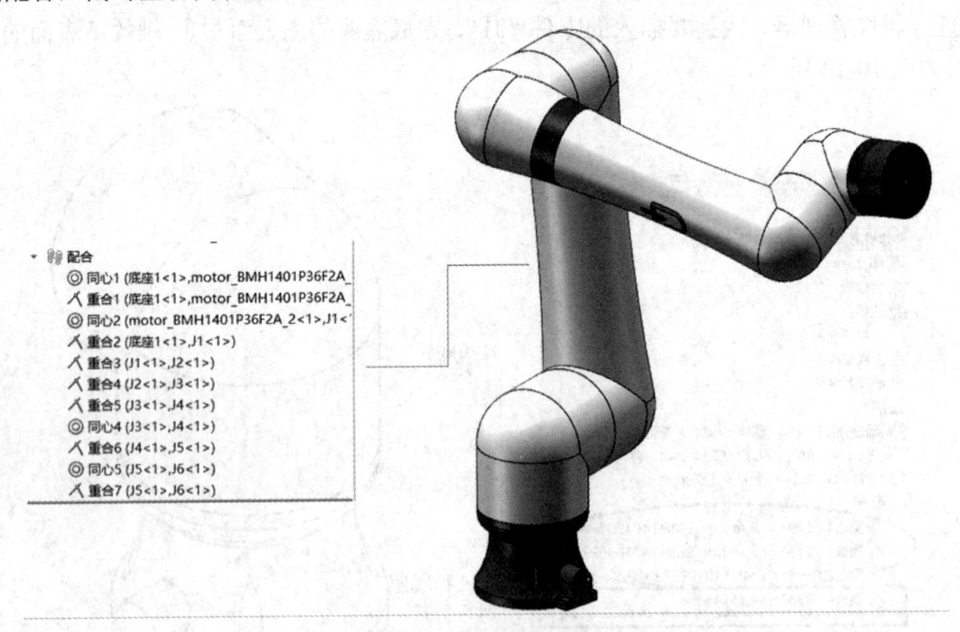

图 10-15　装配其他各轴

步骤 5，装配手爪部件。

单击“插入零部件”打开属性管理器，找到要插入的零件，找到“手爪装配体”的装配体文件，在合适的位置单击以放置手爪装配体部件，然后单击“配合”按钮，完成 J6 零件“孔”和手爪“轴”的轴孔同心配合，最终实现协作机器人的整体装配，如图 10-16 所示。

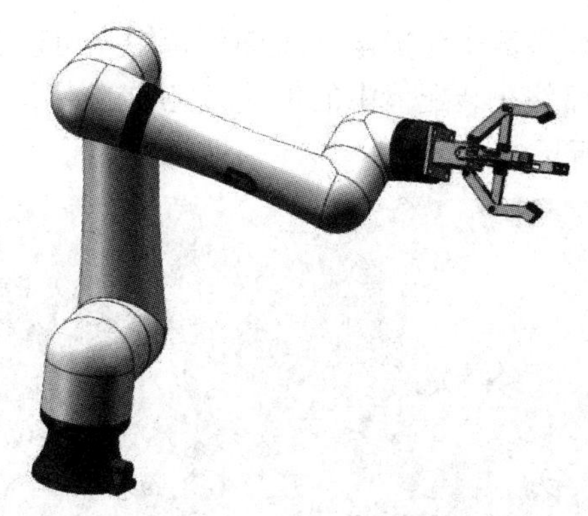

图 10-16　装配手爪部件

10.4.4　爆炸视图

如果需要更清楚地观察零件的组成结构、装配形式，则可将装配图分解成零件，这种表达叫作装配爆炸视图。装配体可在正常视图和爆炸视图之间切换。一旦创建爆炸视图，用户可以对其进行编辑，还可以将其引入二维工程图，并可用激活状态的配置来保存爆炸视图。

使用爆炸视图命令，可以爆炸装配体的所有零件，爆炸视图命令根据零件之间的装配关系自动定义爆炸方向。单击“装配体”面板中的“爆炸视图”按钮，系统弹出爆炸属性对话框，选择爆炸步骤类型，设置适当的爆炸距离，可以完成自动爆炸。爆炸视图支持常规步骤和径向步骤两种方式，常用参数设定如表 10-1 所示。

表 10-1　爆炸属性对话框常用参数

爆炸步骤 *n*	爆炸到单一位置的一个或多个所选零部件
尺寸链 *n*	选择“拖动时自动调整零部件间距”时，沿轴心爆炸的两个或多个成组所选零部件
爆炸步骤零部件	显示当前爆炸步骤所选的零部件
爆炸方向	显示当前爆炸步骤所选的方向
爆炸距离	显示当前爆炸步骤零部件移动的距离
旋转轴	对于带零部件旋转的爆炸步骤，设置旋转轴
旋转角度	设置零部件旋转程度
绕每个零部件的原点旋转	将零部件设置为绕零部件原点旋转。选定时，将自动增添旋转轴选项
应用	单击以预览对爆炸步骤的更改
完成	单击以完成新的或已更改的爆炸步骤
拖动时自动调整零部件间距	拖动时，沿轴心自动均匀地分布零部件组的间距
调整零部件链之间的间距	调整拖动时自动调整零部件间距放置的零部件之间的距离
选择子装配体零件	选择此选项可让您选择子装配体的单个零部件。清除此选项可让您选择整个装配体
重新使用子装配体爆炸(R)	使用先前在所选子装配体中定义的爆炸步骤

除了在面板中设定爆炸参数来生成爆炸视图外，用户可以自由拖动三重轴的轴来单独爆炸某一零件或者改变零部件在装配体中的位置。完成的带机械手爪的 FANUC 协作机器人的爆炸视图如图 10-17 所示。

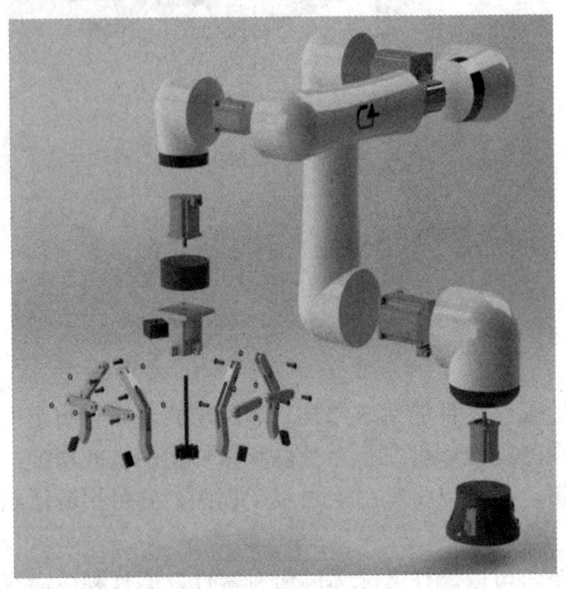

图 10-17 爆炸视图

第 11 章　工业机器人的装配建模

工业机器人本体由旋转机座、大臂、小臂等部位组成，是机器人外面最直接的机械结构。机器人本体结构件包含铸铁、铸钢、铸铝、结构钢等多种材质。现有的工业机器人通常是六轴工业机器人，六轴工业机器人一般有 6 个自由度，常见的包含旋转底座(S 轴)、下臂(L 轴)、上臂(U 轴)、手腕旋转(R 轴)、手腕摆动(B 轴)和手腕回转(T 轴)。6 个关节合成实现末端的 6 自由度动作。装配建模过程就是在装配中建立工业机械臂各部件之间的链接关系，可以生成由许多零部件所组成的复杂装配体，这些零部件可以是零件或者其他装配体(也被称为子装配体)。

本章知识点与方法路线如图 11-1 所示。重点内容包括了解工业机器人的背景和发展现状、机械臂的分类，掌握插入零部件的属性设置，完成关键零部件的参数设计，按照自底向上的装配建模方法，完成工业机器人的装配设计实践。本章包括从零件制作装配体、插入装配零件与删除装配零件、零部件的装配配合关系配置、零件的 3D 打印等内容，在装配体环境中，可以很方便地将零件设计中生成的零件按照一定的装配关系进行装配，同时零部件中的更改将自动反映在装配体中。

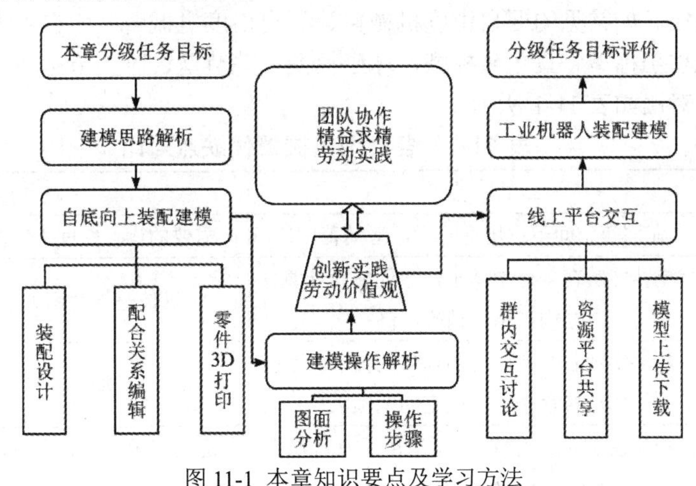

图 11-1　本章知识要点及学习方法

11.1　背景与现状

国内对工业机器人的定义是：工业机器人是一种能自动定位控制，可重复编程的多功能、多自由度的操作机，它能搬运材料零件或夹持工具，以完成各种作业。工业机器人是一个复杂的系统，具有信号多输入和多输出、非线性和强耦合等特点。

人靠着各种感觉器官感知外部世界，而传感器就是机械臂的“感觉器官”。在工业生产中，机械臂通常按照传感器提供的信号，根据程序运动到指定地点完成相应工作。因此，机械臂从事复杂的工作的基础和前提是如何从传感器获取信号，同时对预设的动作进行精确的执行操作。

六轴工业机械臂(也叫六轴工业机器人)广泛应用于各种工业领域，如汽车制造、电子组装、食品加工、物料搬运等。它们可以执行精确的任务，如零件装配、焊接、喷涂、抓取和放置物体等。六轴工业机械臂具有灵活性和精准性，可以大大提高生产效率并降低人工成本。这种类型的机械臂可实现六个自由度的运动，即机械臂可以在笛卡尔坐标系中的任意位置以任意姿态进行运动。六轴代表了机械臂在空间中能够进行的六种基本运动，分别是沿 X、Y 和 Z 轴的平移运动，以及绕 X、Y 和 Z 轴的旋转运动。它通常由六个关节组成，每个关节都具有一个电机和传动装置，用于控制机械臂在空间中的运动。

六轴机械臂成本高，操作复杂，不易在中小企业中普及，所以如何降低机械臂的使用成本，使其更好地应用在小型物料生产线上，更好地为中小企业的智能化生产服务，便成为当务之急。

11.2 机械臂的分类

机械臂是指高精度、高速点胶机械手，具有很强的灵活性，被广泛使用。目前常规的机械臂由用于抓取工件的夹爪、实现多样转动或者摆动的运动机构和实现运动机构的运动控制系统等构成。如常见的四自由度机械臂、五自由度机械臂、六自由度机械臂。常见的机械臂分为圆柱坐标型、直角坐标型、球坐标型、关节型、肘关节型和平面关节型六类，它们的优缺点对比如表 11-1 所示。

表 11-1 各类型机械臂优缺点对比

机械臂的类型	优 点	缺 点
圆柱坐标型	在同等空间下占用空间小，运动范围广	需要的运行空间大，不适合小空间使用
直角坐标型	整体能够在坐标中读出，方便编程计算，结构简单，精确度高	机体整体空间大，转动存在缺陷
球坐标型	能够实现各个方向上的物体的抓取，且整体连接紧密，可达空间范围大	加工、制造成本高
关节型	能够模仿人的关节运动，适用于有特殊需求且重复性动作的场所	运动局限性大，不适合运动关系复杂的工作
肘关节型	工作范围广，灵活性强	只局限于机械臂附近工件的抓取
平面关节型	结构简单，普遍适用于零件装配过程	成本高，加工精度需要严格控制

圆柱坐标型机械臂由垂直方向的轴向转动和横向的滑移运动组成，竖直方向上的轴向运动加上水平方向上的滑移运动形成的工作空间为圆柱形结构，如图 11-2 所示。

直角坐标型机械臂由三个方向相互垂直的线性系统组成，线性运动包括 X 轴、Y 轴和 Z 轴上的运动，形成的工作空间为长方体形结构，如图 11-3 所示。

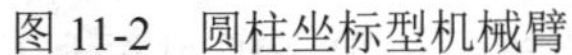

图 11-2　圆柱坐标型机械臂

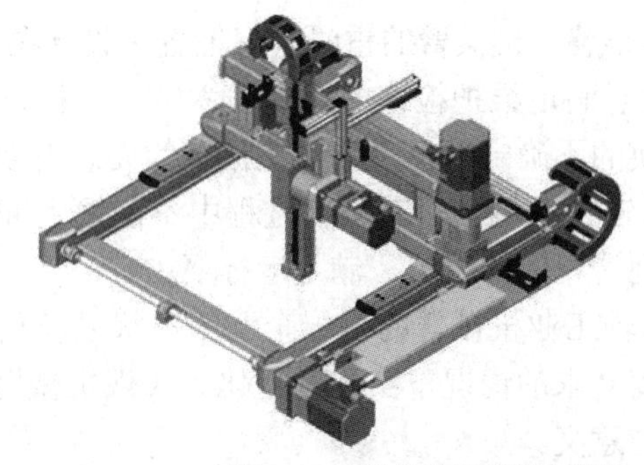

图 11-3　直角坐标型机械臂

球坐标型机械臂又名极坐标型机械臂，由一个围绕轴向转动、一个俯仰运动和一个伸缩运动组成，其形成的工作空间为球形结构，如图 11-4 所示。

关节型机械臂又名回转坐标型机械臂，由三个自由度组成，三个自由度均为回转运动，类似于人体的关节运动，如图 11-5 所示。

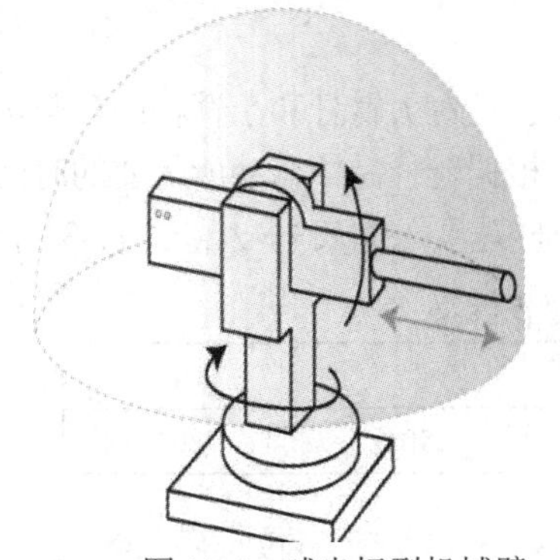

图 11-4　球坐标型机械臂

图 11-5　关节型机械臂

肘关节型机械臂是由一个作回转或者俯仰运动的大臂、作俯仰摆动的小臂组成的运动系统，如图 11-6 所示。

平面关节型机械臂由前后、左右运动的两个回转关节、一个上下运动的移动关节组成，形成的工作空间的纵截面为矩形结构，如图 11-7 所示。

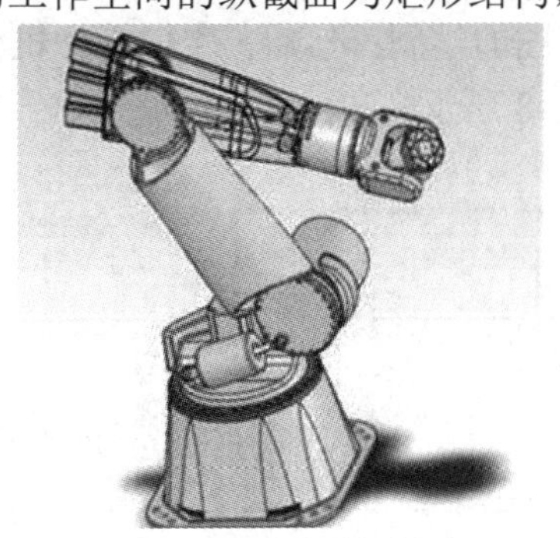

图 11-6　肘关节型机械臂

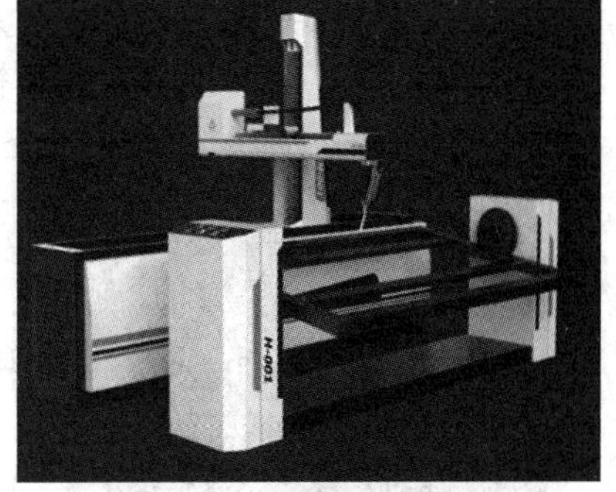

图 11-7　平面关节型机械臂

六轴工业机械臂虽然可以通过各关节之间的转动完成各项任务，减小整体体积，节约搬运成本，但是在一些复杂条件下使用的时候，六轴工业机械臂还存在很多不足之处，因此，对机械臂的各个组成部分的刚度、可靠性、安全性有更高的要求。六轴工业机械臂的设计需要达到的要求如下：

(1) 减小整个机械臂的重量，保证各个设计参数不低于传统机械臂设计参数。

(2) 为了满足维护检修的要求，六轴工业机械臂的可达工作空间要能完全实现；由于零部件更换的不确定性，所以对机械臂的姿态有要求。

(3) 六轴工业机械臂在运行过程中不能发生冲击，保证每一个关节能够按照指定的轨迹运动，到达指定的位置，满足运行要求。

(4) 六轴工业机械臂的每一个臂的形状以及尺寸要做到合理，保证在满足工作性能和强度、刚度要求的情况下实现轻量化。实现机械臂轻量化对于整体机械结构的刚度和稳定性有重要的意义。

(5) 六轴工业机械臂完成的工作存在很多的不确定性，需要考虑到六轴工业机械臂的安全性和可靠性，在保证正常运行的基础上，要尽可能延长六轴工业机械臂的使用寿命。

11.3 零件参数建模

根据现场需求对六轴工业机械臂的臂杆进行参数设计，包括对大臂杆和小臂杆的参数进行设计。首先，对臂杆的重量、形状、尺寸进行设计；其次，根据臂杆完成运动所需要的时间确定好臂杆的转动速度以及转动角度。各关节的行程及其电机转速要求如表 11-2 和表 11-3 所示。

表 11-2 六轴工业机械臂各关节行程

J1	J2	J3	J4	J5	J6
370°	136°	312°	720°	250°	720°

表 11-3 各关节电机转速要求 单位：转/分

v_1	v_2	v_3	v_4	v_5	v_6
22	19	21	30	30	43

下面对六轴机械臂的各个零组件进行三维实体建模。首先，根据六轴机械臂的工作空间初步合理地设计机械臂的形状和尺寸，方便后期进行装配，从而节约时间，提高效率，确定好机械臂各个组装零件的形状和尺寸之后进行草图的绘制；然后，生成六轴机械臂各个组成部分的零件模型，其中基座的参数视图如图 11-8 所示。

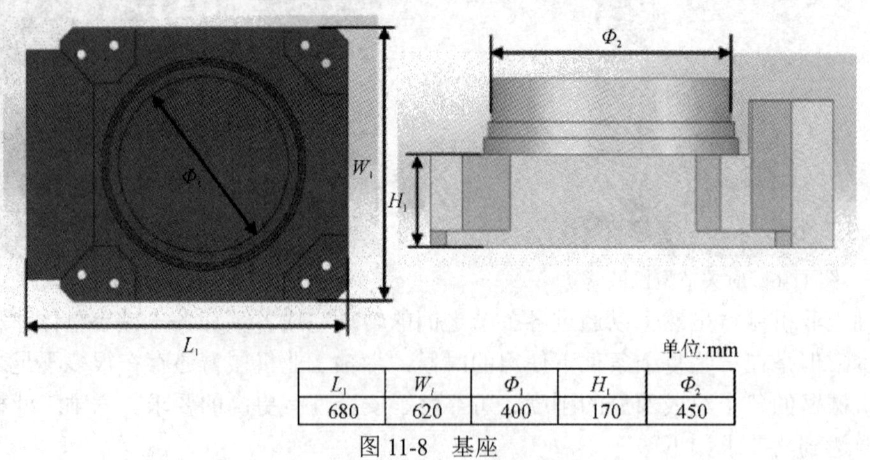

L_1	W_1	Φ_1	H_1	Φ_2
680	620	400	170	450

图 11-8 基座

建模步骤为：依次生成基座、肩部、大臂、小臂、腕部 J4 轴和 J5 轴、伺服电机以及其余必要的装配组件。部分零组件参数视图如图 11-9、11-10、11-11、11-12 和 11-13 所示。

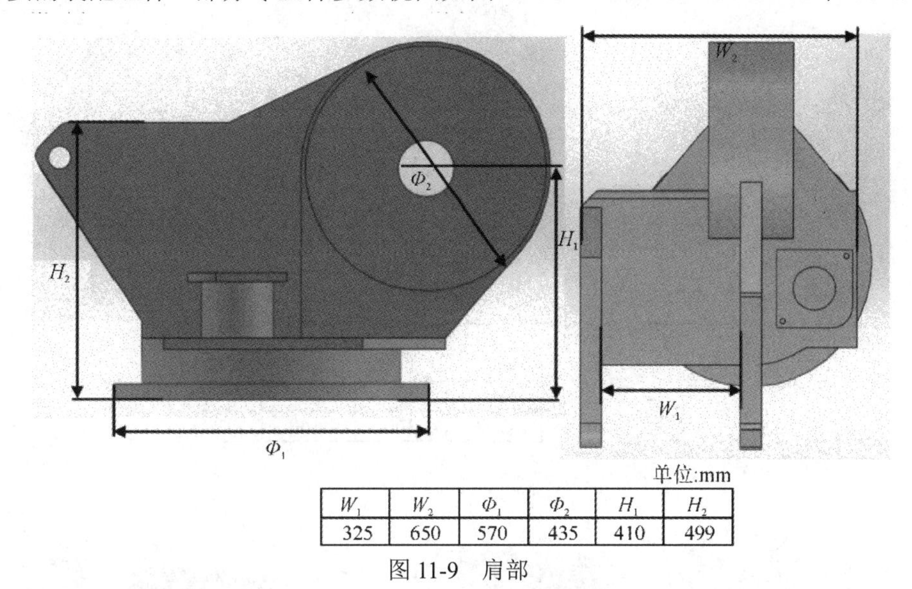

单位:mm

W_1	W_2	Φ_1	Φ_2	H_1	H_2
325	650	570	435	410	499

图 11-9　肩部

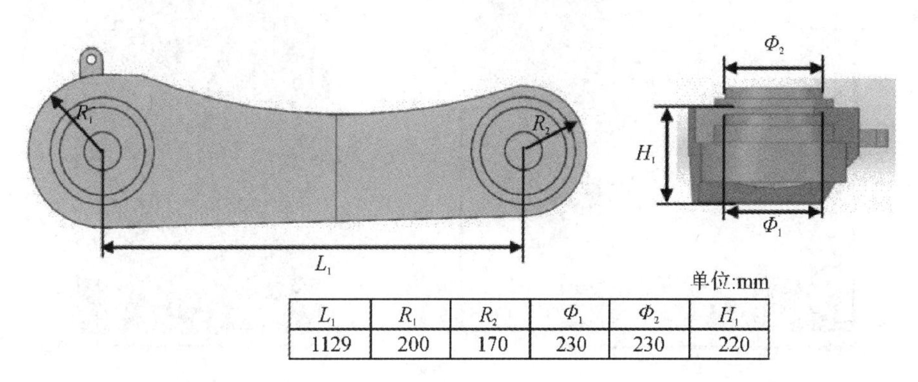

单位:mm

L_1	R_1	R_2	Φ_1	Φ_2	H_1
1129	200	170	230	230	220

图 11-10　大臂

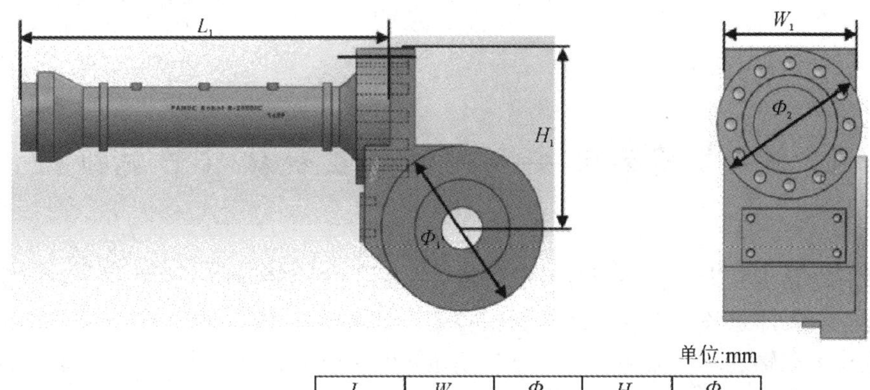

单位:mm

L_1	W_1	Φ_1	H_1	Φ_2
890	290	390	422	320

图 11-11　小臂

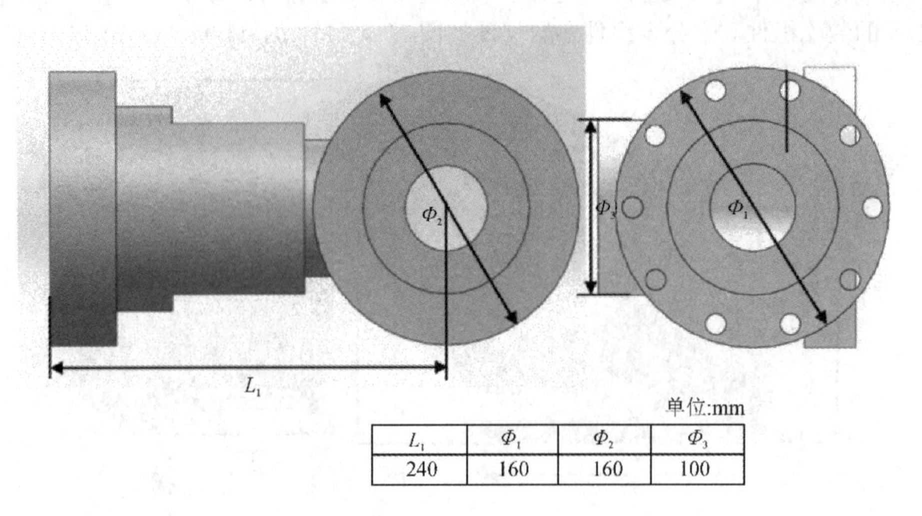

L_1	Φ_1	Φ_2	Φ_3
240	160	160	100

图 11-12 J4 轴

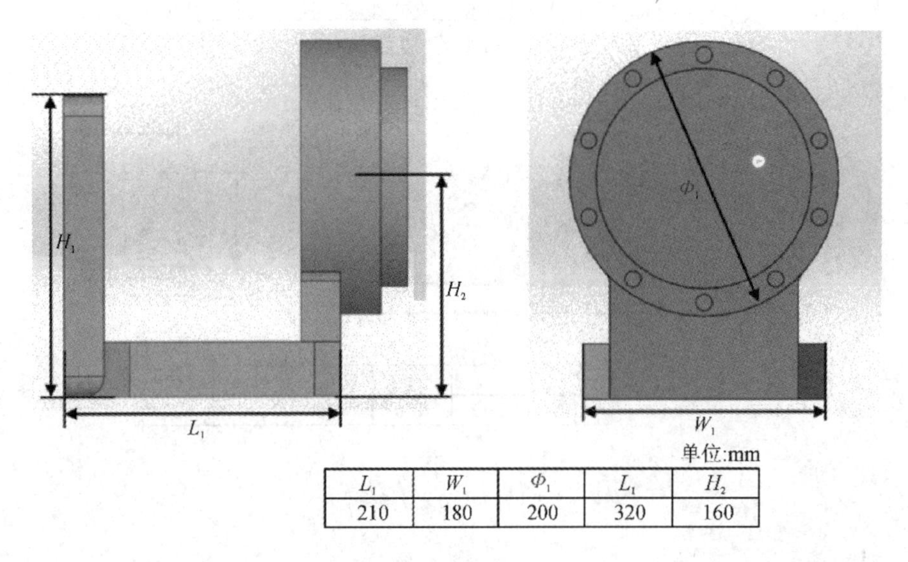

L_1	W_1	Φ_1	L_1	H_2
210	180	200	320	160

图 11-13 J5 轴

11.4 专项练习——六轴工业机械臂装配设计

本节对六轴工业机械臂各部分零组件进行装配，从而完成整个装配体的设计装配。在装配过程中需要注意各个零组件之间的相对连接关系，尽量减少各个零组件之间的约束关系，电机与运动轴之间、低端运动轴与基座之间的装配方式是固定的，运动轴之间的装配方式是活动的。装配好的六轴工业机械臂的整体结构如图 11-14 所示。

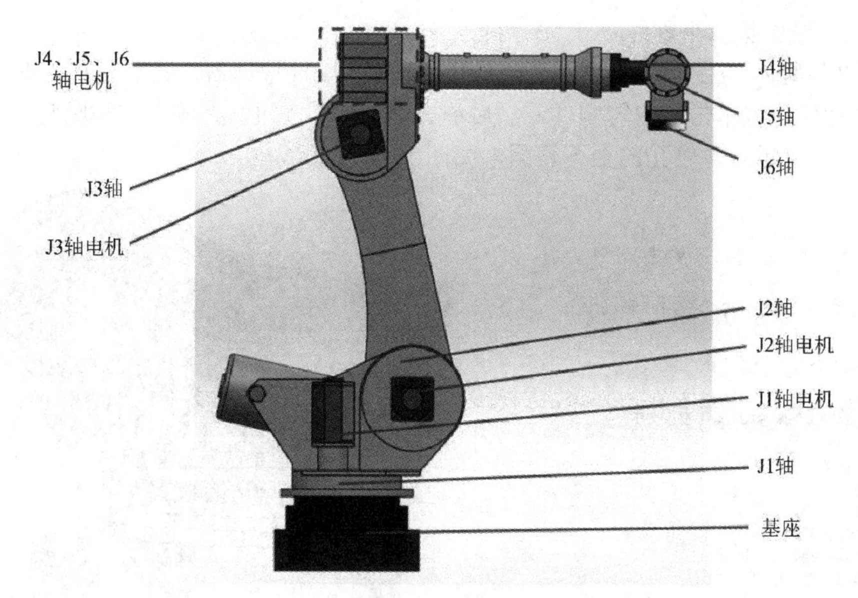

图 11-14　六轴工业机械臂的装配结构

在下面的装配设计实例中，将使用六轴工业机械臂的各个素材零件完成它的整体装配体建模。

步骤 1，新建装配体文件。

单击标准工具栏上的“新建”按钮，出现“新建 SOLIDWORKS 文件”对话框，选择 gb_assembly 图标，单击“确定”按钮进入装配体窗口。

步骤 2，添加第一个固定零件底座模型。

进入装配体设计模块，系统弹出“开始装配体”属性对话框，单击“浏览”按钮，调入第一个零件“底座”。将鼠标移动到特征管理器，在设计树中展开特征，点击坐标原点，使底座零件的原点和装配体原点重合，如图 11-15 所示。

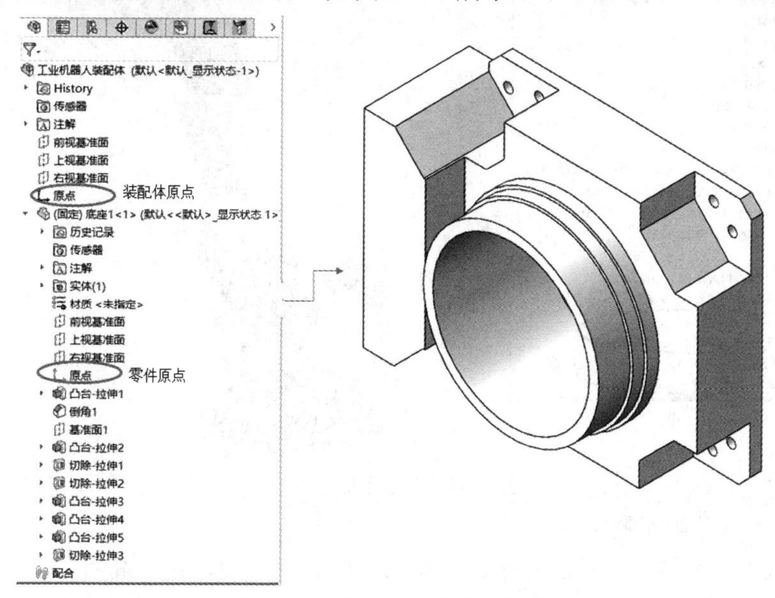

图 11-15　添加第一个固定零件

步骤 3，装配第二个零件。

单击“装配体”工具栏中的“插入零部件”打开属性管理器，找到要插入的零件“肩部”，在合适的位置单击以放置零件，然后单击“配合”按钮，完成肩部和底座“同心”轴孔配合，同时“重合”轴孔的上下表面，如图 11-16 所示。

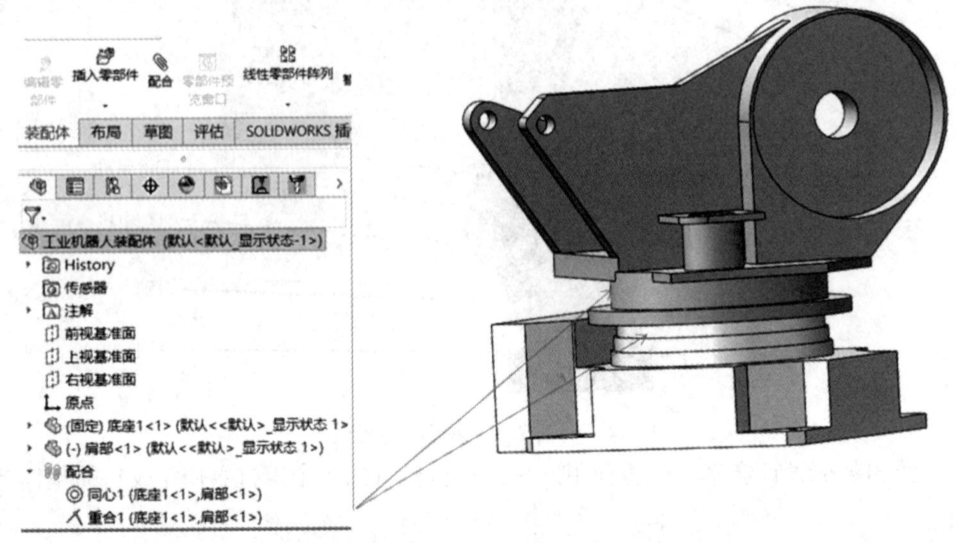

图 11-16 装配肩部零件

步骤 4，继续装配第三、四个零件。

继续调入大臂和小臂零件进行装配，在如图 11-17 中所示的两个轴孔之间添加“同心”和“重合”配合。

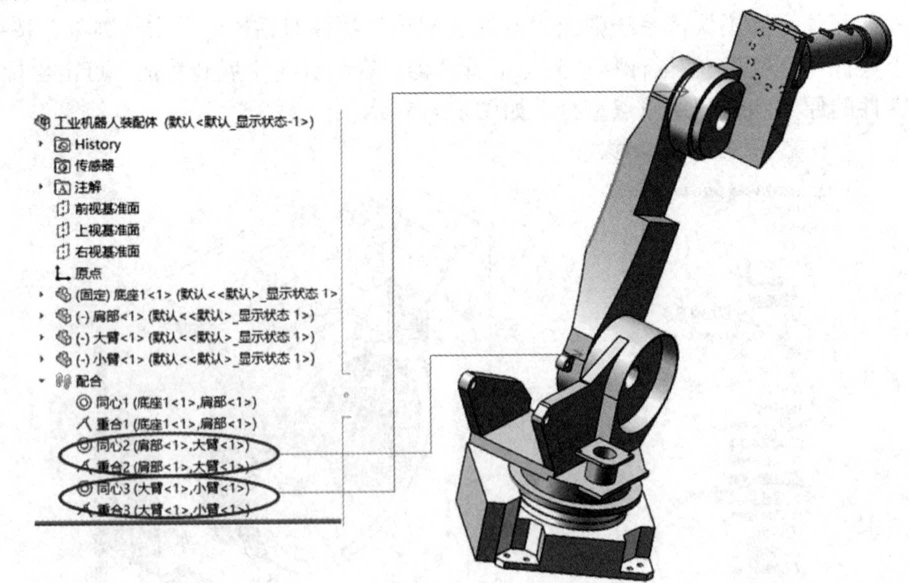

图 11-17 装配大、小臂

步骤 5，继续装配平衡缸。

继续调入“平衡缸”零件进行装配，单击“配合”按钮，在“高级配合”选项区中选择“宽度”配合，将肩部内侧两面作为宽度参考，平衡缸凸台两侧面作为薄片参考，点击确定，然后再完成肩部和平衡缸的“同轴”配合。同理调入“连杆”零件，完成连杆轴和平衡缸孔的“同轴心”配合，完成连杆内侧孔和大臂凸台孔的“同轴心”配合，如图 11-18 所示。

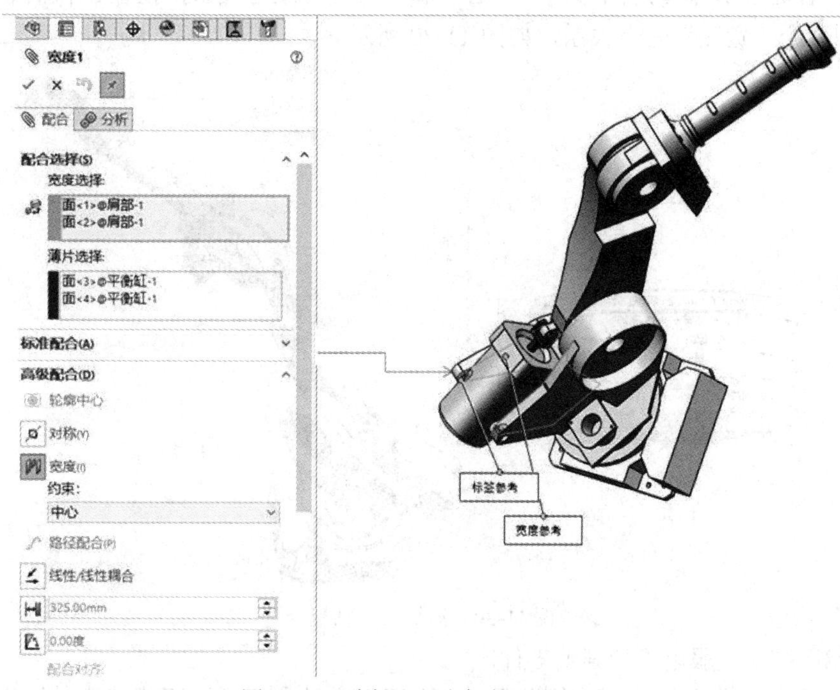

图 11-18　连杆和平衡缸的配合关系

步骤 6，设置连杆和平衡缸距离范围。

单击“装配体”工具栏中的“配合”按钮，在“高级配合”选项区中选择“距离”配合，按图 11-19 所示，设置平衡缸和连杆两面距离范围的最大值为 250 mm，最小值为 5 mm，以保证随着机械臂的活动，连杆轴不会脱离出平衡缸的内孔。

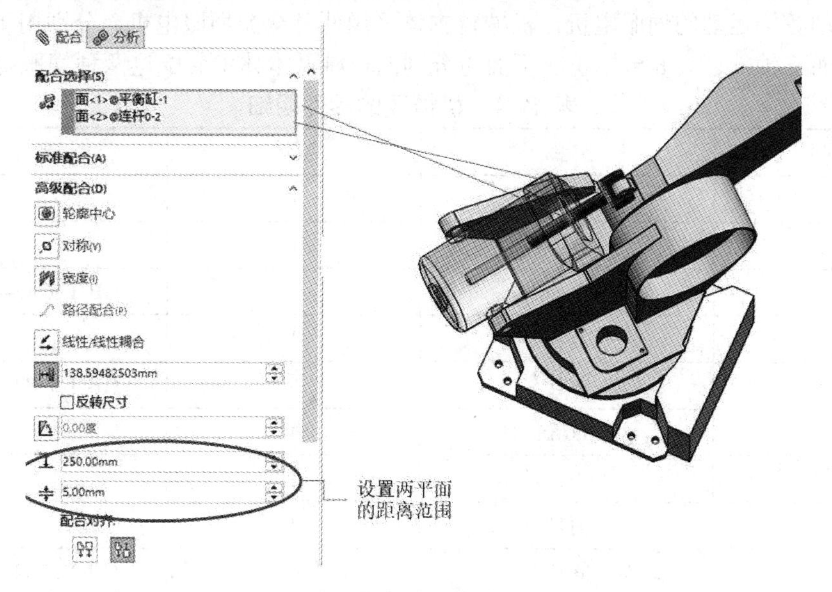

图 11-19　距离配合

步骤 7，装配机械臂的后三轴。

单击“装配体”工具栏中的“配合”按钮，在小臂和轴 4 之间添加“同心”和“重合”配合关系，在轴 5 和轴 4 之间添加“同心”和“宽度”配合关系，在轴 5 和轴 6 之间添加“重合”和两个“宽度”配合关系，如图 11-20 所示。

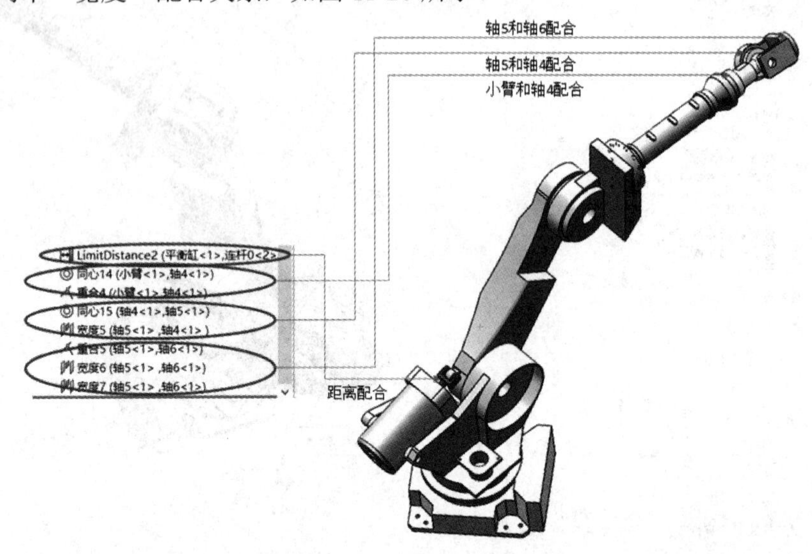

图 11-20 添加三个轴配合

步骤 8，装配伺服电机和其他零件。

随着工业自动化和智能制造的发展，工业机器人的应用领域不断延伸，优化伺服电机技术的同时降低成本，是增强国产产品竞争力的必然途径。伺服电机是一种补充马达间接变速的装置，可将电压信号转化为转矩和转速信号，以控制机器人的具象表现，是工业机器人的动力系统及运动的“心脏”。

六轴工业机械臂的各类零部件参见表 11-4。其中零件包含了标准件和常用件，部件包含控制驱动各轴运动的伺服电机，机械臂本体采用两种交流伺服电机，分别用于控制前面三轴和后面三轴，总共 6 台电机。下面将分别向机械臂本体中装配这两种伺服电机。

表 11-4 机械臂的零件明细

序号	名称	数量	备注
1	基座	1	
2	肩部	1	
3	螺栓	1	GB/T 5782—2000
4	连杆	1	
5	螺栓	2	GB/T 5782—2000
6	平衡缸	1	
7	大臂	1	
8	肘部	1	
9	螺栓	12	GB/T 5782—2000

续表

序号	名称	数量	备注
10	螺栓	1	
11	小臂	4	GB/T 5782—2000
12	法兰盘	1	
13	连接件	1	
14	J4 轴	1	
15	J5 轴	1	
16	销轴	1	
17	连接件	1	
18	螺钉	4	GB/T 68—2000
19	J6 轴	1	
20	AC 伺服电机	3	α iS 2000HV
21	AC 伺服电机	3	α iS 1000HV

(1) 装配位于肩部、大臂和小臂回转中心位置的前三轴伺服电机。单击“插入零部件”按钮，继续调入“伺服电机”零件进行装配，单击“装配体”工具栏中的“配合”按钮，在肩部电机座和底座之间添加“同心”和“重合”配合关系，装配上第 1 台伺服电机；在肩部和大臂电机孔之间添加“同心”和“重合”配合关系，装配上第 2 台伺服电机；在大臂和小臂电机孔之间添加“同心”和“重合”配合关系，装配上第 3 台伺服电机。

(2) 采用比例缩放整体缩小 AC 伺服电机。打开伺服电机文件，选择菜单栏中的“插入”→“特征”→“缩放比例”命令，可将实际尺寸数值放大或缩小，勾选“统一比例缩放”，设置为 0.8，另存为“伺服电机小”文件，如图 11-21 所示。

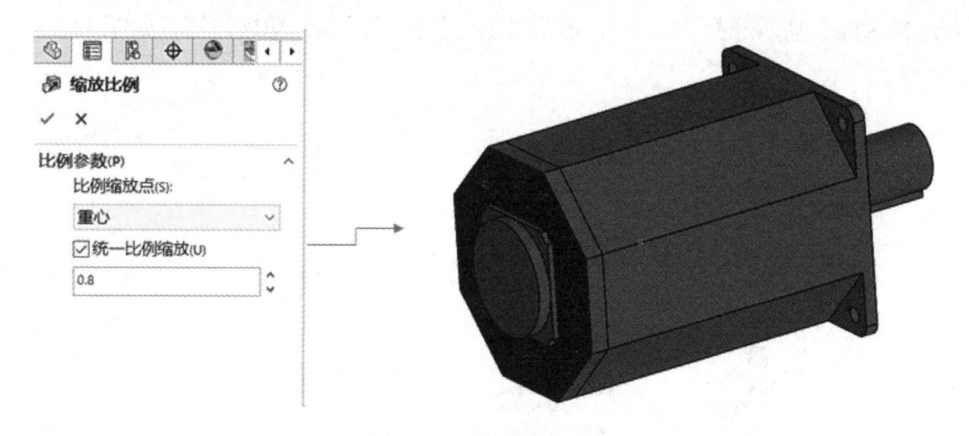

图 11-21　缩放伺服电机

(3) 装配位于小臂伺服电机基座平台位置的 3 个后三轴伺服电机。单击“插入零部件”按钮，继续调入 3 个“伺服电机小”零件进行装配。单击“装配体”工具栏中的“配合”按钮，将 3 个小的伺服电机按照“重合”配合关系，平齐基座平台的各个侧平面进行装配。各伺服电机装配如图 11-22 所示。

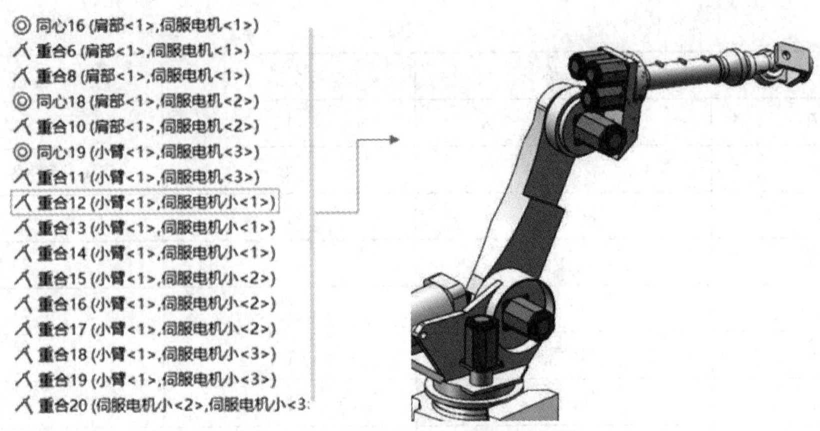

图 11-22　带电机的机械臂装配体

11.5　零件的 3D 打印

11.5.1　打印模型

目前 3D 打印软件很多，下面以切片软件 Cura 为例介绍 3D 打印的具体操作。Cura 软件拥有良好的 Windows 操作界面，适合用于不同的快速成型机。Cura 可以接受 STL、OBJ 和 AMF 三种 3D 模型格式，其中以 STL 为最常用的模型格式。Cura 可根据所导入的 STL 模型格式文件对模型切片，从而生成整个三维模型的 GCode 代码，方便脱机打印，导出的文件扩展名为 .gcode。所生成的代码文件适用于打印方式为 FDM(熔融层积成型)、打印材料为工程塑料的模型打印。

先把前面创建的轴 J4 零件模型输出为 *.stl 文件。选择“文件”→“另存为”，输出文件格式选择 STL，品质选择“精细”，单击“确定”按钮即完成输出设置，如图 11-23 所示。

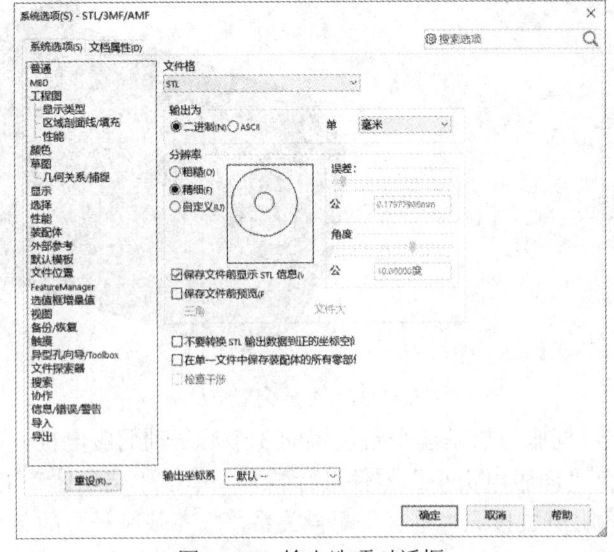

图 11-23　输出选项对话框

打印软件的具体操作方法如下：

在导入模型前，首先需要根据模型的大小及 3D 打印的参数、3D 打印机的型号设置机器类型，选择 Cura 主菜单中的 Machine setting 进行设置，如图 11-24 所示。

Machine settings

Ultimaker 2+

Machine settings		Printer head size	
E-Steps per 1mm filament	0	Head size towards X min (mm)	42.0
Maximum width (mm)	223	Head size towards Y min (mm)	12.0
Maximum depth (mm)	223	Head size towards X max (mm)	62.0
Maximum height (mm)	205	Head size towards Y max (mm)	32.0
Extruder count	1	Printer gantry height (mm)	48.0
Heated bed	☑	**Communication settings**	
Machine center 0,0	☐		
Build area shape	Square	Serial port	AUTO
GCode Flavor	UltiGCode	Baudrate	AUTO

Ok　Add new machine　Remove machine　Change machine name

图 11-24　选择机器设置

导入 STL 模型文件，合理缩放模型，对 3D 打印模型进行基本设置。设置打印层高、材料、打印速度等。模型加载完毕后，软件自行进行分层及计算打印时间，可在三维视图栏左上角观察所需要的时间，如图 11-25 所示。然后准备生成机器码，选择 File→Save GCode 命令，保存机器码文件。所生成的 *.gcode 就是打印模型的文档，将该文件复制进 SD 卡，然后把 SD 卡插入相应的 3D 打印平台即可实现脱机打印。

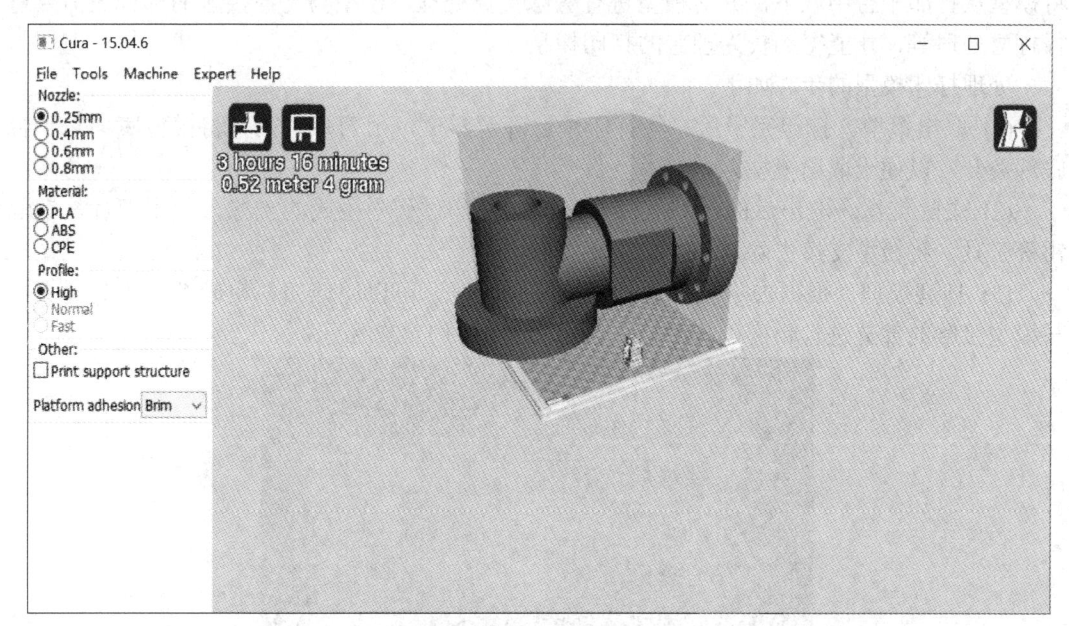

图 11-25　打印模型基本设置

将 SD 卡放入 3D 打印平台中，如图 11-26 所示，打开电源，旋转按钮，选择 print from SD，选中模型文件，即可开始打印。

图 11-26 3D 打印平台

11.5.2 处理打印模型

使用 Cura 软件对模型进行分层处理，并使用相应打印参数进行打印，打印完毕后需要将模型从打印平台中取下，并对模型进行去除支撑处理，模型与支撑接触的部分还需要进行打磨处理等，才能得到较为理想的打印模型。

处理打印模型的步骤如下：

(1) 取出模型。打印完毕后，将打印平台降至零位，用刀片等工具将模型底部与平台底部撬开，以便于取出模型。

(2) 去除支撑。取出后的模型底部存在一些打印过程中生成的支撑，使用刀片、钢丝钳等工具，将模型支撑去除。

(3) 打磨模型。根据去除支撑后的模型粗糙程度，可以用锉刀、粗砂纸等工具对支撑与模型接触的部分进行粗磨，打磨掉毛刺部分，如图 11-27 所示。

图 11-27 处理完毕的 3D 打印 J4 轴模型

第 12 章　CSWA 考试简介及样题分析

CSWA 全称为 Certified SolidWorks Associate，即 SolidWorks 认证助理工程师考试。CSWA 认证证明了用户在 3D 实体建模技术、设计概念上以及参与专业开发的能力。用户通过 CSWA 考试即可获得 CSWA 认证。

CSWA 认证是 SolidWorks 公司对使用 SolidWorks 的水平和能力的一种测试和认可，是被实践证明的、用于评价个人在三维建模上专业技术才能的全球性的优秀的评价标准。

本章知识要点如图 12-1 所示。本章对 CSWA 认证考试进行了介绍，包括零件建模、零件修改、工程图配置、装配建模等题型分析。要求学生掌握零件的精准几何建模，实现对零件质量属性的评估；在零件模型构建完成的基础上，配置生成标准的三视图工程图文件，工程图中要求有定形、定位和总体尺寸；最后，完成一个整体机器的装配建模设计，掌握装配体的运动动画生成技巧。

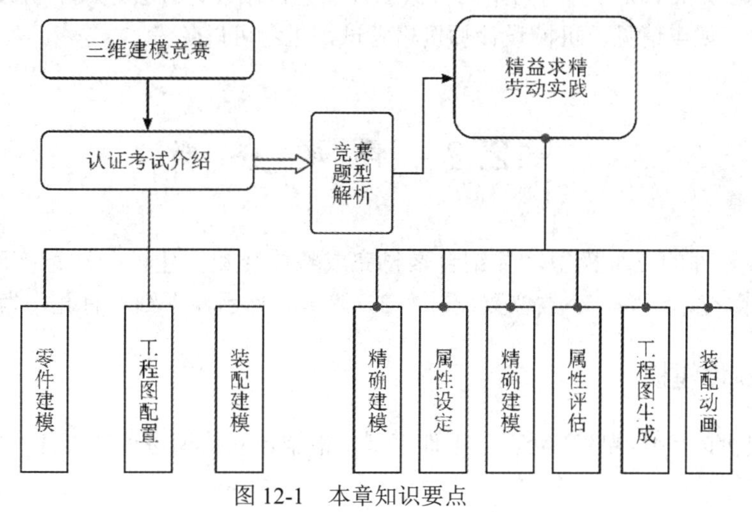

图 12-1　本章知识要点

12.1　CSWA 认证介绍

CSWA 认证是针对在校学生专门开设的，考试卷面包括 14 道小题，其中有 3 道理论题、2 道零件题和 2 道装配题。总分 240 分，165 分为通过。认证考试主要内容及流程如图 12-2 所示。

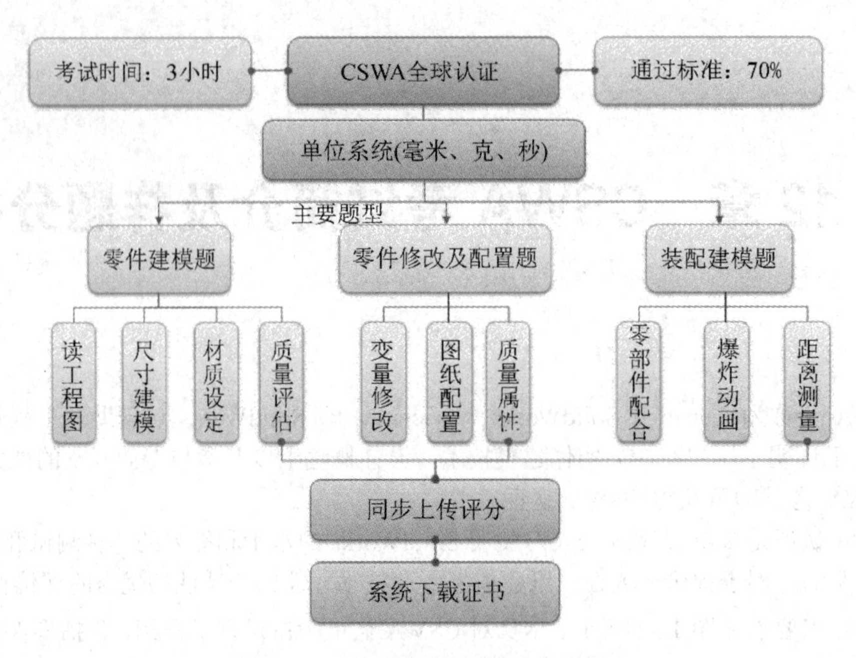

图 12-2 认证考试主要内容及流程

通过 CSWA 认证的学员进入就业市场时，将具有如下就业优势：

(1) 该证书在美国 SolidWorks 公司网站上可以查询，其资格全球认可。

(2) 根据 SolidWorks 公司与中国机械工程学会机械设计分会达成的协议，凡取得 CSWA 证书的学生，如申请见习机械设计师资格考试，机考可以免考。

12.2 样题分析

创建各零件的三维模型，并结合素材完成整体装配体建模。注意：所用单位系统为 MMGS(毫米、克、秒)，小数位数设置为 2，除非有标示，否则所有孔均为完全贯穿。

12.2.1 零件建模

使用提供的尺寸视图建立若干零件模型，根据建立的模型评估零件，回答有关的质量问题。

1. 基础零件 1 建模

在 SoldWorks 中创建零件 1(如果必须审阅零件，则在不同文件的每个问题后面保存零件)。参考图 12-3 所示零件视图完成零件 1 建模($A = 59$，$B = 22$，$C = 28$)。

问题：如果材料为 1060 铝合金，密度为 0.0027 g/mm^3，零件的整体质量是多少(克)？该零件的重心位置坐标是什么？

按照零件视图建立零件 1 三维模型后，在“评估”工具栏里点击“质量属性”，可以获得质量属性评估报告，如图 12-4 所示。

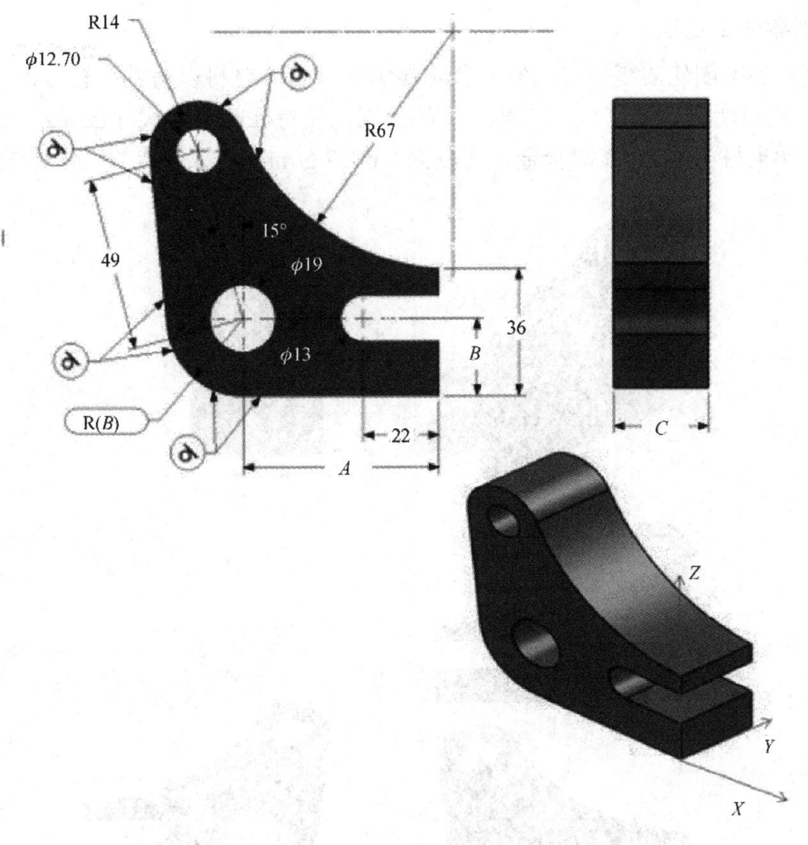

图 12-3　零件 1 视图

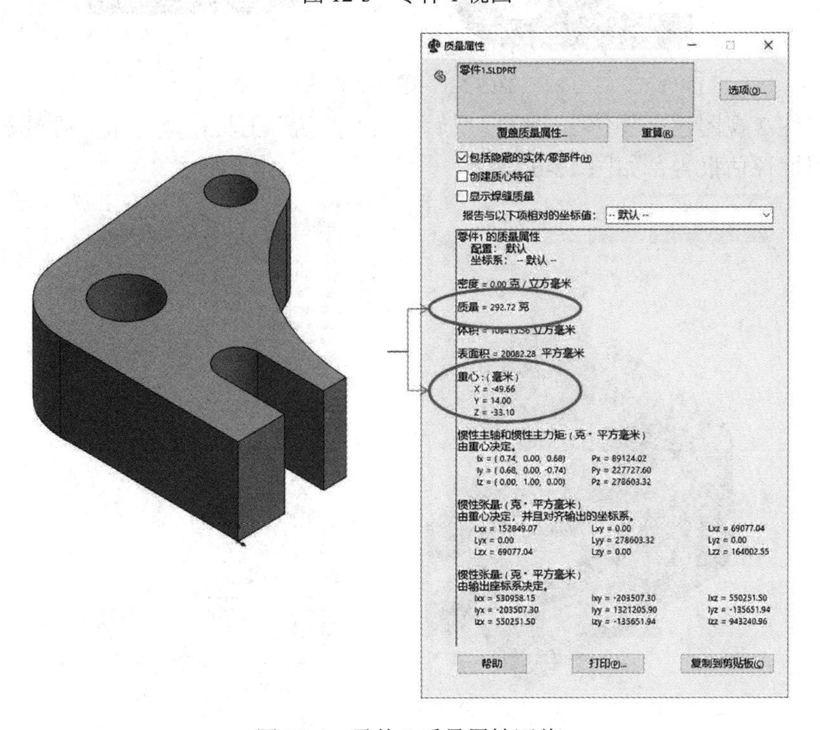

图 12-4　零件 1 质量属性评估

2. 基础零件 2 建模

使用前一步所创建的零件 1，然后移除显示区域内的材料以对其进行修改，如图 12-5 所示。(注：假设所有未显示尺寸与前一步的相同，新特征的所有尺寸已显示。)

问题：如果材料为 1060 铝合金，密度为 0.0027 g/mm³，零件 2 的整体质量是多少克?

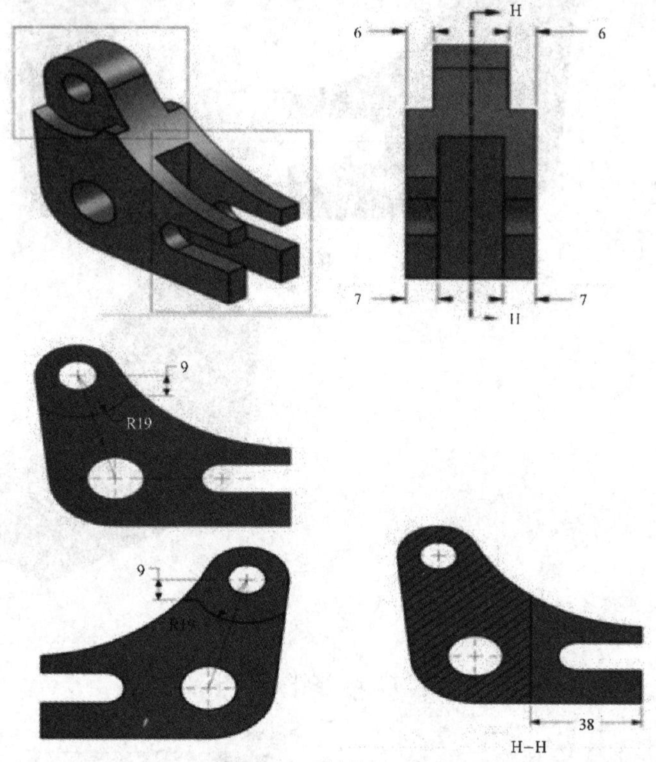

图 12-5　零件 2 视图

按照零件 2 视图建立零件 2 三维模型后，在“评估”工具栏里点击“质量属性”，可以获得质量属性评估报告，如图 12-6 所示。

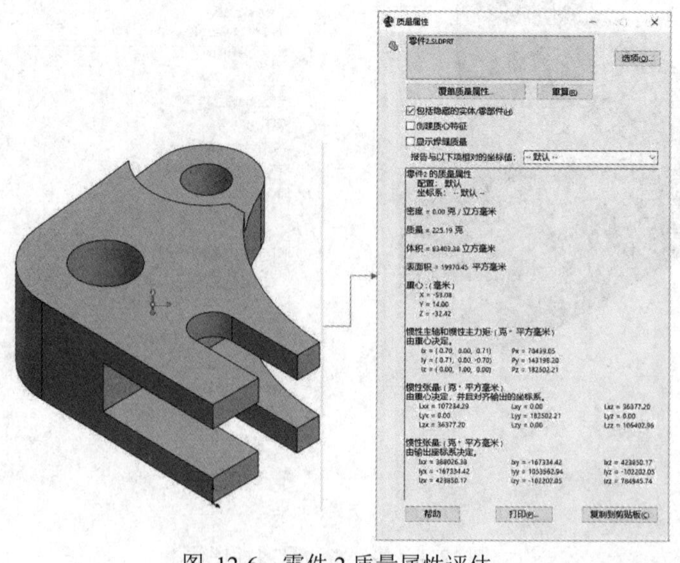

图 12-6　零件 2 质量属性评估

3. 基础零件 3 建模

在 SOLDWORKS 中创建此零件。(如果必须审阅零件，则在不同的每个问题后面保存零件)参考图 12-7 所示零件视图完成零件 3 的三维建模。整体零件 3 模型如图 12-8 所示。

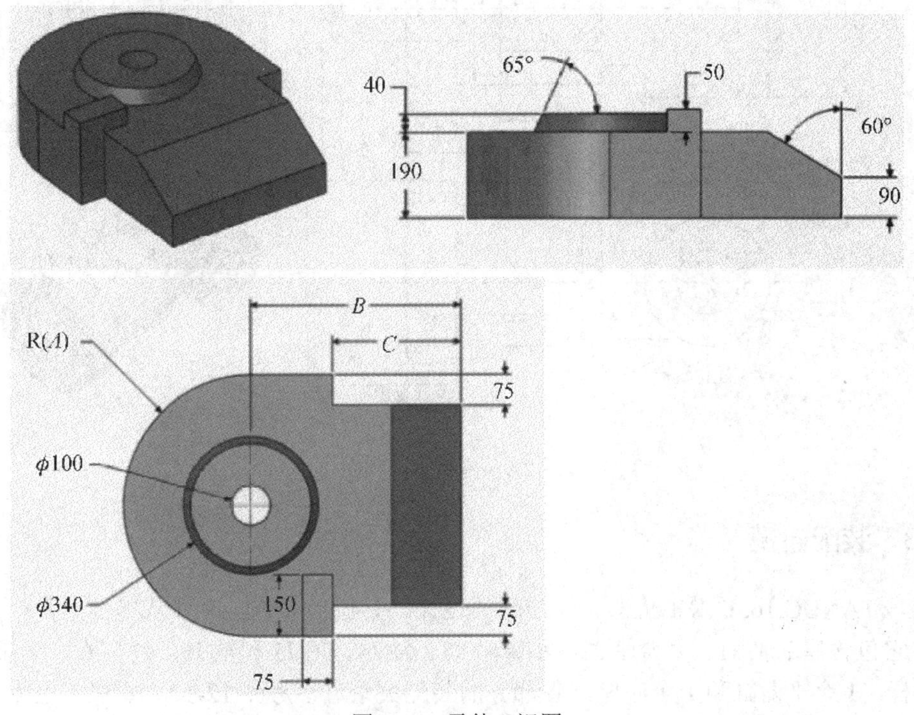

图 12-7 零件 3 视图

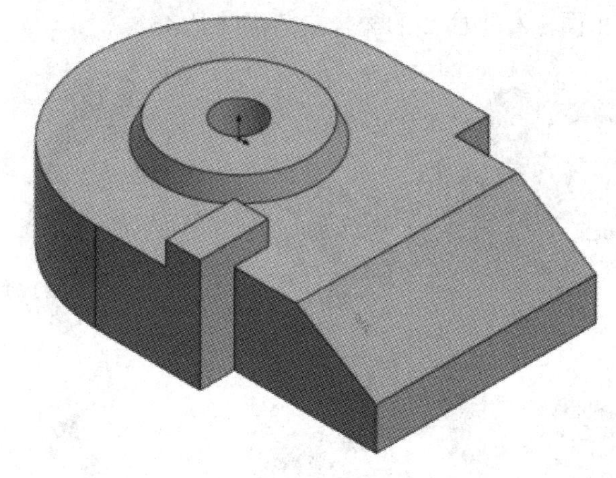

图 12-8 零件 3 模型

12.2.2 工程图配置

按照图 12-10 所示的工程图样，完成零件 4 的建模。导入该零件，在此基础上生成标准三视图工程图文件。要求：主视图配置修改为全剖视图，标注如图 12-9 所示尺寸，修改标题栏，生成 A3 大小的工程图纸文件。

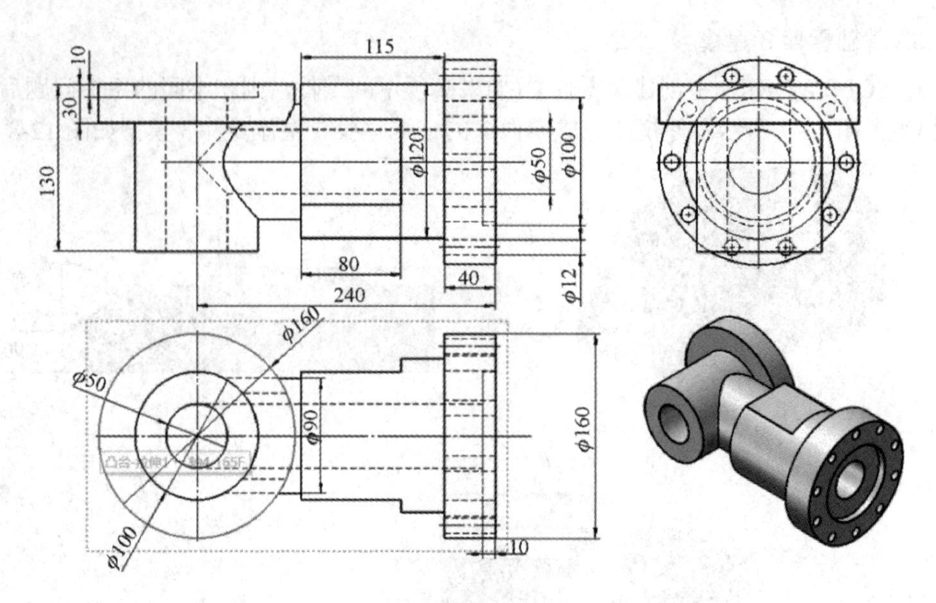

图 12-9 零件 4 工程图

12.2.3 装配建模

完成 FANUC 165F 六轴机器人的装配体设计，其他所需装配零件从提供的素材文件中获得。它包含肩部轴 J1、大臂轴 J2、小臂轴 J3、轴 J4、轴 J5 和轴 J6，包含 6 个伺服电机、1 根连杆、1 个平衡缸和 1 个底座，各部分的装配关系可参考图 12-10。要求：生成一小段机器人运动的动画(输出 AVI 文件)，测量大臂到底面 X 的距离。

装配要求说明：平面 1 和平面 2 的配合夹角区间是 45°。

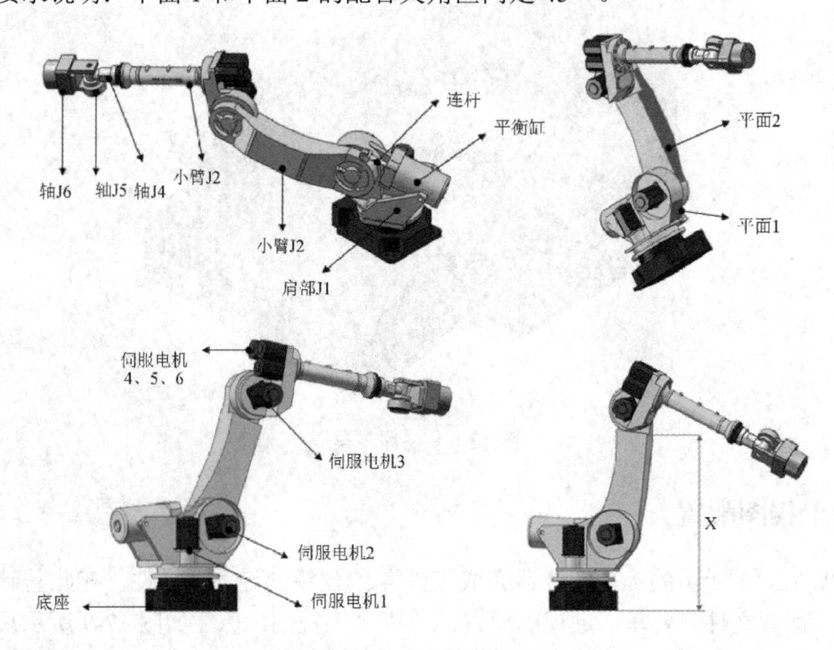

图 12-10 机器人的装配关系

下载素材文件，然后打开该文件，保存包含的零件。之后在 SOLIDWORKS 中打开这些零件进行装配。(注意：如果弹出“是否继续进行特征识别？”请单击“否”。)

按照图 12-11 的装配关系装配好六轴机器人，单击“评估”工具栏中的“测量”图标，测量大臂到底座下底面的垂直距离，选择点到点的距离，可以获得如图 12-11 所示的垂直距离。按照动画向导，也可以输出并保存这个六轴机器人的动画。

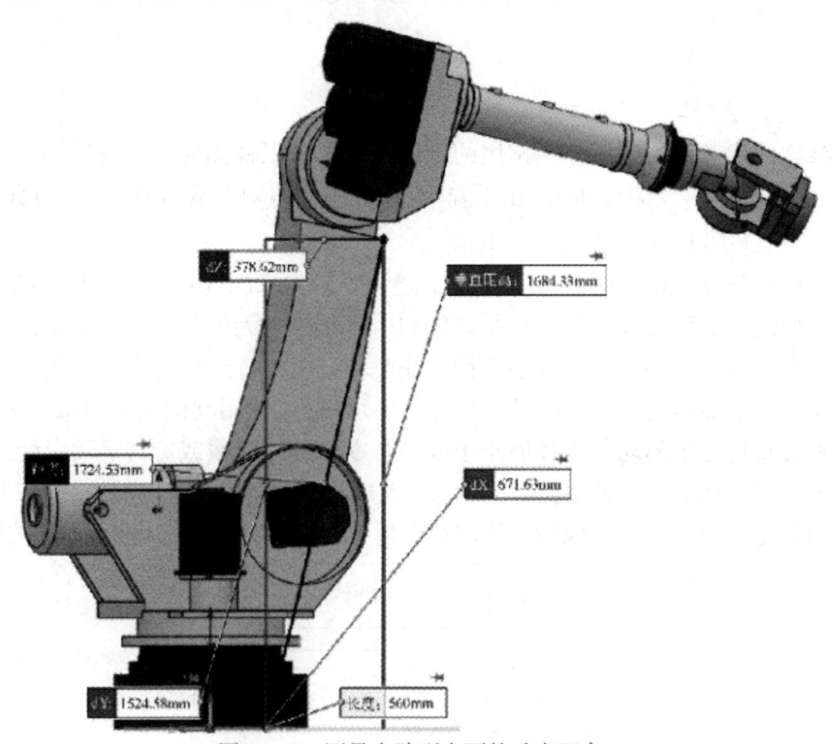

图 12-11　测量大臂到底面的垂直距离

第 13 章 运动仿真和 Composer 基础

在三维软件建模过程中，除了常用的零件、装配、工程图应用模块以外、还包括属性编辑、运动仿真、动画、受力分析等。由于篇幅所限，本章只对外观设计、运动仿真、Composer 动画、静力学分析进行简单介绍。

本章知识点与方法路线如图 13-1 所示。通读学习本章的内容，力求掌握以下技能：能够对装配模型进行运动仿真，其方法是首先利用自动或人为的方式指定固定件和运动件，然后根据装配关系定义各关节的运动特性，在此基础上进行运动仿真，运动动画主要用于更完善地表现三维实体的装配过程及进行产品展示；能够使用动画动态模拟装配体的运动，添加线性和旋转马达来驱动装配体的一个或多个零件进行直线或旋转运动；能够使用设定键码点在不同时间规定装配体零部件的位置，完成视图创建、关键帧轨迹和时间条配置等。另外本章还简述了关于如何生成局部视图和创建 BOM 表的 Composer 动画基础知识。

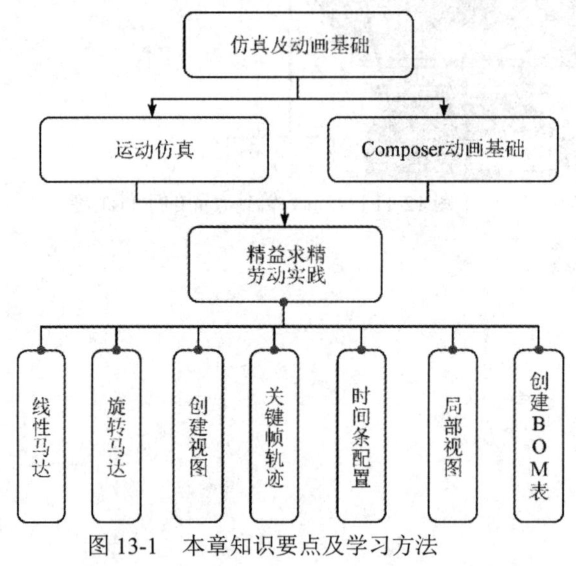

图 13-1 本章知识要点及学习方法

13.1 运 动 仿 真

首先需要明确的是，所有运动仿真都是面向装配体模型的，而不是针对零件模型。运动仿真主要用于对装配体进行机构运动时是否干涉进行验证，动画主要用于更完善地表现三维实体的装配过程及进行产品展示。

机构运动仿真能够对装配模型进行运动仿真。其方法是首先利用自动或人为的方式指定固定件和运动件，然后根据装配关系定义各关节的运动特性，在此基础上进行运动仿真。

运动仿真动画是通过定义运动算例的方法来实现的。运动算例是装配体模型运动的图形模拟。除了运动还可以将诸如光源和相机透视图之类的视觉属性融合到运动算例中。

运动算例不更改装配体模型或其属性，它们模拟用户给模型规定的运动。可以使用配合在建模运动时约束零部件在装配体中的运动。在运动算例中，一般使用 MotionManager (运动管理器)来管理动画，其界面为基于时间线的界面，包括以下运动算例工具。

1. 动画

动画是使用插值来定义键码点之间装配体零部件的运动。可以使用动画来动态模拟装配体的运动，例如添加马达来驱动装配体的个或多个零件的运动，可以使用设定键码点在不同时间规定装配体零部件的位置。

2. 基本运动

使用基本运动可以在装配体上模仿马达、弹簧、按触及引力。基本运动在计算时会考虑质量。基本运动计算相当快，所以用户可以用它来生成基于物理模拟的演示性动画。

3. 运动分析

运动分析可在 Motion 插件中使用，可使用运动分析在装配体上精确模拟和分析运动单元的效果(包括力、弹簧、阻尼及摩擦)。运动分析使用计算能力强大的动力求解器，在计算中会考虑材料属性、质量及惯性。运动分析还可以用来绘制模拟结果，以供进一步分析。此外，还可以使用 MotionManger 工具栏来更改视点、显示属性及生成描绘装配体运动的可分发的演示性动画。

在创建运动仿真的过程中，经常需要使用马达的功能。马达是通过模拟各种马达类型的效果而在装配体中移动零部件的运动算例单元。本节将重点介绍两类马达：绕轴旋转的旋转马达、沿直线运动的线性马达。

下面通过两个实例来表现通过不同的马达类型创建运动仿真动画。

13.1.1　旋转马达运动

在下面的实例中，将使用旋转马达功能，在一个运动算例中呈现手表指针的运动过程。

步骤 1，打开模型文件。

从素材文件中打开手表的装配体模型文件。

步骤 2，激活运动算例。

单击 SolidWorks 软件界面左下方的“运动算例 1”标签页，确认在“算例类型”中选择了“动画”。

步骤 3，设置时针马达。

在 MotionManager 的工具栏中单击“马达”图标(如图 13-2 右上部所示)，对手表的时针(Little Hand)指定旋转马达。在“马达类型中”选择马达，在“零部件/方向”栏中，指定时针的内孔表面为马达位置。如果旋转方向是逆时针，则需要单击马达方向前方的“反向”图标↗进行纠正，因为手表的指针都是按照顺时针方向运动。

在“要相对此项而移动的零部件” 中，单击固定表面上的任意位置。

在“运动”栏中，保持默认的“等速”选项，并在速度栏输入 1RPM，代表时针转动的速度，如图 13-2 所示，单击确定完成时针马达设置。

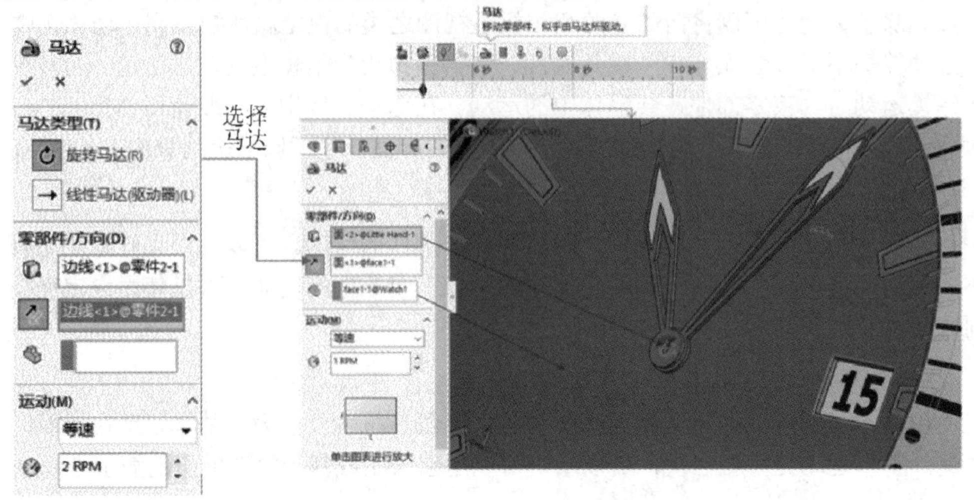

图 13-2 设置时针马达

步骤 4，设置分针马达。

在“马达类型”中选择“旋转马达”，在“零部件/方向”栏中，指定分针的内孔表面为马达位置。如果旋转方向是逆时针，则需要单击马达方向前方的“反向”图标进行纠正，因为手表的指针都是按照顺时针方向运动。

在“要相对此项而移动的零部件”中，单击固定表面上的任意位置。

在“运动”栏中，保持默认的“等速”选项，并在速度栏输入 12RPM，代表分针转动的速度，如图 13-3 所示，单击确定完成分针马达设置。

图 13-3 设置分针马达

步骤 5，计算动画。

单击“计算”图标 ，计算这个旋转马达动画。检查时针和分针运动的速率和方向是否和预期的一样，如果计算得到的动画不符合预期，需要对之前定义的旋转马达特征进行编辑修改。会发现在 MotionManager 设计树中包含两个新建的旋转马达特征，如果需要对这些旋转马达进行编辑，可以右键单击旋转马达特征，并选择“编辑特征”。点击“动画”工具栏中的“播放”，就能看到手表时针、分针的运动仿真动画，其中时间轴 2 秒和 4 秒的动画状态如图 13-4 所示。

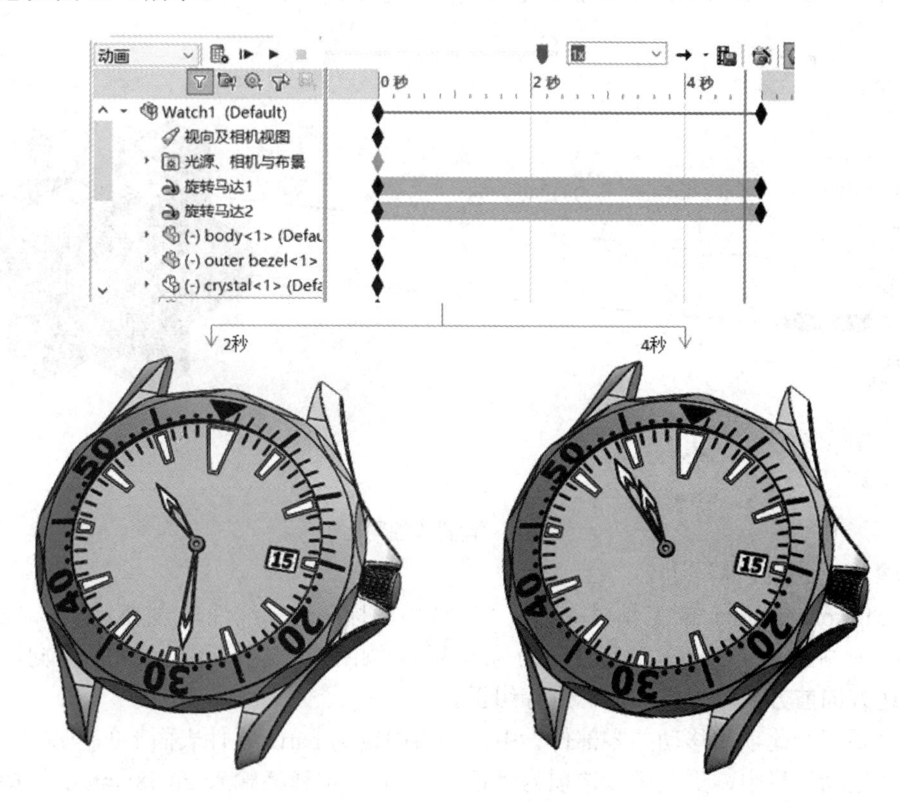

图 13-4　时针、分针运动仿真动画

13.1.2　线性马达运动

鲁班锁也叫八卦锁、孔明锁，是广泛流传于中国民间的智力玩具，它起源于古代中国建筑中首创的卯榫结构。现在，市面上有很多不同种类的鲁班锁三维拼插器玩具。这种三维的拼插器玩具内部的凹凸部分啮合十分巧妙。

在下面实例中，将使用线性马达功能，在一个运动算例中呈现鲁班锁的运动过程。

步骤 1，打开模型文件。

从素材文件中打开鲁班锁的装配体模型文件。

步骤 2，激活运动算例。

单击 Solid Works 软件界面左下方的“运动算例 1”标签页，确认在“算例类型”中选择了“动画”。

步骤 3，设置线性马达 1。

在 MotionManager 的工具栏中单击“马达”图标，选择线性马达(驱动器)，在“零部件/方向”栏中，指定 part2 的侧表面为马达位置。如果平移方向不是预期的方向，则需要单击马达方向前方的“反向”图标进行纠正。

在“要相对此项而移动的零部件”中，单击固定的 part1 零件表面上的任意位置。

在“运动”栏中，更改函数选项为“距离”，并在位移栏输入 28.58 mm，保持其余数值为默认，如图 13-5 所示，单击确定完成线性马达 1 设置。

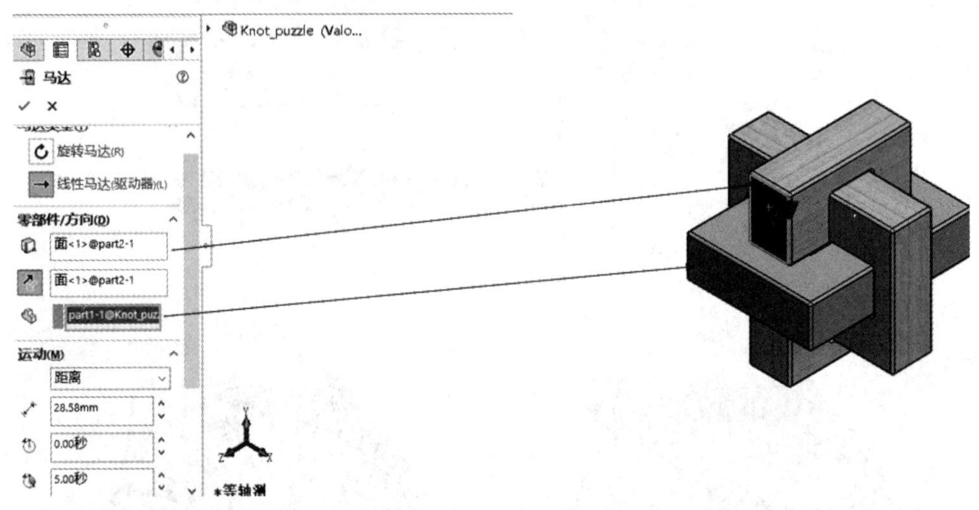

图 13-5 设置线性马达 1

步骤 4，设置线性马达 2。

在 MotionManager 的工具栏中单击“马达”图标，选择线性马达(驱动器)，在“零部件/方向”栏中，指定 part3 的侧表面为马达位置。如果平移方向不是预期的方向，则需要单击马达方向前方的“反向”图标进行纠正。

在“要相对此项而移动的零部件”中，单击固定的 part1 零件表面上的任意位置。

在“运动”栏中，更改函数选项为“距离”，并在位移栏输入 28.58 mm，保持其余数值为默认，如图 13-6 所示，单击确定完成线性马达 2 设置。

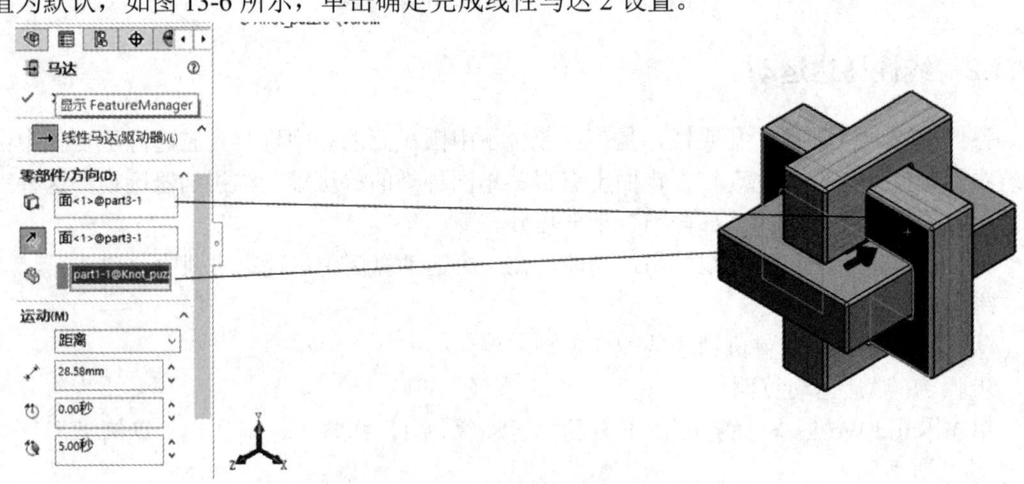

图 13-6 设置线性马达 2

步骤 5，计算动画。

单击“计算”图标，计算前面定义的两个线性马达结果。

由于在定义两个线性马达时给定的距离大小相同，因此 part2 和 part3 同时沿一个方向移动 28.58 mm，与预期得到的结果一致。

步骤 6，设置线性马达 3。

在 MotionManager 的工具栏中单击“马达”图标，选择线性马达(驱动器)，在“零部件/方向”栏中，指定 part2 的上表面为马达位置。如果平移方向不是预期的方向，则需要单击马达方向前方的“反向”图标进行纠正。

在“要相对此项而移动的零部件”中，单击固定的 part1 零件表面上的任意位置。

在“运动”栏中，更改函数选项为“距离”，并在位移栏输入 19.05 mm，将开始时间和持续时间都设定为 5 秒，如图 13-7 所示，单击确定完成线性马达 3 设置。

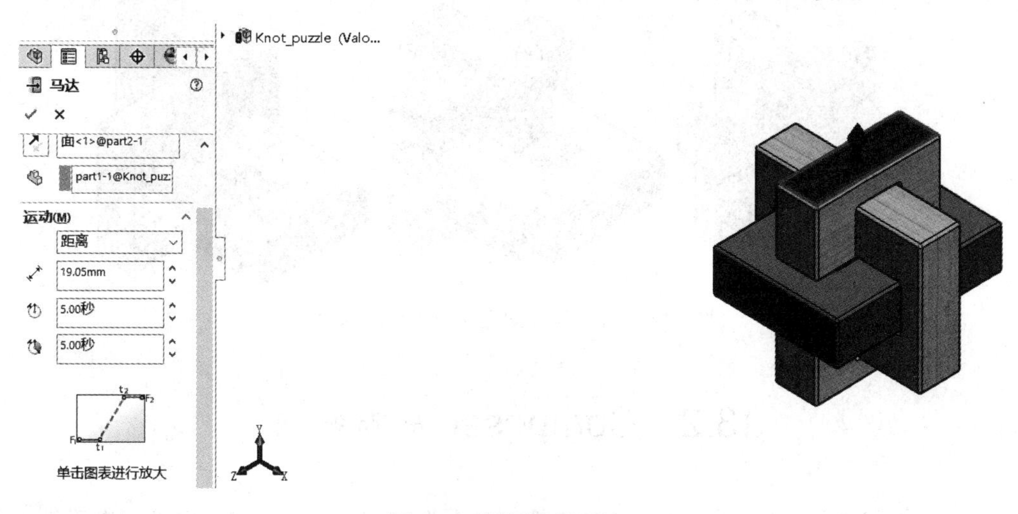

图 13-7　设置线性马达 3

步骤 7，整时间轴。

在 0～5 秒，part2 和 part3 在线性马达 1 和线性马达 2 的作用下，沿水平方向移动 28.58 mm，在 5～10 秒，part2 在线性马达 3 的作用下，沿竖直方向移动 19.05 mm。然而，此时的装配体动画结束时间为 5 秒，因此需要将总的时间增加到 10 秒。

右键单击装配体对应的 5 秒处的时间键码，选择“编辑关键点时间”，将默认的 5 秒更改为 10 秒，单击确定，如图 13-8 所示。

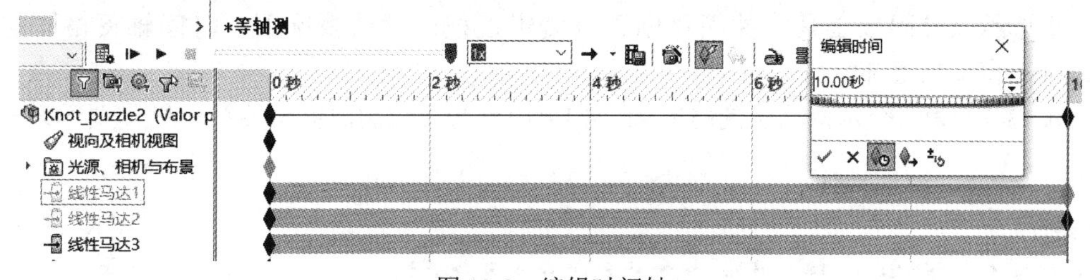

图 13-8　编辑时间轴

步骤 8，关闭线性马达，播放动画。

由于线性马达 1 和线性马达 2 在 5～10 秒不起作用，因此可以将它们关闭。按住 Ctrl 键并选择线性马达 1 和线性马达 2，单击右键并选择“关闭”。线性马达 3 只在 5～10 秒起作用，右键单击线性马达 3 右边 0 秒处的键码，选择“编辑关键点时间”，将默认的 0 秒更改为 5 秒，单击确定。然后点击“播放”图标播放动画，2 秒、5 秒和 10 秒的关键帧画面如图 13-9 所示。

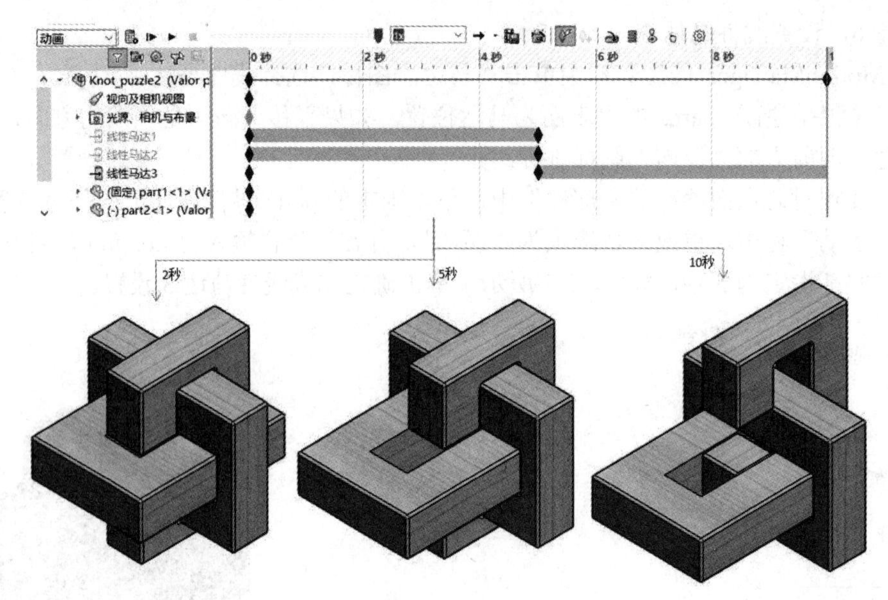

图 13-9 各时间点的运动仿真动画画面

13.2 Composer 基础知识

Composer 为用户提供了更快、更轻松地创建图形内容的工具，它可以清晰准确地展示产品的功能(如何工作，如何进行组装，如何使用以及如何进行维护)。

本节将介绍 3 个使用最广泛和最重要的功能，包括创建动画、创建材料明细表和创建局部视图，旨在消除客户关于产品入门的障碍和担忧。

13.2.1 创建动画

Composer 使用内嵌时间轴的基于关键帧的界面。时间轴窗格允许用户轻松访问关键帧、过滤器以及回放工具，并简化创建及编辑过程。默认情况下，时间轴窗格固定在 Composer 窗口的底部。

图 13-10 为一个示例动画的时间轴。如果用户想要使用时间轴窗格，则需要学习一些术语。

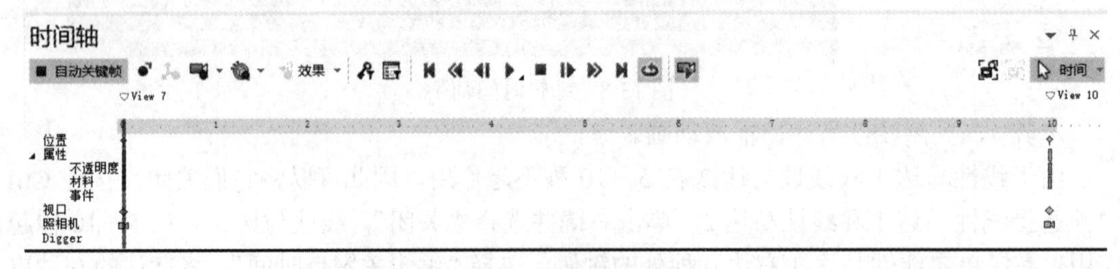

图 13-10 动画的时间轴

时间条 时间条是一条竖直的线段，用户可以拖动这条线段以显示任意时刻的动画，它还可以被用来在特定时刻放置事件。在图 13-10 中，右侧的竖直线段位于 10 s 标记处。

关键帧　关键帧在特定时间控制角色的特征。界面中包含几种类型的关键帧来追踪不同特性。

位置关键帧：记录角色的位置。角色的位置描述角色如何爆炸或集合。位置关键帧控制几何角色及协同角色的位置。在同一时刻可以存在多个位置关键帧。在任何时候，一个关键帧都可以控制几个角色的位置。用户可以使用过滤器来识别特定角色的关键帧。

属性关键帧：记录角色的属性。有“不透明度”“材料”和“事件”的单独关键帧轨迹。

视口关键帧：记录视口的属性。

照相机关键帧：记录模型的方位。

Digger 关键帧：记录 Digger 的特性。

关键帧轨迹　显示并控制动画中事件的顺序。关键帧轨迹中的行对应着不同类型的关键帧。

时间轴工具栏　包含用户想要创建和编辑动画的工具。使用时间轴工具栏中的“自动关键帧”可以很容易地创建一个动画，如果用户移动一个角色以靠近观察其背后的东西，“自动关键帧”会在当前时间条的位置记录一个关键帧，以记录角色的新位置。请记住，“自动关键帧”会记录所有位置及属性的改变。

创建动画的一般过程：将时间条移至开始时刻；设置关键帧记录角色的初始外观或位置；移动时间条至结束时刻；更改角色的外观或位置；设置关键帧记录角色最终的外观(如果自动关键帧开启，则没有必要手动设置关键帧)。

在接下来的部分，将创建千斤顶的爆炸动画序列。

首先将千斤顶的装配文件另存为 Composer 的 smg 文件格式。

步骤 1，创建视图。

在 Composer 中打开千斤顶的 smg 文件，点击“视图”选项卡，单击“创建视图”图标，创建 4 个不同位置的视图，如图 13-11 所示，其中的第 4 个视图 View 4 为爆炸视图。

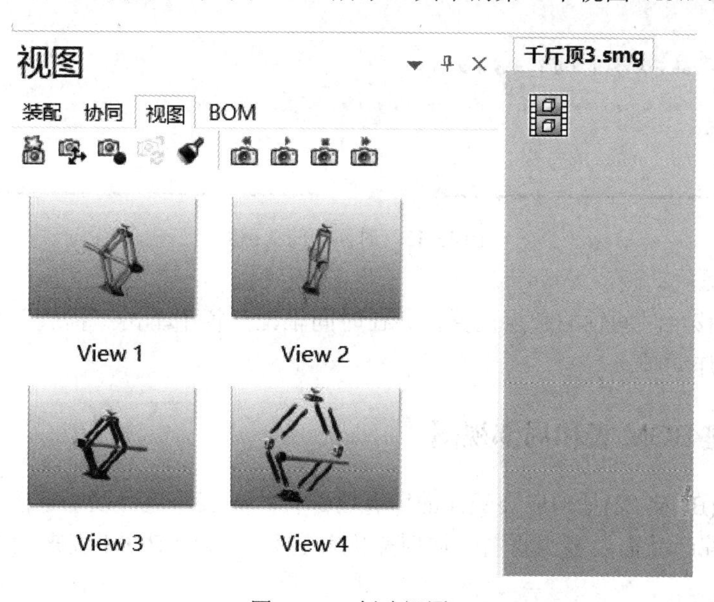

图 13-11　创建视图

单击菜单栏中的“变换”→“爆炸球面”命令，拖动球形图标的箭头到合适位置释放，就能生成爆炸视图，如图 13-12 所示。

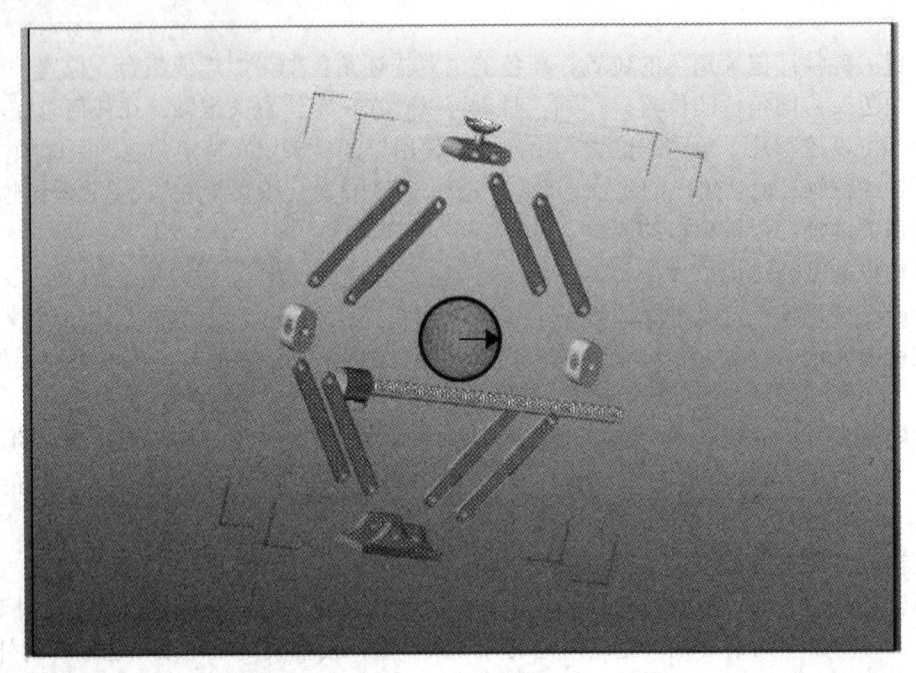

图 13-12 爆炸视图

步骤 2，移动角色。

拖动上面 4 个视图到时间轴的进度条位置，拖动 View 1 视图到时间条 0 s 位置，拖动 View 2 视图到时间条 3 s 位置处，拖动 View 3 视图到时间条 5 s 位置处，拖动 View 4 视图到时间条 10 s 位置处，这将在时间轴自动设置位置关键帧，记录这些视图角色的当前位置，如图 13-13 所示。

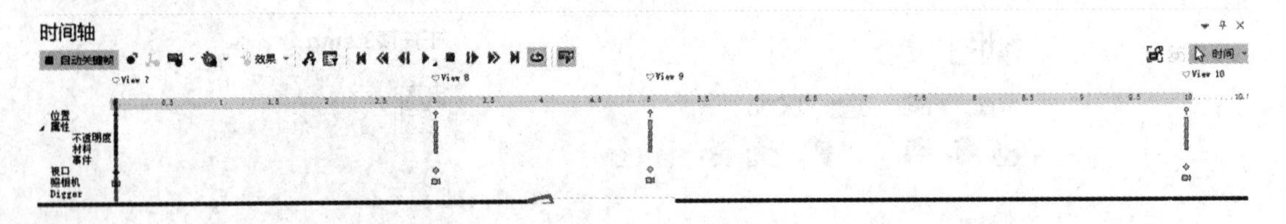

图 13-13 时间轴的关键帧

步骤 3，播放动画。

将时间条移至时间轴的起点位置，并在时间轴工具栏中单击“播放”图标，就可以播放千斤顶的爆炸动画。

13.2.2 创建 BOM 表和局部视图

材料清单(BOM 表)是构成装配体的所有零部件的列表，也可以叫零件清单。公司采用 BOM 表来跟踪产品需要多少材料，同时采购商也可以借助 BOM 表来确定所订购产品的细节。

在 Composer 中，默认情况下 BOM 表包含三列：ID(编号)、说明和数量。用户可以添加更多的列或对它们进行重新排序。用户还可以添加虚化对象到装配体结构树中。对于胶水、油漆和其他用户想要添加到 BOM 表中的物质，可以使用虚化对象。这些虚化对象没有任何几何体，但它们可以被指定 BOM ID。

BOM ID 是装配体中指定各种几何角色的唯一标识符。BOM ID 出现在 BOM 表、编号中，以确定零件。用户可以一次指定某个 BOM ID 给某个角色或者批量指定一批选定的几何角色。用户可以在任何视图中显示材料明细表，进而使材料明细表可以出现在栅格图形输出、矢量图输出和交互式内容中。用户可以自定义材料明细表的列数和列的顺序。

下面将创建含有 BOM 表和编号的千斤顶视图。

步骤 1，打开素材千斤顶的 smg 文件。

步骤 2，准备视图。

创建视图，在 Composer 的下拉菜单栏中单击“渲染”→“地面”，关闭地面效果，将视图的底色属性更改为白色。

步骤 3，添加编号。

选择一个零件角色，在属性窗格中，输入数字作为 BOM ID 并确认。在 Composer 的下拉菜单栏中单击“作者”→“标注”→“编号”。选择相应角色，单击放置编号，然后按 Esc 键退出。

查看编号的属性，就会明白数值是如何出现在编号中的，如图 13-14 所示。编号的文本属性为 BOM ID，父级的属性表明了它是链接到角色中。当用户想在编号中同时包含字母和数字时，角色的编号顺序并不重要，只要角色具有唯一的 ID 即可。用户可以使用 BOM 工作间，同时向多个角色添加 BOM ID。

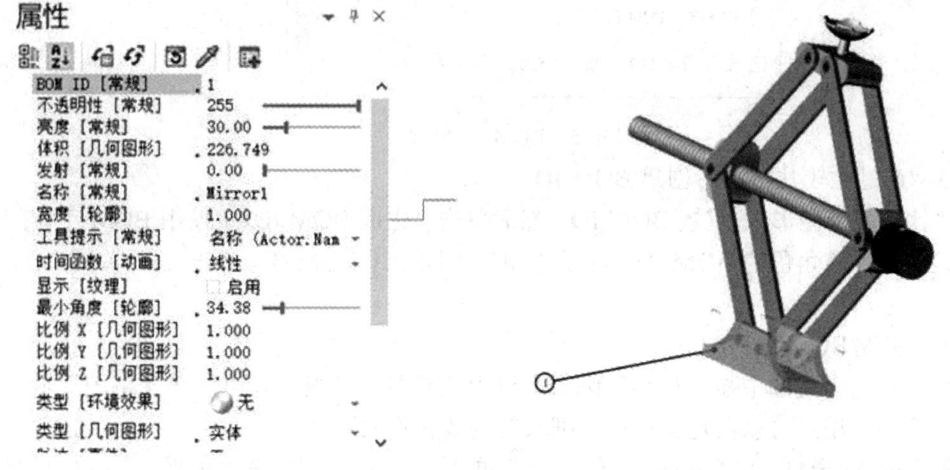

图 13-14　添加 BOM ID

步骤 4，打开 BOM 工作间。

在 Composer 的下拉菜单栏中单击“工作间”→“发布”→“BOM”。BOM 工作间会出现在窗口右侧，并且 BOM 选项卡出现在左窗格中。BOM 工作间如图 13-15 所示，选择应用对象为“可视几何图形”；单击“重置 BOM ID”，能够重置 BOM ID；单击“删除可视编号”，能够清除所有 BOM ID 的编号。

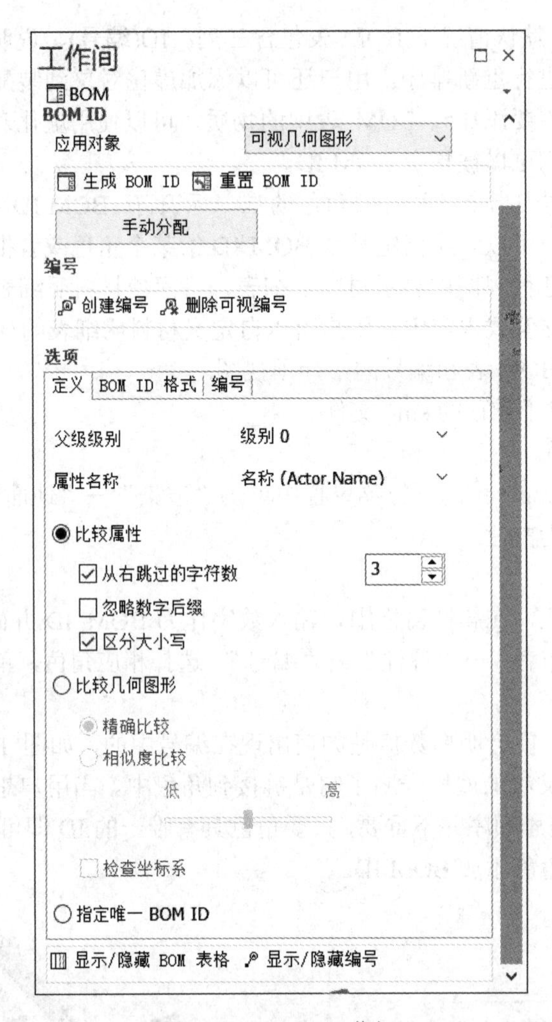

图 13-15 BOM 工作间

步骤 5，通过比较几何图形创建 BOM ID。

选择“比较几何图形”，重置 BOM ID，然后单击“生成 BOM ID”，使用 BOM 工作间自动创建装配体所有角色的 BOM ID，能基于角色属性指派 BOM ID。完成之后关闭 BOM 工作间。

步骤 6，更改 BOM 表格列。

用户可以在任何视图中显示材料明细表，进而使材料明细表可以出现在栅格图形输出和交互式内容中。用户可以自定义材料明细表的列数和列的顺序。

(1) 显示 BOM 表格。在 Composer 的下拉菜单栏中选择“主页”→“可视性”→“BOM 表格”，表格出现在纸张空间底部 25%的位置。默认显示三列：描述、BOM ID 和数量。选择 BOM 表格，在属性窗格中，在“放置”→“位置”中选择“自由”，可以自由调整 BOM 表格位置，拖动边框顶角可以放大表格。

(2) 更改 BOM 列。在左窗格中的 BOM 选项卡中，单击“配置 BOM 列”，在“显示属性”列表下选择“颜色”属性，单击向右的双箭头，就增加了属性到 BOM 表格中，这些属性是从 CAD 系统导入的，如图 13-16 所示。

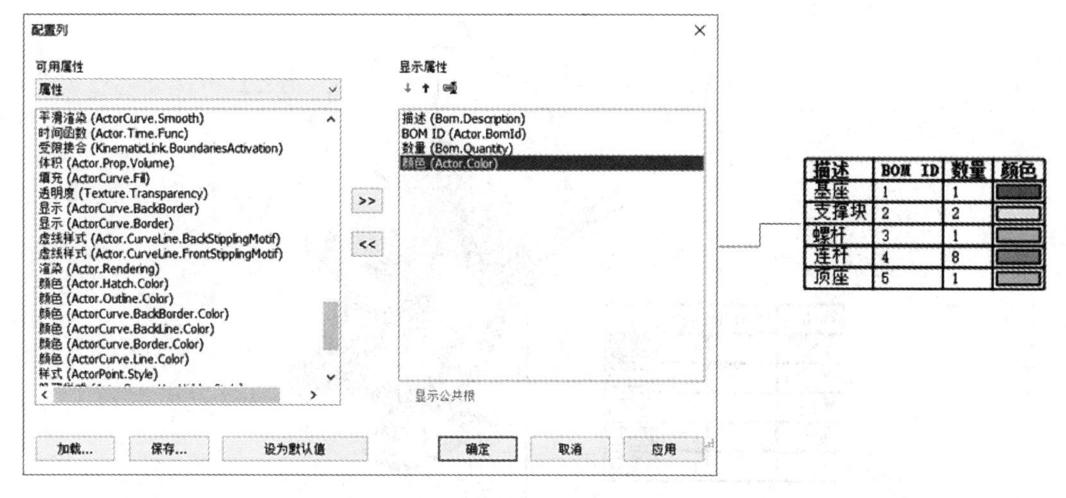

图 13-16　更改 BOM 列

步骤 7，更新 BOM 视图。

滚动鼠标滚轮，在纸张剩余空间中缩放几何角色至合适大小，按照 BOM ID 顺序创建各个零件视图，在“视图”选项卡中点击“更新视图”图标，完成视图更新。视图进行更改后，用户必须更新才能保留这些更改，视图不会自动更新。一个常见的错误是视图变化后未更新视图就保存文件，此时的视图并没有保存。用户必须先更新视图，然后将文件保存才可以将视图中的变化保存下来，更新生成后的 BOM 视图如图 13-17 所示。

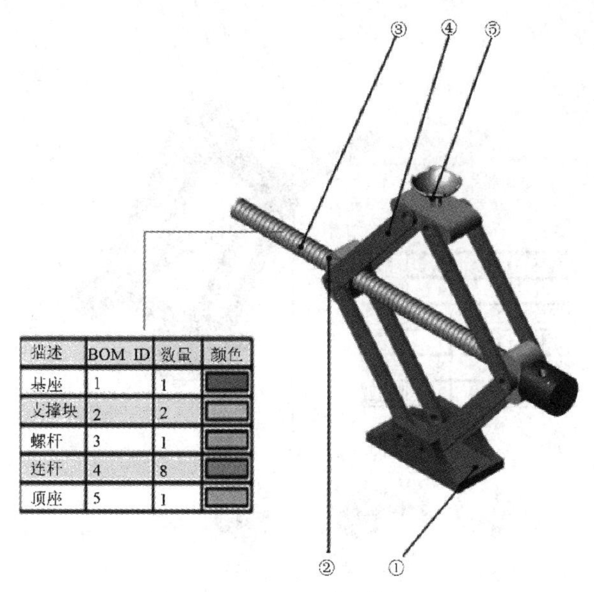

图 13-17　BOM 表视图

步骤 8，查看局部视图。

使用 Digger 工具可以查看局部细节。该工具允许用户放大模型的不同区域，查看角色后面的模型以及其他功能，可以创建细节视图的 2D 图像，如图 13-18 所示。拖曳半径比例尺能够更改局部视图比例尺寸，在 Composer 菜单栏下的工作间中，点选“高分辨率图像”

图标能够为局部视图创建一个高分辨率的清晰 2D 图像。

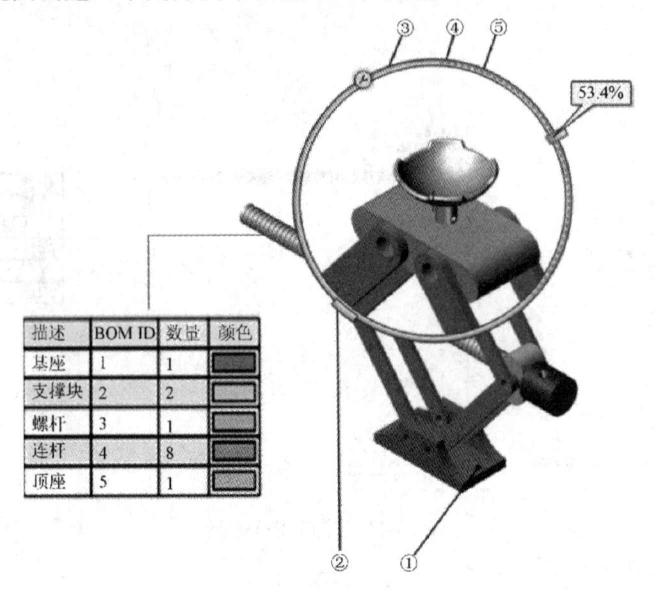

图 13-18 Digger 工具显示局部细节

步骤 9，输出 PDF 文件。

单击“文件”→“发布”→“发布到 PDF”，将创建的 BOM 视图发布到 PDF 文件，如图 13-19 所示。

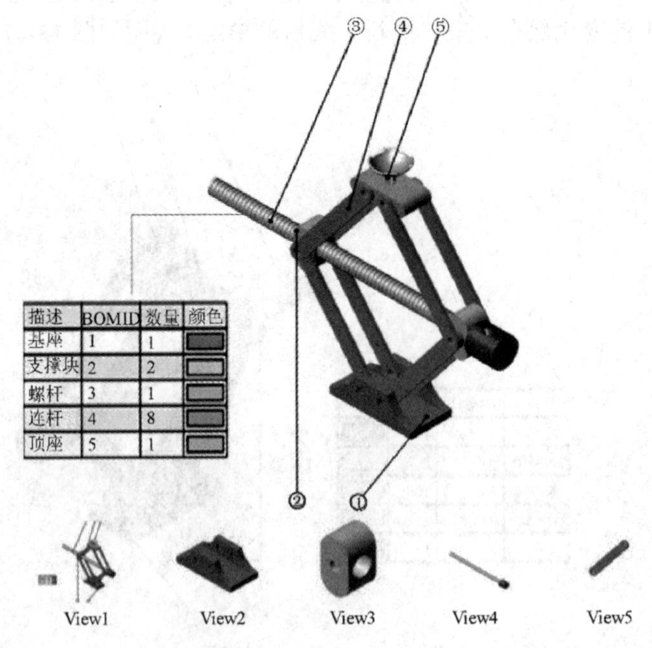

图 13-19 PDF 文件输出

参 考 文 献

[1]　段辉. SolidWorks 2017 基础与实例教程[M]. 北京：机械工业出版社，2018.
[2]　魏峥，严纪兰，烟承梅. SolidWorks 应用与实训教程[M]. 北京：清华大学出版社，2015.
[3]　汤爱君. 计算机绘图与三维造型[M]. 北京：机械工业出版社，2013.
[4]　侯洪生. 机械工程图学[M]. 北京：科学出版社，2016.